# A MULTIFUNCIONALIDADE DA AGRICULTURA FAMILIAR E A PROMOÇÃO DO DESENVOLVIMENTO

Catalogação na Fonte
Elaborado por: Josefina A. S. Guedes
Bibliotecária CRB 9/870

S598m
2024

Simonetti, Erica Ribeiro de Sousa
A multifuncionalidade da agricultura familiar e a promoção do desenvolvimento / Erica Ribeiro de Sousa Simonetti. – 1. ed. – Curitiba: Appris, 2024.
331 p ; 16 cm. – (Ciências sociais).

Inclui referências.
ISBN 978-65-250-5553-4

1. Desenvolvimento rural. 2. Agricultura familiar. 3. Reforma agrária. I. Título.

CDD – 338.1

Livro de acordo com a normalização técnica da ABNT

Appris editora

Editora e Livraria Appris Ltda.
Av. Manoel Ribas, 2265 – Mercês
Curitiba/PR – CEP: 80810-002
Tel. (41) 3156 - 4731
www.editoraappris.com.br

Printed in Brazil
Impresso no Brasil

Erica Ribeiro de Sousa Simonetti

# A MULTIFUNCIONALIDADE DA AGRICULTURA FAMILIAR E A PROMOÇÃO DO DESENVOLVIMENTO

*Às minhas fontes de inspiração, Evelyn e Ian Lucas, meus filhos!*

# AGRADECIMENTOS

A Deus, autor da vida.

À minha família, pelo aconchego e pela compreensão da minha ausência, quando estava absorta em meus pensamentos e minha escrita.

À professora Julia Elisabete Barden, por organizar meus pensamentos desconexos, trazendo-me reflexões e crescimento acadêmico e pessoal.

Ao José Graziano da Silva, pela gentileza de sua contribuição no prefácio deste livro.

Ao Instituto Federal de Educação, Ciência e Tecnologia do Tocantins, por todas as oportunidades de crescimento profissional a mim concedidas, especialmente ao campus Araguatins.

As 63 famílias rurais assentadas, que contribuíram para a realização desta pesquisa, desejo-lhes qualidade de vida.

*Comovo-me em excesso, por natureza e por ofício.*
*Acho medonho alguém viver sem paixões.*

*(Graciliano Ramos)*

# PREFÁCIO

A obra de Erica Ribeiro de Sousa Simonetti chamou minha atenção já pelo seu primeiro parágrafo, ainda na introdução: "A importância da agricultura familiar vai além da capacidade de produzir alimentos, uma vez que seu papel é também de conservação de paisagens, da diversidade biológica dos biomas brasileiros, de serviços ecossistêmicos, de culturas, de história, de geração de postos de trabalho. A agricultura familiar tem um importante papel como um indutor do desenvolvimento rural [...]".

A autora explica as implicações de sua posição: "é necessário abandonar a visão reducionista de desenvolvimento rural como apenas agrícola, pois é insuficiente para explicar a realidade com muitas particularidades, tais como a produção familiar, a transformação da paisagem rural, a multifuncionalidade, uma vez que a finalidade desse desenvolvimento é a promoção e a melhoria das condições de vida das famílias rurais. A noção de desenvolvimento rural aplicada a um corte territorial (assentamentos rurais) é uma realidade complexa, mas com consenso a respeito de quais aspectos deveriam ser contemplados. A multifuncionalidade se distancia das outras por valorizar as características do rural e concomitantemente agrícola e as suas outras contribuições".

Há anos venho questionando essa forma de valorar a agricultura familiar apenas pela sua contribuição à produção de alimentos e/ou pela ocupação gerada na atividade agrícola.

Os dados mais recentes mostram que essa contribuição da agricultura familiar, tanto a produção de alimentos como na ocupação da mão de obra, vem caindo rapidamente nas últimas décadas, a nível nacional e a nível internacional.

Num dos *releases* para divulgação dos resultados do Censo Agropecuário de 2017, o IBGE destacou que "a agricultura familiar vem encolhendo no país". "Dados do Censo Agropecuário de 2017 apontam uma redução de 9,5% no número de estabelecimentos classificados como de agricultura familiar, em relação ao último Censo, de 2006. O segmento também foi o único a perder mão de obra. Enquanto na agricultura não familiar houve a criação de 702 mil postos de trabalho, a agricultura familiar perdeu um contingente de 2,2 milhões de trabalhadores" (IBGE, 2017, s/p), dizia o comunicado.

Os dados do Censo Agropecuário de 2017 apontam também que 23% do valor bruto da produção agropecuária brasileira se deve à contribuição da agricultura familiar. No Censo anterior de 2006, era de 35%, o que representa uma queda de um terço em pouco mais de uma década. Isso nos leva a projetar que, em 2024, se mantiver esse ritmo de queda (o mais provável é que tenha aumentado), essa participação estaria em torno de apenas 16-18%.

A nível mundial, a situação não é diferente. A FAO encomendou estudos a respeito e as estimativas globais apontam que as explorações agrícolas com menos de 2ha produzem 28-31% da produção vegetal e 30-34% do abastecimento alimentar em 24% da área agrícola total. As dificuldades de comparação dos dados entre os países que informam essas estatísticas, para não falar na diversidade de definições do que se considera um agricultor familiar nas diferentes partes do mundo, levam-nos a considerar o tradicional corte por tamanho de 2ha. Embora esse tamanho não reflita bem o caso brasileiro, no qual boa parte das unidades familiares tem áreas maiores, dos 570 milhões de explorações agrícolas existentes no planeta, cerca de 85% têm menos de 2ha.

De qualquer maneira, os valores citados anteriormente estão muito distantes dos 70-80% da produção de alimentos, participação essa que se repete sem comprovação empírica e que se deve, acima de tudo, à repetição contínua daqueles que se dedicam à luta política, a partir de uma "abordagem produtivista" da agricultura familiar, sem se darem conta da armadilha em que se meteram. Ou seja, a queda da contribuição produtiva da agricultura familiar nos últimos anos significa que ela está se tornando cada vez menos importante para o desenvolvimento brasileiro?

Minha resposta é não, como também é a da Erica Simonetti, e retratada no próprio nome da sua obra *A multifuncionalidade da agricultura familiar e a promoção do desenvolvimento*. Embora o trabalho analise um "estudo de caso nos assentamentos rurais no município de Araguatins/TO", as conclusões dele apontam para a necessidade de se considerar a contribuição da agricultura familiar de um modo muito mais amplo que apenas a sua contribuição para a produção e ocupação da mão de obra.

Desejo a todos uma boa leitura.

**José Graziano da Silva**
Diretor do Instituto Fome Zero (www.ifz.org.br).

# APRESENTAÇÃO

As comunidades rurais trazem particularidades e novos desafios, especialmente aos agentes públicos que lidam com o planejamento do desenvolvimento rural brasileiro, que, de fato, é um fenômeno a ser induzido. São novos temas que ingressaram na discussão desse fenômeno e que não podem mais ser deixados de lado. A multifuncionalidade, a produção familiar, a reforma agrária, a transformação da paisagem rural e os elementos intangíveis são bons exemplos dessas mudanças.

É um rural ressignificado, que se convencionou denominar de "novo rural". Há diferentes ruralidades no Brasil, decorrentes dos distintos modos com que esses espaços são ocupados, vivenciados e explorados e dos vários atores que com eles se relacionam. Os assentamentos rurais são exemplos de espaços complexos, que devem ser compreendidos a partir dos diversos projetos de vida que, de suas subjetividades diferenciadas, nesse espaço-tempo, cruzam-se e se conflitam.

Ao ingressar no serviço público como docente, em 2014, tive meu primeiro contato com os agricultores familiares assentados, por meio de projetos de extensão e pesquisa. Percebi que a agricultura familiar tem um importante papel como um indutor do desenvolvimento rural, além da capacidade de produzir alimentos, uma vez que seu papel é também de conservação de paisagens, da diversidade biológica dos biomas brasileiros, de serviços ecossistêmicos, de culturas, de história, de geração de postos de trabalho; pode desempenhar as múltiplas funções capazes de garantir seu papel num rural em movimento de transformação, é a multifuncionalidade.

Minha aposta nesta escrita dá-se na imbricação das vertentes: desenvolvimento, multifuncionalidade da agricultura familiar e assentamentos rurais. Traz um debate sobre a multifuncionalidade nos espaços de assentamentos rurais, apresentando o lugar da agricultura familiar no desenvolvimento de um rural considerado como um espaço que abrange atividades econômicas, relações e manifestações socioculturais e de uma natureza que necessita de conservação.

O leitor entenderá a ideia de multifuncionalidade e sua interação entre famílias e territórios no bojo da reprodução social, cultural e de processos econômicos no meio rural.

# LISTA DE ABREVIATURAS E SIGLAS

| | |
|---|---|
| APA | Área de proteção ambiental |
| APP | Área de preservação permanente |
| AT | Assistência Técnica |
| ATER | Assistência Técnica e Extensão Rural |
| Contag | Confederação Nacional dos Trabalhadores da Agricultura |
| CPT | Comissão Pastoral da Terra |
| EFAs | Escolas Famílias Agrícolas |
| FAO | Food and Agriculture Organization of the United Nations (Organização das Nações para Agricultura e Alimentação) |
| Ibama | Instituto Brasileiro de meio Ambiente e Recursos Naturais Renováveis |
| IBGE | Instituto Brasileiro de Geografia e Estatística |
| Incra | Instituto Nacional de Colonização e Reforma Agrária |
| PIB | Produto Interno Bruto |

# SUMÁRIO

APÊNDICES

1

# INTRODUÇÃO

A importância da agricultura familiar vai além da capacidade de produzir alimentos, uma vez que seu papel é também de conservação de paisagens, da diversidade biológica dos biomas brasileiros, de serviços ecossistêmicos, de culturas, de história, de geração de postos de trabalho. A agricultura familiar tem um importante papel como um indutor do desenvolvimento rural, "seja em termos microssociais, através da elevação do padrão de vida das famílias rurais, seja em termos de dinâmica econômica local e regional" (CONTERATO; FILLIPI, 2009, p. 18).

Dessa maneira, investigar e compreender o desenvolvimento rural é um desafio, por ser um campo abrangente e com várias interpretações, podendo-se evidenciar que estudar essa temática não é uma tarefa simples: "Talvez seja exatamente por isso que esse seja um campo tão impressionantemente envolvente e instigante de estudo" (KÜHN, 2015, p. 28) – ainda que devesse assumir que, por vezes, bastante exaustivo e controverso.

O desenvolvimento rural pode ser analisado a partir de quatro dimensões, compreendidas da seguinte forma: 1) dimensão econômica, que se relaciona com as condições estruturais e o desempenho econômico no lócus, considerando para tanto variáveis como renda, diversificação da produção e produtividade; 2) dimensão sociocultural, na qual se verificam aspectos relativos à qualidade de vida, expressos a partir das variáveis que se relacionam com educação, saúde e assistência social; 3) dimensão política institucional, atrelada às políticas direcionadas ao desenvolvimento; e, por fim, 4) a dimensão ambiental, a qual remete às questões de sustentabilidade do ambiente, observadas a partir das variáveis utilização dos recursos naturais e utilização de agrotóxicos (KAGEYAMA, 2008).

Assim, o presente trabalho se baseia no entendimento de que o desenvolvimento rural é aquele que se refere a áreas rurais com o escopo de melhorar a qualidade de vida da sua população, perpassando por processos de aprimoramento dos próprios recursos e pela participação de atores locais.

O modelo produtivista da agricultura gerou problemas, como a crise ambiental, sendo que o conceito de multifuncionalidade surge na tentativa de solucioná-los. Formulado no contexto social da agricultura da França, visto como um novo olhar sobre a agricultura familiar, pois analisa a interação entre famílias rurais e territórios na dinâmica de reprodução social, considerando não apenas fatores econômicos, mas também os modos de vida das famílias na sua integridade. De certa forma, a multifuncionalidade da agricultura colabora para compreensão de processos econômicos, sociais e culturais no meio rural. O entendimento da ideia de multifuncionalidade permite ponderar a interação entre famílias e territórios no bojo da reprodução social. Ela robustece uma dimensão essencial da relação entre território e agricultura familiar, valoriza as particularidades do agrícola e do rural, rompendo, assim, com o enfoque setorial, ampliando suas funções, tornando-se responsável também pela conservação dos recursos naturais, pelo patrimônio cultural (paisagens) e pela qualidade dos alimentos (MALUF, 2002).

Com essa visão, o ambiente rural deixa de ser visto exclusivamente como um espaço de produção agrícola e se torna conhecido como um organismo social, complexo e fortemente imbricado ao território por intermédio de suas relações de produção e consumo. Devido à diversidade no âmbito rural, com realidades distintas, não há uma política única, ou ideal de desenvolvimento rural, dado que as estruturas políticas, institucionais, econômicas e sociais são distintas e têm diferentes graus, em função de distintos territórios, culturas e técnicas de emprego da mão de obra e do capital (tecnologia).

É imprescindível atrelar aos processos de desenvolvimento também a questão da sustentabilidade, conforme Schneider (2004), que conceitua o desenvolvimento rural sustentável como uma ação que visa a induzir modificações socioeconômicas e ambientais no espaço rural com o intuito de melhorar a renda, a qualidade de vida e o bem-estar das populações rurais. Abrange a conservação dos recursos naturais e a utilização de tecnologias apropriadas (eco compatíveis), bem como a viabilidade econômica e social, pois a agricultura participa da geração de valor, criação de postos de trabalho; entretanto, deverá contribuir para a conservação da paisagem e para a preservação do território (KAGEYAMA, 2008).

O processo de desenvolvimento rural deve ter como fundamento a busca por sistemas produtivos que combinem:

> [...] o aspecto econômico (aumento do nível e da estabilidade da renda familiar), o aspecto social (obtenção de um nível de vida socialmente aceitável) e o ambiental e que uma de suas trajetórias principais reside na diversificação das atividades que geram renda (pluriatividade) (KAGEYAMA, 2008, p. 71).

A multifuncionalidade possibilita o reconhecimento e a legitimação das múltiplas funções desempenhadas pela agricultura familiar e as suas inúmeras contribuições para o desenvolvimento rural. É um instrumento eficaz, um meio para as áreas rurais se desenvolverem; contudo, é indispensável a conexão das dimensões econômica, social, cultural e ambiental.

Em que pese o processo de desenvolvimento rural não ser coeso, uniforme, "a diversidade pode ser simplesmente de grau – por exemplo, a maior ou menor renda ou produtividade agrícola – mas também de resultar de diferentes combinações de modos de funcionamento do território" (KAGEYAMA, 2008, p. 10-11). A autora exemplifica com a maior ou menor presença da pluriatividade, da produção familiar tradicional ou empresarial do predomínio ou não de modernização agrícola, ou da maior ou menor ênfase no controle ambiental.

Destarte, faz-se necessária a adoção de políticas específicas, pois cada território possui realidades diferentes com forças e fraquezas distintas para a adoção de políticas ou ações que induzam ao desenvolvimento rural, sendo essencial a compreensão do ambiente, e isso refletirá nas dinâmicas promotoras do desenvolvimento e nas formas institucionais de potencializá-las. Diante disso, tem-se o território do estado do Tocantins, que possui uma realidade predominantemente rural, cuja agricultura familiar possui 42.899 unidades produtivas, sendo, em 2004, responsável por 30,7% do PIB do setor (BACEN, 2010).

Localizado na parte oeste da Região Norte do Brasil, com extensão de 277.423,630 km2, correspondendo a 6,79% da Região Norte e a 2,86% do território nacional, o estado se limita ao Norte com os estados de Maranhão e Pará; ao Sul com o estado de Goiás; a Oeste com Pará e Mato Grosso; e a Leste com os estados de Maranhão, Piauí e Bahia (GOVERNO DO ESTADO DO TOCANTINS, 2017). Apresenta uma população estimada, em 2021, de 1.607.363 habitantes, com densidade demográfica de 4,98 habitantes/Km², distribuída por 139 municípios (IBGE, 2010a). O estado possui 23.405 famílias rurais assentadas, divididas em 378 assentamentos em uma área de 1.241.685,88 hectares.

O Bico do Papagaio é uma das microrregiões do estado do Tocantins pertencente à mesorregião ocidental do Tocantins. Tem, em sua composição, 25 municípios. De acordo com o Instituto Nacional de Colonização e Reforma Agrária (INCRA, 2023), o município de Araguatins conta 21 assentamentos federais, chamados de Projetos de assentamento (PAs), totalizando 1.382 famílias assentadas.

Segundo dados do Incra (2021), Araguatins é o maior município da microrregião do Bico do Papagaio, com uma área de 2.633,278 Km². A área ocupada pelos assentamentos rurais federais no município ocupa uma área de 52.173,5122 ha (521,73 Km²), correspondendo a 22,71% da sua área total. Vivem pouco mais de 11 mil habitantes em propriedades rurais, segundo o último Censo realizado em 2010, pelo Instituto Brasileiro de Geografia e Estatística (IBGE), uma população total (incluindo urbano) estimada, em 2021, de 36.573 habitantes (IBGE, 2021). Sendo assim, o objeto de estudo da pesquisa são os assentamentos rurais reconhecidos pelo Incra, localizados no município de Araguatins, cujo estudo se limita a investigar somente os assentamentos da modalidade PAs, com enfoque no desenvolvimento rural e na multifuncionalidade da agricultura familiar nesse território.

As comunidades rurais e as mudanças nas relações sociais, ambientais e econômicas têm trazido novas reflexões, com o desafio de entender o novo desenvolvimento rural como sendo um processo em plena mutação. Nesse sentido, é necessário abandonar a visão anacrônica e reducionista de desenvolvimento rural como apenas agrícola, pois é insuficiente para explicar a realidade com muitas particularidades, tais como: a reforma agrária, a produção familiar, a transformação da paisagem rural, a multifuncionalidade, uma vez que a finalidade desse novo desenvolvimento é a promoção e a melhoria das condições de vida das famílias rurais.

A constituição dos assentamentos rurais propicia o acesso à terra, permitindo às famílias assentadas uma estabilidade e rearranjos nas táticas de multiplicação familiar, o que gera uma melhoria nas condições de vida, considerando exclusão social e situação de pobreza anteriores ao assentamento. No entanto, traz também novas reivindicações no território, tais como educação, infraestrutura, apoio creditício e técnico à produção; e, para o atendimento das necessidades surgem atores sociais, articulados em redes ou não, com intuito de contribuir para uma mudança da realidade local.

Além da modificação da realidade dos assentados, os assentamentos modificam a paisagem e o dinamismo da economia local, pelo fato de haver mobilização de recursos para a implantação dos projetos, injeção de divisas pelo governo em forma de créditos e geração de trabalhos não agrícolas (construção de casas, estradas, escolas, contratação de professores, surgimento de transporte alternativo etc.), sendo, de certa forma, dinamizadores do comércio local nos municípios onde estão localizados. Insta mencionar que a sociedade precisa perceber que os agricultores assumem também responsabilidades sociais.

A noção de desenvolvimento aplicada a um corte territorial (assentamentos rurais) é uma realidade complexa; entretanto, há um consenso a respeito de quais aspectos deveriam ser contemplados. Por exemplo, a literatura favorece a ideia de que o desenvolvimento rural não deve ser exclusivamente econômico, ou seja, apenas focalizar a atividade agrícola, mas deve incluir aspectos sociais e ambientais. Dessa forma, a abordagem da multifuncionalidade distancia-se das outras por suas funções, de acordo com Soares (2000, 2001, p. 42), identificando-se as seguintes "funções-chave da agricultura: contribuição à segurança alimentar; função ambiental; função econômica; função social".

Sendo assim, é de fundamental importância analisar a função da multifuncionalidade da agricultura familiar, sendo uma nova perspectiva do desenvolvimento rural, de caráter multifacetado, com influência na promoção do desenvolvimento dos assentamentos rurais no município de Araguatins. Não obstante as liberdades representarem o caminho também para o desenvolvimento rural, elas são importantes por si mesmas. Para Sen (2010), quem faz o desenvolvimento são os indivíduos, e não programas estatais. Entretanto, há uma interdependência entre liberdade e responsabilidade, lembrando que o Estado deve instituir mais oportunidades de escolha e decisões substantivas para os indivíduos, para que estes, então, possam atuar de modo responsável. Esse dever não é única e exclusivamente do Estado; as instituições não governamentais, educacionais, as instituições políticas e sociais e a mídia deverão agir de forma conjunta, pensando no comprometimento social com a liberdade individual.

A ideia do desenvolvimento rural é partir da liberdade dos indivíduos, ou seja, do social para o econômico, sendo que, para que ele se concretize, é relevante que se desobstruam as fontes fundamentais de privação de liberdade: ausência de oportunidade econômica, pobreza, destituição social, descuido dos serviços públicos; dessa forma, o desenvolvimento como procura de bem-estar deve ser abrangido dentro de uma abordagem que privilegie as capacidades dos agentes. Essa abordagem possui uma amplitude "na capacidade de as pessoas escolherem a vida que elas com justiça valorizam" (SEN, 2010, p. 90).

Diante desse contexto, surge o problema da pesquisa, que terá como fundamento as variáveis desenvolvimento rural, multifuncionalidade da agricultura e os assentamentos da microrregião do Bico de Papagaio/TO, especificamente de Araguatins: como se dá o desenvolvimento no território dos assentamentos rurais federais no município de Araguatins e em que medida as funções da multifuncionalidade da agricultura familiar se apresentam?

As possíveis respostas para o problema de pesquisa são estas:

**Hipótese 1**: o desenvolvimento rural propicia a permanência das famílias rurais assentadas em Araguatins/TO, promovendo a continuação da atividade e a qualidade de vida.

**Hipótese 2:** a multifuncionalidade da agricultura familiar nos assentamentos gera externalidades positivas e promove: a segurança alimentar, reprodução socioeconômica das famílias, contribuindo assim para um desenvolvimento rural.

**Hipótese 3:** a ausência da manifestação de algumas das funções da multifuncionalidade da agricultura familiar (manutenção do tecido social e cultural e preservação dos recursos naturais e da paisagem rural) afeta a efetividade do desenvolvimento rural.

Objetivo geral desta pesquisa é investigar o desenvolvimento e a forma como se expressam as funções da multifuncionalidade da agricultura familiar e sua influência na promoção do desenvolvimento rural dos assentamentos rurais do município de Araguatins/TO. Objetivos específicos como seguem:

a. apresentar aspectos teóricos sobre o conceito de desenvolvimento e a relação com a multifuncionalidade da agricultura;
b. traçar um perfil dos agricultores assentados de Araguatins/TO;
c. diagnosticar se estão presentes e analisar como se expressam as funções da multifuncionalidade nos assentamentos rurais federais do município de Araguatins/TO;
d. identificar os atores locais (lideranças dos assentamentos e instituições) que podem influenciar no desenvolvimento dos assentamentos rurais federais do município de Araguatins/TO;

Como justificativa desta pesquisa, ressalta-se que as comunidades rurais trazem particularidades e novos desafios, especialmente aos agentes públicos que lidam com o planejamento do desenvolvimento rural brasileiro, que de fato é um fenômeno a ser induzido. São novos temas que ingressaram na discussão desse fenômeno e que não podem mais ser deixados de lado. A multifuncionalidade, a produção familiar, a reforma agrária, a transformação da paisagem rural e dos elementos intangíveis naturais em bem econômico são bons exemplos dessas mudanças.

É relevante discutir esses novos elementos nas perspectivas do desenvolvimento rural, com atenção à realidade brasileira, apresentando as principais potencialidades, as dinâmicas, os elementos, as abordagens e os atores desse recente do desenvolvimento rural. A noção de multifuncionalidade da agricultura contribui para a compreensão de processos sociais, econômicos e culturais em curso no meio rural. Convém investigar se há uma mudança de perspectiva por parte dos agricultores rurais assentados, se os agricultores se consideram responsáveis pela conservação dos recursos naturais e do patrimônio natural (paisagens) e pela quantidade de alimentos.

Os assentamentos rurais são espaços complexos, conforme Farias (2008), devendo ser compreendidos a partir de suas subjetividades diferenciadas e dos diversos projetos de vida que, nesse espaço-tempo, se cruzam e se conflitam. Dessa forma, a presente pesquisa é essencial para elucidar os parâmetros sociais, econômicos e culturais das pequenas propriedades rurais de assentamentos do município de Araguatins, extremo Norte do Tocantins. Outro aspecto é a contribuição teórica que justifica a opção pelo tema, uma vez que são poucos os trabalhos publicados cujo enfoque são os assentamentos rurais federais de Araguatins. Assim, percebe-se o ineditismo do estudo em questão, quando se observa a associação das variáveis: desenvolvimento rural, multifuncionalidade e assentamentos rurais. Pelo exposto, nota-se a magnitude da reflexão sobre o tema da pesquisa e da mudança do debate científico sobre o desenvolvimento rural, gerando uma ressignificação do rural, embasando o entendimento de que o alcance do desenvolvimento dar-se-á a partir da multifuncionalidade e da concretização de potenciais econômicos, culturais e sociais, em pleno acordo mútuo com os aspectos ambientais de determinado território.

Nessa perspectiva, a pesquisa contribui ainda no auxílio da compreensão do território dos assentamentos rurais no contexto local e regional a partir da análise do estudo de caso, identificando características que podem ser úteis às ações e políticas públicas na direção de uma agricultura multifuncional, ou seja, servir para uma mudança da realidade, como base para reflexões sobre a relação entre os produtores familiares entre si e atores locais, o desenvolvimento e seus entraves, as transformações econômicas e socioculturais das paisagens nos espaços de assentamentos rurais investigados, com o intuito de entender a realidade local, quiçá servir de subsídio para ações de desenvolvimento.

Convém mencionar a motivação pessoal para a investigação, pelo fato de esta pesquisadora estar trabalhando como docente do Instituto Federal do Tocantins (Ifto), Campus Araguatins, localizado zona rural na microrregião do Bico do Papagaio, e nas atividades de extensão desenvolvidas como docente. Foi utilizado como método de investigação a pesquisa-ação, obtendo informações sobre a realidade local dos assentamentos rurais, quando foi possível verificar a pujança da agricultura familiar da microrregião, as potencialidades e as necessidades desses agricultores assentados. As ações de extensão, feitas em parceria com os acadêmicos do curso de Engenharia Agronômica, suscitaram participação e interação social, possibilitando mais conhecimento e criatividade no processo de inovação, concomitantemente aos avanços teóricos nas pesquisas de base, gerando, assim, ao longo dos anos trabalhados, mudanças sociais pontuais nos assentamentos.

Entretanto, esta pesquisadora percebeu que poderia ser feito mais do que ações de extensão, em forma de uma investigação mais minuciosa, a fim de observar a realidade *in loco* dos assentamentos, categorizando e verificando a percepção dos assentados com relação à identidade e à ligação com o meio ambiente. Obteve informações significativas, por intermédio do levantamento e da análise de dados, fundamentadas em referencial teórico de estudiosos no assunto e tendo a multifuncionalidade como um pilar para o desenvolvimento rural, com a expectativa de viabilizar a construção de estratégias diferenciadas e mais efetivas, em escala micro ou macro, inclusive podendo servir de base para a intervenção do poder público, objetivando novas oportunidades para os assentados, estimulando as capacitações e, por fim, o desenvolvimento rural. Portanto, a estrutura desta pesquisa está organizada da seguinte forma.

O primeiro capítulo do desenvolvimento aborda aspectos teóricos a respeito de território, desenvolvimento rural e multifuncionalidade, com um aprofundamento na questão do desenvolvimento desde a sua concepção até o entendimento atual, o ser rural e os processos de desenvolvimento e a visão da agricultura além da produção.

O segundo capítulo do desenvolvimento versa a respeito de assentamentos rurais, origem, histórico, reforma agrária, características dos assentamentos rurais e fatores que afetam o desenvolvimento dos assentamentos.

O capítulo seguinte traz a descrição do tipo da pesquisa, o modo de abordagem, os procedimentos técnicos utilizados, o delineamento metodológico, desenvolvido a partir de objetivo geral e específicos, área de estudo, população e amostra, método da análise utilizado e aspectos éticos.

Na sequência, têm-se a discussão dos dados coletados, que se assenta na observação da manifestação das funções da multifuncionalidade da agricultura familiar, relacionando com o desenvolvimento rural.

Por fim, nas considerações finais, são apresentados os principais resultados do trabalho, as hipóteses confirmadas e refutadas e, de forma resumida, as principais contribuições dos autores fundamentados neste livro.

2

# TERRITÓRIO, DESENVOLVIMENTO RURAL E MULTIFUNCIONALIDADE

Especialmente nos últimos anos, tem havido muitas mudanças nas comunidades rurais, com desafios nas relações sociais, ambientais e econômicas dessa parte expressiva da população brasileira, sendo os pressupostos teóricos fundamentais para a construção deste livro. Assim, o objetivo deste capítulo é apresentar aspectos teóricos sobre os conceitos de território e de desenvolvimento rural e a sua relação com a multifuncionalidade da agricultura.

## 2.1 Espaço e território

Desde épocas remotas, o homem, considerando as influências das condições naturais, passou a dividir o espaço em várias porções, utilizando diversas nomenclaturas para sua definição: área, região, zona, terra, entre outras. Esses termos são aceitos por se identificarem com as diferentes formas e os aspectos que caracterizam as tantas porções do espaço que diferenciam as paisagens (ANDRADE, 1987).

Esse mosaico de paisagens e as diversificações ditadas pelas condições naturais e pela atuação do homem, organizando espontaneamente o espaço, superpuseram-se por meio dos tempos, devido às contingências históricas e políticas, às divisões administrativas, às fronteiras separando países, estados, províncias, departamentos, municípios. Dessa forma, um território representa uma trama de relações com raízes históricas, configurações políticas e identidades que desempenham um papel ainda pouco conhecido no próprio desenvolvimento econômico (ABRAMOVAY, 1998).

Assim, para a compreensão de um território, é necessário esmiuçar conceitos e teorias, sendo que o objetivo deste subcapítulo é apresentar conceituações a respeito de espaço, lugar, território, territorialidade e evolução da ideia do desenvolvimento. É necessário recorrer à história para entender o ponto de vista de pensadores, escolas que se dedicaram a definir e escolher a acepção que mais se adequa ao objetivo e à realidade da época.

É bom destacar, inicialmente, que o posicionamento escolhido por mim, para esta pesquisa, é o desenvolvimento idealizado por meio de um processo de transformação social, com o intuito de obter a igualdade de oportunidades sociais, políticas e econômicas, o qual prioriza não apenas o aspecto econômico, mas também o bem-estar dos indivíduos e o investimento em capital social, gerando um desenvolvimento de fato em qualquer agrupamento humano. Conforme abordagem baseada em Sen (2010), esse desenvolvimento visa, principalmente, a libertar as pessoas de suas privações, sejam elas econômicas, sociais, políticas, culturais. Posteriormente, serão apresentadas noções sobre o desenvolvimento rural, partindo da liberdade dos indivíduos, isto é, do social para o econômico, e a sustentabilidade como forma de uma nova conexão homem e natureza.

Para o entendimento do desenvolvimento e de suas interfaces, é necessário apresentar alguns conceitos de espaço, lugar, território e região, pois se refere a uma base territorial, local ou regional, em que há uma intensa interação. Esmiuçar os conceitos mencionados permite entendimento a respeito dos modos de vida e de como os indivíduos e atores sociais se organizam e se relacionam, além de facilitar a identificação das formas de uso e apropriação de espaços e ambientes da maneira como produzem e consomem bens e serviços, bem como o estabelecimento das relações e trocas materiais e simbólicas.

Existem diversas noções de espaço nos diferentes ramos do conhecimento, cada uma com sua particularidade, com características próprias, definindo um conceito de acordo com sua ótica, ou seja, com abordagens disciplinares. Os matemáticos definem por suas dimensões, duas ou três, situadas por pontos, superfícies e volumes, tratando-se de uma definição muito abstrata. A essa definição contrapõe-se a dos geógrafos, mais concreta, que não considera apenas as linhas geodésicas, e sim os aspectos físicos, a forma de continentes, mares e rios (ANDRADE, 1987).

Há conceitos de espaço econômico que foram estabelecidos por Perroux (1964 *apud* CABUGUEIRA, 2000), constituídos por um conjunto de relações que definem certo objeto: são os denominados espaços econômicos que não se sobrepõem ao espaço geográfico. Os espaços econômicos são estabelecidos de acordo com as atividades humanas, têm origem nessa atividade, nas relações que se estabelecem quando os seres humanos atuam sobre o espaço geográfico em busca de sobrevivência e conforto: "Esses espaços são abstratos, constituídos por relações de natureza econômica, como produção, consumo, tributação, investimento, exportação, importação e migração" (CLEMENTE, 2000, p.13).

Boudeville (1973) define o espaço econômico como o planejamento, o conteúdo de um plano que se refere ao conjunto de atividades, de previsão e de estudo que almeja sempre as tomadas de decisão, tanto no setor privado quanto no público. Um exemplo é o plano de desenvolvimento regional, por limitar uma área de abrangência de um plano de ação. A característica fundamental da região do plano é ser objeto de políticas de desenvolvimento. O autor estabeleceu três diferentes conceitos de espaço econômico:

a. espaço polarizado: como um campo de forças, que compreende forças de atração (centrípetas) e de repulsão (centrífugas), e o surgimento é em razão da aglomeração da população e produção;

b. espaço homogêneo: como conjunto homogêneo, quando esse espaço é invariante, uniforme e se caracteriza pela similaridade de suas unidades elementos, tais como topografia, solo, relevo, clima ou tipo de atividade econômica dominante;

c. espaço heterogêneo: cujas diversas partes possuem um caráter complementar, possui um polo dominante, volume maior de trocas do que com outro polo de mesma ordem dominando uma região vizinha (BOUDEVILLE, 1973).

Com o passar do tempo, os espaços foram divididos não apenas pelo fator geográfico, mas também pela sua influência histórica e política: é a denominada divisão geopolítica. As informações produzidas pelo Instituto Brasileiro de Geografia e Estatística (IBGE) servem de base para a implantação de políticas de desenvolvimento regional, pois as estatísticas socioeconômicas observam essa divisão geopolítica. As mesorregiões são estabelecidas com base no conceito de organização espacial e, em seguida, são desmembradas em microrregiões que, por sua vez, apresentam especificidades basicamente relacionadas à produção. Englobam ainda distribuição, troca e consumo, incluindo atividades urbanas e rurais.

No Brasil, utilizam-se conceitos de macrorregião – Sudeste, Nordeste, Norte, Sul e Centro-Oeste – mesorregião e microrregião, que é composta por certo número de municípios. Uma mesorregião se constitui por um conjunto de microrregiões, definidas segundo sua homogeneidade ou estrutura produtiva. Entre as mesorregiões e as macrorregiões, têm-se as unidades da federação que são os Estados brasileiros (SOUZA, 2012). Para o autor, a primeira dificuldade referente ao conceito de região reside na delimitação precisa das fronteiras regionais, que não coincidem com as fronteiras administrativas adotadas pelo setor público. A segunda dificuldade implícita no conceito de região é a restrição da contiguidade, pois o território regional deve ser contíguo, e não intercalado por outras regiões.

As divisões macro e microrregionais são imprescindíveis para o estabelecimento das políticas públicas voltadas para o crescimento econômico por meio do aproveitamento das potencialidades, gerando emprego e renda, cujo enfoque é o desenvolvimento regional. Observa-se que, em cada região, há particularidades no que concerne às características físicas e atividades produtivas, muitas delas conectadas entre si, formando uma polarização econômica.

Entretanto, há uma diferença entre espaço-território e espaço-lugar; este último que se dá pela "construção" cuja gênese é o dinamismo dos indivíduos que nele vivem. A noção de território é o reflexo da confrontação dos espaços individuais dos atores nas suas dimensões econômicas, socioculturais e ambientais (CAZELLA; BONNAL; MALUF, 2009). Tuan (1983) trata o espaço-lugar assegurando que suas ideias estão imbricadas e não podem ser definidas uma sem a outra; em que pese o espaço ser mais abstrato do que o lugar, o espaço é o movimento, e o lugar, a pausa.

Para o geógrafo francês Claude Raffestin (1993, p. 143), o espaço é finito e relacional, construído pelos seres humanos, e o território é a "prisão que os homens constroem para si". De outra forma, o território exprime, neste contexto, o espaço socialmente produzido e apropriado. Espaço e território não são idênticos. Para esse autor, o espaço é anterior ao território: "O território se forma a partir do espaço, é o resultado de uma ação conduzida por um ator sintagmático (ator que realiza determinadas ações) em qualquer nível. Ao se apropriar de um espaço, concreta ou abstratamente [...] o ator 'territorializa' o espaço" (RAFFESTIN, 1993, p. 144).

Sendo assim, "podem as formas, durante muito tempo permanecer as mesmas, mas como a sociedade está sempre em movimento, a mesma paisagem, a mesma configuração territorial nos oferece, no transcurso histórico, espaços diferentes" (SANTOS, 1998, p. 77). Tizon (1995) disserta como sendo o ambiente de vida, de ação e de pensamento de uma comunidade, associado a processos de construção de identidade. Já segundo Lefebvre (1976, p. 25, grifo meu), "o espaço é o *lócus* da reprodução das relações sociais de produção".

Santos (2001, p. 114) afirma que:

> [...] o território tanto quanto o lugar são esquizofrênicos, porque de um lado acolhem os vetores da globalização, neles se instalam para impor sua nova ordem, e, de outro lado, neles se produz uma contraordem, porque há uma produção acelerada de pobres, excluídos, marginalizados.

Lugar e território se imbricam, havendo uma constante troca de informações, na opinião de Bozzano (2017, p. 88): "Em la medida que no pueden existir estático ni inertes, desde siempre, territórios y lugares estarán em continuo processo de cambio y transformacíon". O autor ainda se dedica a conceituar território: "la palavra território nace como um concepto híbrido más que como um concepto puro, donde los variados sentidos de pertinência estarían oficiando de híbrido entre la tierra y alguien[1]" (BOZZANO, 2017, p. 89). De acordo com Di Méo (1998), a concepção de território tem necessidade de requisitos particulares para se constituir:

a. o poder político (tecido administrativo);
b. as dinâmicas socioeconômicas ligadas ao sistema produtivo (como os distritos industriais);
c. comportamento e aspectos identitários e de pertencimento;
d. dinâmicas naturalistas (determinismos ligados a interações entre natureza e sociedade).

Para vários geógrafos, o território é considerado um "conceito-mala", pelo fato de carregar diversos sentidos; entretanto, é também um conceito polissêmico, cujos sentidos dependem do olhar disciplinar de quem dele se vale, bem como da problemática política e social do contexto em questão (CAZELLA; BONNAL; MALUF, 2009). O geógrafo Rogério Haesbaert (2010) afirma que, desde a origem, o território nasce com uma dupla conotação, material e simbólica, tendo a ver com poder, ou seja, além do poder tradicional, o "poder político", diz respeito também ao poder mais simbólico, o de "apropriação".

Ainda sobre aspectos referentes a territórios:

> Quando se fala em territórios, não se faz referência apenas aos espaços geográficos. Com efeito, os territórios são compostos por investimentos criativos que estão articula-

[1] "Na medida em que não possam existir de forma estática ou inerte, os territórios e os lugares estarão sempre num processo contínuo de mudança e transformação". O autor também se dedica a conceber território: "a palavra território nasceu como um conceito híbrido e não como um conceito puro, onde os variados sentidos de relevância funcionariam como um híbrido entre a terra e alguém.

> dos a bases espaciais e a uma infinidade de outras relações, abrangendo tanto o espaço vivido quanto aquele percebido. O espaço físico torna-se território em consequência da existência de um grupo social que nele inscreve e constrói seus modos de vida, suas relações pessoais e seus processos organizativos, reivindicativos e mobilizatórios (RAMOS; WEDIG, 2016, p. 83).

Souza (*apud* CABRAL, 2007, p. 152) acredita que "territórios são campos de forças, são antes teias ou redes de relações sociais projetadas no espaço do que o substrato material em si, e não há necessidade de forte enraizamento material para que tenha território". Para Santos, M. (2000, p. 3), "o território usado constitui-se como um todo complexo onde se tece uma trama de relações complementares e conflitantes. Daí o vigor do conceito, convidado a pensar processualmente as relações estabelecidas entre o lugar, a formação socioespacial e o mundo".

A noção de território também é expressa por Guattari e Rolnik (2010, p. 388), sobre a qual inferem que há certa relatividade, podendo ser um espaço vivido ou percebido:

> O território é sinônimo de apropriação, de subjetivação fechada sobre si mesma. Ele é o conjunto de projetos e representações nos quais vai desembocar, pragmaticamente, toda série de comportamentos, de investimentos, nos tempos e nos espaços sociais, culturais, estéticos, cognitivos.

Para Haesbaert e Limonad (2007, p. 21), "território, assim como qualquer acepção, tem a ver com poder, mas não apenas tradicional poder político. Ele diz respeito tanto ao poder no sentido mais explícito, de dominação, quanto ao poder no sentido implícito, de apropriação". Um desses estudiosos traz um conceito de "arte-fato", ou seja, a junção de fato e artifício:

> [...] para o entendimento da região não simplesmente como um 'fato' (em sua existência efetiva) nem como um mero 'artifício' (como recurso teórico, analítico) ou como instrumento normativo, de ação (visando à intervenção política, via planejamento). Propomos então tratar a região como um 'arte-fato' (sempre com hífen), tomada na imbricação entre fato e artifício e, de certo modo, também, como ferramenta política (HAESBAERT, 2010, p. 7).

Essa proposta da região como arte-fato pauta-se em algumas questões basilares no entendimento desse estudioso:

a. a região como produto-produtora das dinâmicas em conjunto de globalização e fragmentação, em suas diferentes combinações e amplitudes, o que significa trabalhar a extensão e a força das principais redes de coesão, ou de articulação regional, o que implica identificar o nível de desarticulação e/ou de fragmentação de espaços dentro do espaço regional em sentido mais amplo;
b. a região construída por meio da atuação de diferentes sujeitos sociais (de forma genérica: o Estado, as empresas, as instituições de poder não estatais e os distintos grupos socioculturais e classes econômico-políticas);
c. a região como produto-produtora dos processos de diferenciação espacial, tanto no sentido das diferenças de grau (ou desigualdades) quanto das diferenças de tipo ou de natureza (diferença em sentido estrito), ou das diferenças discretas quanto das diferenças sucessivas (HAESBAERT, 2010).

Albuquerque Jr. (1999, p. 46) destaca que "a região se institui, paulatinamente, por meio de práticas e discursos, imagens e textos que podem ter, ou não, relação entre si, um não representa o outro. A verdade sobre a região é constituída a partir da batalha entre o visível e o dizível [...]". O autor contribui com sua visão crítica inovadora, considerando a região como um produto de uma operação de homogeneização, que se dá na batalha de forças que dominam outros espaços regionais, por ela ser "aberta", "móvel" e atravessada por diferentes relações de poder. Já o regionalismo é mais do que uma ideologia de classe dominante de uma região.

Haesbaert (2010, p.16) acredita que não se pode conceber a região por meio de um simples recorte empírico, como se a geografia fosse reduzida a uma ciência empírica definida como um objeto concreto, "categoria real", tampouco por uma simples forma de interpretação por um método "categoria de análise"; entretanto, deve haver o reconhecimento de que todo método como "meio ação" é não apenas uma forma de interpretar, mas também de criar, e que fato e interpretação, ao contrário da máxima nietzschiana segundo a qual não há fatos, somente interpretações, não devem ser dissociados.

Dessa forma, no âmbito das análises regionais, deve-se levar em consideração tanto a produção material quanto as representações e os símbolos, a dimensão funcional político-econômica e a dimensão simbólico-cultural, ou seja, o vivido: "tanto a coesão ou lógica funcional quanto a coesão simbólica, em suas múltiplas formas de construção e des-articulação onde é claro, dependendo do contexto, uma delas pode acabar se impondo sobre – e refazendo a outra" (HAESBAERT, 2010, p. 17).

No que tange à dimensão simbólica, na proporção em que as pessoas criam relações sociais possibilitando criar identidade, vínculo e pertencimento ao lugar, entende-se que há territorialização. Andrade (1995, p. 20) enfatiza: "A formação de um território dá às pessoas que nele habitam a consciência de sua participação, provocando o sentido da territorialidade". Por sua vez, Haesbaert e Limonad (2007, p. 22) destacam que:

> [...] a territorialidade, além de incorporar uma dimensão mais estritamente política, diz respeito também às relações econômicas e culturais, pois está intimamente ligada ao modo de como as pessoas utilizam a terra e como elas próprias se organizam no espaço e dão significado ao lugar.

Os autores trazem ainda a reflexão da desterritorialização/reterritorialização, ou seja, a vida em constante movimento, na qual o indivíduo passa de um território a outro, abandonando territórios e criando novos.

Para Haesbaert (2009), há o abandono do território, mas não se destrói o território abandonado. Há conjunturas em que pessoas e grupos são desterritorializados, fruto também de desigualdade social, econômica, cultural e política, cuja desterritorialização ocasiona a perda do território por dinâmicas socioespaciais singulares (HAESBAERT, 2009). Corroboram com essa ideia Guattari e Rolnik (2010, p. 388): "A reterritorialização consistirá numa tentativa de recomposição de um território engajado num processo desterritorializante".

De acordo com Pecqueur (*apud* CAZELLA, 2005, p. 3), "o jogo dos atores adquire localmente uma dimensão espacial que provoca efeitos externos e pode permitir a criação de um meio favorável para o desenvolvimento do potencial produtivo de certo local". E em todas as relações sociais, o poder é relacional, pois poder e território são inerentes; embora atue a autonomia de cada um, vão ser enfocados conjuntamente para a materialização do conceito de território. Bozzano (2017) explica sobre o território – real, vivido, passado, legal e reflexivo –, destacando que, quando há uma sincronia entre os atores, públicos e cidadãos, atrelada com as contribuições científicas, são capazes de desenvolver melhores condições para possibilitar territórios e lugares, inteligentes e mais sustentáveis, seja no micro, seja na mesoescala, concretizando o desenvolvimento territorial.

Assevera Raffestin (1993) que a construção do território desponta relações marcadas pelo poder. Faz-se necessário ressaltar uma categoria essencial para o entendimento do território, que é o poder exercido por pessoas ou grupos sem os quais ele não se define. Disserta Saquet (2006, p. 13): "território é natureza e sociedade; não há separação: é economia, política e cultura; edificação e relações sociais; des-continuidades; conexão e redes; domínio e subordinação; degradação e proteção ambiental etc.". De outro modo, há certa heterogeneidade e traços comuns, apropriação e dominação historicamente condicionadas; é produto e condição histórica e transescalar, com múltiplas variáveis, determinações, relações e unidade: "é espaço de moradia, de produção de serviços, de mobilidade, de desorganização, de arte, de sonhos, enfim, de vida (objetiva e subjetivamente). O território é processual e relacional, (i) material, com diversidade e unidade, concomitantemente" (SAQUET, 2006, p. 83).

Ainda, em outra obra, Saquet (2010, p. 25) afirma que os territórios e as territorialidades

> [...] são vividos, percebidos e compreendidos de formas distintas; são substantivados por relações. Homogeneidades e heterogeneidades, integração e conflito, localização e movimento, identidades, línguas e religiões, mercadorias, instituições, natureza exterior ao homem; por diversidade e unidade.

Já Cazella, Bonnal e Maluf (2009, p. 38) mencionam que "a criação coletiva e institucional do território está associada à ideia de que as transformações das propriedades do território dado podem gerar e maximizar o processo de valorização de diversos recursos – genéricos e específicos – desse espaço". Os autores supracitados trazem a expressão "densidade institucional" de um espaço, esta que explica a construção e as características de um território. Torna-se impossível imaginar um modelo genérico de desenvolvimento, pois os aparatos institucionais imbuídos nas dinâmicas do desenvolvimento não são os mesmos em todos os territórios: "O desenvolvimento territorial passa, assim, por um inventário dos recursos locais – um inventário realizado com imaginação, capaz de transformar aspectos negativos em novos projetos de desenvolvimento" (CAZELLA; BONNAL; MALUF, 2009 p. 39), entendem os estudiosos.

É cristalina a ideia de que o território é um emaranhado de recursos, físicos, históricos, sociais e culturais, sendo específicos, únicos e intransferíveis de uma região para outra, sendo que as mesmas condições técnicas e financeiras não geram os mesmos efeitos econômicos em termos de desenvolvimento em dois territórios diferentes. O território é não só uma realidade geográfica ou física, mas uma realidade humana, social, cultural e histórica. Os investimentos podem ser injetados de forma igual; contudo, o resultado é ímpar e particular de cada região, pois a composição territorial é diferente:

> O território é uma unidade ativa de desenvolvimento que dispõe de recursos específicos e não transferíveis de uma região para outra. Trata-se de recursos materiais ou não, a exemplo de um saber-fazer original, em geral, ligado à história local. A consequência disso é que não se pode valorizar esse tipo de recurso noutro lugar (CAZELLA; BONNAL; MALUF, 2009, p. 41).

Por isso, o espaço geográfico deve ser analisado na sua totalidade, ou seja, de maneira holística e indissociável entre forma e conteúdo – estrutura, processo e função (SANTOS, 2002); e não é somente o espaço geográfico ou as relações sociais estabelecidas nele, mas o conjunto. Esse autor enfatiza também a dialética da natureza do espaço geográfico, isto é, a forma e o conteúdo, a inércia e a dinâmica entre o espaço material e o espaço social, pois, na vivência, o significado de espaço comumente se funde com o de lugar.

Nesse sentido, expressa Tuan (1983, p. 206): "A sensação de tempo afeta a sensação de lugar. Na medida em que o tempo de uma criança pequena não é igual ao de um adulto, tampouco é igual sua experiência de lugar". Para Urrutia (2009, p. 9): "O território é a base primeira de qualquer identidade cultural. A partir dele constroem-se referentes simbólicos e relatos históricos que permitem a um grupo humano compartilhar as mesmas tradições e expressões culturais".

Gottman (2012) salienta que o conceito de território envolve o solo, o espaço definido, em que pese também o envolvimento entre as pessoas, a cultura, os valores, os afetos e as tensões de quem vive em comunidade. Ou seja, soma, além das relações sociais, a dimensão de que nele coexistem fatores materiais e psicológicos, permitindo a compreensão de como se entende a territorialidade.

De acordo com Saquet (2010), ao investigar um território, é necessário considerar os agentes envolvidos e suas relações; de que maneira se dão esses arranjos; a forma com que os indivíduos se relacionam com o espaço e sua ligação com o trabalho/natureza/tecnologia/ produção; suas finalidades com a atividade que desempenham; o dinamismo de territorialização e desterritorialização que demandam dessas temporalidades. Todas essas variáveis observadas em conjunto concedem o estabelecimento de um panorama realístico da abordagem territorial assentado na relação de cada indivíduo e comunidade com seus entornos, aclarando sua identidade.

Essas conceituações ampliam a visão a respeito do território, indo além do físico do espaço geográfico, sendo necessário considerar as relações estabelecidas no âmbito social, político e econômico, numa espécie de relação intrínseca da forma de utilização da terra e como os atores se organizam no espaço e significam o lugar. Relevante mencionar que a apropriação do espaço ao longo da história propiciou o desenvolvimento e a derrocada de diferentes civilizações, sendo que essa apropriação se refere aos atores de forma geral, podendo ser informal ou institucional.

Portanto, o meu entendimento é que, na análise dos territórios construídos, deve ser levado em consideração o enfoque material e o cultural-simbólico, a herança social e a sociedade em movimento. Ou seja, o território é abordado na interação da sua multidimensionalidade, considerando as dimensões econômicas, políticas, naturais e culturais.

## 2.2 Concepção de desenvolvimento: da gênese à liberdade

Este subcapítulo apresenta, de forma sintetizada, a evolução histórica e a mudança da concepção de desenvolvimento, desde as escolas de pensamento econômico até a abordagem da liberdade como escopo de desenvolvimento, pois, muitas vezes, há confusões conceituais com relação a termos como crescimento e desenvolvimento. Assim, o crescimento é o aumento da quantidade física da produção que atenda às necessidades da população e é mensurado pelo Produto Interno Bruto (PIB). Já:

> [...] a noção de desenvolvimento está diretamente associada à noção de 'caminho a ser percorrido', caminho esse que levaria o indivíduo, o grupo, a nação a passar de uma condição pior para outra melhor, do simples para o complexo, do inferior para o superior, e assim por diante (LOURENÇO *et al.*, 2016, p. 40).

O desenvolvimento engloba o crescimento econômico, mas a magnitude é ampla e leva em consideração a natureza e a qualidade desse crescimento. Quando se diz que determinada região é desenvolvida, o que se quer destacar é que as condições de vida da população são boas. Uma região pode crescer, pode aumentar a sua capacidade produtiva de bens e serviços de cunho meramente quantitativo, mas não ter um desenvolvimento, já que este requer mais do que aumento na quantidade física e mudanças de caráter qualitativo.

As Ciências Econômicas se utilizam de escolas de pensamentos para abordar o crescimento e desenvolvimento atrelado à realidade histórica de cada período. Nos primórdios, a economia estava ligada à filosofia, posteriormente passou a ser vista como ciência e dessa forma independente após a segunda Revolução Industrial. Desse modo, o crescimento econômico e desenvolvimento foram abordados com uma relação de causa e efeito, sendo, portanto, sinônimos. De maneira geral, a história do pensamento econômico pode ser dividida em três períodos: pré-moderno (grego, romano, árabe), Moderno (mercantilismo, fisiocracia) e contemporâneo (a partir de Adam Smith, no final do século XVIII) (BRUE, 2005).

De acordo com Brue (2005), o Mercantilismo surgiu entre a Idade Média (1500-1776), visto como uma doutrina econômica, havendo variações entre regiões, tendo como principais pensadores: Thomas Mun (1571-1641), Gerard Malynes (falecido em 1641), Charles Davenant (1656-1714), Jean Baptiste Colbert (1619-1683), Sir William Petty (1623-1687). Esses pensadores tendiam a associar a riqueza de uma nação ao acúmulo de metais preciosos que cada uma possuía, ou seja, o desenvolvimento de uma nação estava atrelado ao crescimento econômico por meio dos metais preciosos.

A Escola Fisiocrata emerge na França, com seu representante Dr. Quesnay (1694-1774), médico do rei Luís XV, descendente de uma família rural, sendo sua publicação mais famosa *Quadro Econômico*. Foi a primeira escola econômica a solidificar o direito à propriedade, a liberdade econômica e a noção de utilidade social, advogando que o crescimento de uma nação estava atrelado à produção agrícola. Os fisiocratas entendiam que apenas a produção agrícola é capaz de obtenção de riqueza gerada em maior volume que a riqueza consumida (HUGON, 1995).

A Escola Clássica surge na Inglaterra, em 1776 e se tornou a ideologia dominante do capitalismo, tendo fundamento nas concepções de Adam Smith, Thomas Malthus, David Ricardo e Stuart Mill. O cenário histórico foi marcado por duas revoluções: uma madura, a Revolução Científica, e outra no início, a Revolução Industrial, geralmente chamada de liberalismo econômico, cujas bases são liberdade pessoal, propriedade privada, iniciativa individual, empresa privada e interferência mínima do governo (BRUE, 2005; HUNT; SHERMAN, 2000).

Adam Smith teve várias influências importantes que contribuíram para o desenvolvimento do seu intelecto em relação a ideias econômicas: o clima intelectual da época, o iluminismo, os fisiocratas (principalmente Quesnay e Turgote David Hume). A preocupação deste filósofo e economista britânico era a eficiência econômica, sendo favorável a uma nova ordem liberal, que facilitasse o pleno desenvolvimento do capitalismo industrial; ampliou a noção de crescimento em vez de pensar na produtividade agrícola; partia da ideia do trabalho como atividade produtiva e, consequentemente, a produtividade decorrente dele. Para Hume, "a política mais favorável à ampliação dos mercados era a liberdade de comércio" (HUGON, 1995, p. 107), mas essa teoria da produtividade do trabalho, além de hino à divisão do trabalho, é um canto de louvor entoado ao poderio e à eficácia do interesse privado.

Smith ressaltava que as pessoas, na economia, tendem a buscar seus próprios interesses: o consumidor procura o preço mais baixo, o negociante quer o lucro, o trabalhador deseja o salário mais alto: "Não é da benevolência do açougueiro, do cervejeiro ou do padeiro que nós esperamos o nosso jantar, mas da consideração de seu próprio interesse", dizia Smith (1776 *apud* BRUE, 2005, p. 69). Nessa atividade econômica, há a ordem natural, uma mão invisível que regula as relações, sendo que a intromissão do governo na economia é desnecessária e indesejável. Esse filósofo e economista foi otimista sobre o futuro, pois imaginou um cenário de crescimento econômico e progresso humano, sendo mais otimista do que Thomas Malthus, no entendimento de Brue (2005).

Thomas Robert Malthus (1766-1834) publicou várias obras, entre elas: *Principles of Political Economy: considered with a view to their pratical application* (1820), favorável à ideia de progresso, pois acreditava que o crescimento demográfico poderia incentivar o crescimento e o desenvolvimento econômico, o que só seria permitido aumentando os recursos: "Ao criticar o excesso de poupança das classes capitalistas, ao frisar o benefício coletivo dos trabalhos de utilidade pública, Malthus pode ser considerado o primeiro teórico da demanda", conforme Drouin (2008, p. 56), para quem a teoria malthusiana de "limites do crescimento" pode ser considerada uma das precursoras do atual conceito de desenvolvimento sustentável.

Por sua vez, David Ricardo (1772-1823) deu várias contribuições duradouras para a análise econômica, sendo uma de suas principais obras *Principles of economy and taxation* (1817), na qual a ênfase é no crescimento econômico. Ele ampliou o escopo da investigação econômica para a distribuição da renda, foi defensor do livre-câmbio, contribuiu para a utilização do raciocínio abstrato, a apresentação da lei dos rendimentos decrescentes na agricultura, a inclusão da renda na análise econômica, bem como a teoria de vantagens comparativas e o emprego da análise marginal (BRUE, 2005).

Já John Stuart Mill, o último economista da Escola Clássica, introduziu um elemento inovador no pensamento econômico: a preocupação com a justiça social, tendo publicado *Principles of political economy* (1848), em cuja obra valorizava a liberdade política, individual e a liberdade econômica. A clássica lógica da ideia do crescimento sofre uma contestação no século XIX, com o socialismo; entretanto, o pensamento do desenvolvimento não é afastado, tendo em vista que Karl Heinrich Marx (1818-1883) não buscou entender a realidade histórica do desenvolvimento, embora tenha criado o seu próprio método, acreditando que as contradições e o antagonismo do capitalismo ocasionariam a sua destruição (HUNT; SHERMAN, 2000).

> No início do século XX, Joseph Alois Schumpeter resgatou o tema desenvolvimento e contrariando os autores clássicos que exacerbaram a poupança como condição *sine qua non* para a ascensão do crescimento econômico – "construiu um sistema teórico para explicar os círculos econômicos do desenvolvimento econômico. O principal processo na mudança econômica é a introdução de inovações, e a inovação central é o empreendedor" (BRUE, 2005, p. 446).

Para Schumpeter (1982, p. 48), o desenvolvimento econômico é motivado por três fatores: a inovação tecnológica, a presença do empresário empreendedor e o acesso ao crédito, sendo resultado do próprio sistema econômico. E o processo que gera esse desenvolvimento resulta em instabilidades, sendo estas uma etapa para um novo equilíbrio, e que sem a inovação a economia chegaria a um equilíbrio estático. O desenvolvimento econômico, para esse estudioso, é definido como: "[...] uma mudança espontânea e descontinuada dos canais de fluxo, que altera e desloca para sempre o estado de equilíbrio previamente existente" (SCHUMPETER, 1982, p. 48), alterando, por sua vez, a situação anterior. Para alcançar o desenvolvimento, é necessário investir em inovação tecnológica, pois gera mudanças automáticas e prossegue gerando o desenvolvimento e a abertura de novos mercados.

Assim, as escolas e pensadores supracitados adicionaram novos elementos, caminhos diversos para o alcance do desenvolvimento, mas eles estavam pautados apenas no aspecto econômico, no qual o crescimento econômico era considerado um fim em si mesmo, faltando a noção do bem-estar social e ambiental. Ressaltam-se críticas em relação a essa noção clássica de desenvolvimento e à inépcia do arcabouço teórico e prático, campo fértil para o surgimento de outras propostas e visão para o desenvolvimento, que, diferentemente da antiga ideia, passa a contemplar não apenas o aspecto econômico, mas também o ambiental, o humano e o social.

Furtado (1980) assinala a restrição dos modelos de crescimento que desconhecem os aspectos não econômicos. De acordo com esse economista, o homem é visto como um fator de transformação do mundo e de afirmação de si mesmo. Ao concretizar suas potencialidades, o homem transforma o mundo e engendra o desenvolvimento:

> As sociedades são desenvolvidas na medida em que nelas mais cabalmente o homem logra satisfazer suas necessidades e renovar suas aspirações. O estudo do desenvolvimento tem, portanto, como tema central a invenção cultural, em particular a morfogênese social (FURTADO, 1980, p. 9).

O economista salienta a importância de o planejamento das condições sociais ter em vista a melhoria da vida da população em geral:

> O crescimento econômico, tal qual o conhecemos, vem se fundando na preservação dos privilégios das elites que satisfazem seu afã de modernização; já o desenvolvimento se caracteriza pelo seu projeto social subjacente. [...] Dispor de recursos para investir está longe de ser condição suficiente para preparar um melhor futuro para a massa da população. Mas quando o projeto social prioriza a efetiva melhoria das condições de vida dessa população, o crescimento se metamorfoseia em desenvolvimento (FURTADO, 2004, p. 3-4).

O pensamento de Furtado (2004) converge com o Prêmio Nobel de Economia de 1998, o indiano Amartya Sen, cuja contribuição no seu livro *Desenvolvimento como liberdade* relaciona desenvolvimento com liberdade. É uma nova abordagem, uma evolução do pensamento econômico sobre o desenvolvimento, sendo que esse novo conceito de desenvolvimento visa, principalmente, a libertar as pessoas de suas privações, sejam elas econômicas, sejam elas sociais, políticas, culturais etc.:

> Expandir as liberdades que temos razão para valorizar não só torna nossa vida mais rica e mais desimpedida, mas também permite que sejamos seres mais completos, pondo em prática nossas volições, interagindo com o mundo em que vivemos e influenciando esse mundo (SEN, 2010, p. 29).

A abordagem desse último autor tem como fundamento os funcionamentos e as capacitações, sendo que o conceito de "funcionamentos" representa metas que um indivíduo pode realizar de acordo com a liberdade que possui, e isso contribui para seu bem-estar, independentemente de poder econômico, e, sim, das necessidades sociais, culturais ou ambientais:

> Um funcionamento é uma realização de uma pessoa: o que ele ou ela conseguem fazer ou ser. Isso reflete uma parte do 'estado' daquela pessoa. Tem que ser distinguido dos instrumentos que são utilizados para alcançar aquelas realizações. Por exemplo, o ato de andar de bicicleta tem que ser distinguido do fato de se possuir uma bicicleta. Ele também precisa ser distinguido da satisfação gerada por esse funcionamento, na verdade, andar de bicicleta não deve ser identificado com o prazer obtido através desta ação. Um funcionamento é, portanto, diferente de (1) ter bens (e as correspondentes características), que é posterior, e (2) ter utilidade (na forma de resultado satisfatório daquele funcionamento), que é um importante objetivo, prioridade (SEN, 2000, p. 93).

Ambos os autores referidos anteriormente entendem que o desenvolvimento alude a uma modificação de estruturas sociais de acordo com os objetivos a que uma sociedade se propõe alcançar, defendendo que o crescimento econômico não é um fim em si mesmo, ou seja, não é apenas garantir renda, mas possibilitar o desenvolvimento das potencialidades humanas. Furtado (1980, 2004, 2008, 2011) nomeia de "expansão das potencialidades humanas"; já Sen (2012) denomina de "alargamento das capacidades humanas". A capacitação de um indivíduo pode ser avaliada como um conjunto de funcionamentos que ele pode escolher realizar, sendo exemplos: comer, falar, pensar, escutar, havendo uma diferença entre indivíduos, diferenciando-se o nível de bem-estar que cada um poderá atingir.

Amartya Sen mencionou, pela primeira vez, a abordagem das capacidades (*capabilities approach*), em 1979, em uma palestra proferida na Standford University, quando fez uma indagação: "o que deve ser igualado" em uma sociedade, na vida das pessoas, nas políticas expostas pelo Estado, para que exista maior igualdade e desenvolvimento? Ele mesmo respondeu que o que deve ser igualado são as capacidades (SEN, 2012).

Afinal, o que são essas capacidades?

> A capacidade é principalmente um reflexo da liberdade para realizar funcionamentos valiosos. Ela se concentra diretamente sobre a liberdade como tal, e não sobre os meios para

> realizar a liberdade, e identifica as alternativas reais que temos. Nesse sentido, ela pode ser lida como um reflexo da liberdade substantiva (SEN, 2012, p. 89).

Para esse estudioso, as combinações alternativas de funcionamentos, cuja realização é possível, é a "capacidade" de um indivíduo. É um aspecto basilar e útil para ser referência na avaliação das condições de justiça social, pois representa a liberdade que o indivíduo possui de poder realizar os funcionamentos que julga importantes e que atendem a seus anseios. Há, portanto, uma estreita relação entre capacidades e liberdades, pois a capacidade é um tipo de liberdade substantiva, de realizar combinações alternativas de funcionamentos, a liberdade para ter estilos de vida diversos. Ainda, as liberdades individuais substantivas são consideradas essenciais, divergindo das abordagens normativas mais tradicionais, nas quais o enfoque está em outras variáveis, como utilidade, liberdade processual ou renda real: "Ter mais liberdade para fazer as coisas que são justamente valorizadas é (1) importante por si mesmo para a liberdade global da pessoa e (2) importante porque favorece a oportunidade de a pessoa ter resultados valiosos" (SEN, 2010, p. 33).

De outro modo, a acepção de liberdade tem uma dualidade: oportunidade e processos, em que o primeiro aspecto se refere à oportunidade de o indivíduo fazer o que julga melhor a si próprio. Já sob o segundo aspecto, a liberdade está relacionada aos processos de escolhas do que o indivíduo quer e valoriza, devendo ser livre para tais escolhas, não sendo forçado ou determinado por restrições a ele impostas (SEN, 2011).

No livro *O desenvolvimento como liberdade,* Sen (2010) deixa de lado a visão das várias escolas de pensamentos supracitadas, nas quais se associa o desenvolvimento apenas sob a ótica do progresso, da renda, sendo que a sua visão é centrada no desenvolvimento alcançando o indivíduo, gerando oportunidades de escolhas econômicas, políticas, e a consequência é a melhoria no âmbito social, uma vez que o crescimento econômico não pode ser considerado um fim em si mesmo, sendo necessário estar imbricado com a melhoria de vida dos indivíduos e com o fortalecimento das liberdades, cuja ampliação das liberdades é avaliada como o principal elemento para o desenvolvimento.

Nessa linha de pensamento, Schneider e Freitas (2013, p. 123) explicam que "a perspectiva das capacitações propõe que o desenvolvimento seja uma característica das sociedades em que os indivíduos alcançam uma condição em que dispõem de meios pelos quais podem realizar os fins que desejam". Dessa forma, destacam que o desenvolvimento também significa a capacidade de poder dirimir as barreiras existentes ou aquelas que impedem a liberdade de opção e escolha: "Trata-se então de criar as condições para a realização da capacidade de escolha dando espaço para que a liberdade e a diversidade de escolhas individuais passem a ser um direito individual e uma característica da sociedade" (SCHNEIDER E FREITAS, 2013 p. 123).

Percebe-se, com essa abordagem de Sen (2012), o equívoco da busca desenfreada pelo crescimento econômico como um fim em si mesmo, ao desconsiderar que ele constitui apenas um meio para o alcance de outros fins mais abrangentes. Na perspectiva do autor, os fins do desenvolvimento diriam respeito à expansão das liberdades reais que as pessoas desfrutam a liberdade, portanto, é o escopo do desenvolvimento.

O progresso deve ser apurado, verificando-se justamente se houve aumento das liberdades das pessoas, ou seja, uma nação será desenvolvida não em razão de seus altos índices de renda e de riqueza, mas tanto mais quanto seus cidadãos gozarem de efetiva liberdade. Assim, em que pese o crescimento econômico não poder servir por si próprio, ele deverá ser revertido na melhoria de outros fatores reais da vida dos indivíduos, uma vez que a sociedade será desenvolvida não apenas pela prosperidade econômica, mas também pelo bem-estar social; portanto, para que haja desenvolvimento, é necessário, além de bons resultados econômicos, resultados em outras dimensões, tais como a humana, a social e a ambiental (SEN, 2012).

Nesse entendimento, nota-se que há uma reinterpretação do conceito de desenvolvimento econômico, pois a interpretação tradicional é insuficiente, por tratar apenas de uma dimensão do processo, o crescimento do PIB, sendo este somente uma parte de cinco elementos listados pelo autor, em que pese as facilidades econômicas (Figura 1).

O ponto de vista que aborda as capacitações sugere a concepção do desenvolvimento como a expansão das liberdades individuais substantivas, ou seja, o banimento de restrições ao florescimento humano: "Neste sentido, a perspectiva das capacidades fornece um reconhecimento mais completo da variedade de maneiras sob as quais as vidas podem ser enriquecidas e empobrecidas" (SEN, 2012, p. 83).

Sen (2012) se dedica a diferenciar as liberdades em liberdades substantivas e liberdades instrumentais. A primeira tem relação com as capacidades elementares, como ter condições de impedir privações, evitar fome, ter participação política e liberdade de expressão, que desempenham um papel característico no conceito de desenvolvimento. Já a segunda se relaciona com a liberdade de as pessoas viverem de modo como bem desejarem.

Essa abordagem é diferencial que leva em conta a diversidade dos seres humanos, ou seja, é a liberdade dos indivíduos para buscar seus próprios objetivos, sendo que esses interesses podem ser diversos, pois considera a razão para preferir, podendo-se relacionar como exemplos: a liberdade de ter acesso à água e ao saneamento, de ter nutrição adequada, de ter tratamento de saúde, de morar apropriadamente, cujos fatores, consequentemente, ajudam a promover a capacidade geral de uma pessoa, logo, o seu desenvolvimento.

São cinco os tipos de liberdades instrumentais mencionados por esse estudioso:

Figura 1 – Liberdades instrumentais de Sen

Fonte: a autora (2024), a partir de Sen (2000, p. 38-40)

Essas liberdades instrumentais, que influenciam na promoção da capacidade de um indivíduo, consequentemente no desenvolvimento, são exemplificadas pelo autor desta forma:

a. as liberdades políticas se referem às escolhas das pessoas na arena política: escolher quem vai governar, sob quais regras etc., o que inclui também a liberdade de crítica às autoridades e a expressão política, dentre outras;

b. as disponibilidades econômicas aludem ao poder de os indivíduos usarem os recursos econômicos, tais como os bens e serviços, as possibilidades de fazer transações, o acesso à renda e ao crédito etc., que incluem as oportunidades tidas pelos indivíduos para fins de consumo, produção e troca;

c. as oportunidades sociais se referem aos arranjos sociais para o provimento de educação, saúde e outros serviços sociais capacitantes;

d. as garantias de transparência relacionam-se à confiança mútua entre os indivíduos em suas interações sociais, cuja confiança é fundamental para o sucesso dessas interações. As garantias de transparência incluem o direito à informação em todos os níveis, principalmente nas esferas públicas;

e. a proteção social abarca arranjos sociais destinados a proteger as partes mais vulneráveis da população: assistência e previdência social, seguro-desemprego, abertura de frentes de trabalho emergenciais etc. (SEN, 2000).

Nesse sentido, conforme o autor, a maneira como as pessoas desejam viver e realmente realizar é influenciada pelas oportunidades econômicas, liberdade política, por poderes sociais, por diferentes liberdades que se reforçam umas nas outras, não sendo um fim em si mesmas, mas um meio ao desenvolvimento. De acordo com esse enfoque, o indivíduo é livre quando possui – além de recursos materiais, tais como habitação, saneamento básico, alimentação – os bens imateriais (como educação e direitos políticos) necessários para fazê-los. O caminho do desenvolvimento é, portanto, a eliminação de todas as privações de liberdade (SEN, 2012).

Essa abordagem foi desenvolvida a partir da década de 1980, servindo de referência para o enfoque do desenvolvimento humano. Teve a contribuição da filósofa americana Martha Nussbaum, que propõe uma lista denominada: "Lista das Capacitações Humanas Centrais", que são 10 capacitações e se refere ao mínimo para que o indivíduo seja considerado humano (SEN, 2010). A lista de capacitações humanas centrais refere-se à dignidade humana: vida, saúde do corpo, integridade do corpo, sentido, imaginação e pensamento, emoções, raciocínio prático, afiliação, interação e controle do ambiente, dentre outras espécies, conforme a ilustração:

Figura 2 – Nuvem de palavras: Lista das Capacitações Humanas Centrais, de Nussbaum (2000)

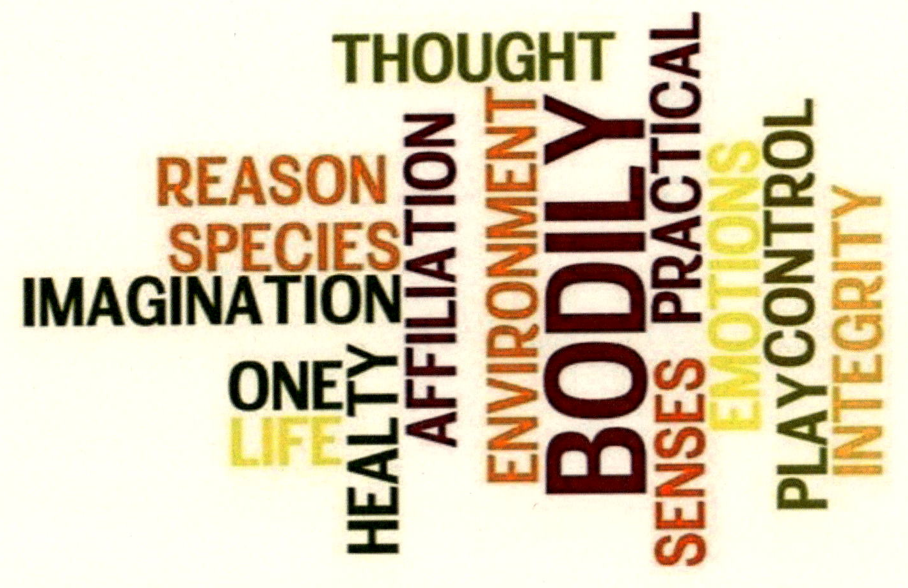


Fonte: a autora (2024), por meio da ferramenta www.wordle.net, a partir de Nussbaum (2000)

Considerando a constituição plural das sociedades, as capacidades apresentadas por Nussbaum (2000) compreendem a possibilidade de esses indicativos alcançarem as diferentes realidades. A dignidade humana é dependente da sua efetivação. Portanto, na ausência dessas, a vida humana tem sua riqueza limitada. As capacidades humanas centrais obedecem à disposição que segue:

Quadro 1 – The list of the central capabilities

| | | |
|---|---|---|
| 1 | Life | Being able to live to the end of a human life of normal length; not dying prematurely, or before one's life is so reduced as to be not worth living. |
| 2 | Bodily health | Being able to have good health, including reproductive health; to be adequately nourished; to have adequate shelter. |

| | | |
|---|---|---|
| 3 | Bodily integrity | Being able to move freely from place to place; having one's bodily boundaries treated as sovereign, i.e., being able to be secure against assault, including sexual assault, child sexual abuse, and domestic violence; having opportunities for sexual satisfaction and for choice in matters of reproduction. |
| 4 | Senses, imagination and thought | Being able to use the senses, to imagine, think, and reason – and to do these things in a "truly human" way, a way informed and cultivated by an adequate education, including, but by no means limited to, literacy and basic mathematical and scientific training. Being able to use imagination and thought in connection with experiencing and producing self-expressive works and events of one'sown choice, religious, literary, musical, and so forth. Being able to use one's mind in ways protected by guarantees of freedom of expression with respect to both political and artistic speech, and freedom of religious exercise. Being able to search for the ultimate meaning of life in one's own way. Being able to have pleasurable experiences, and to avoid non-necessary pain. |
| 5 | Emotions | Being able to have attachments to things and people outside ourselves; to love those who love and care for us, to grieve at their absence; in general, to love, to grieve, to experience longing, gratitude, and justified anger. Not having one's emotional development blighted by overwhelming fear and anxiety, or by traumatic events of abuse or neglect. (Supporting this capability means supporting forms of human association that can be shown to be crucial in their development.) |
| 6 | Practical reason | Being able to form a conception of the good and to engage in critical reflection about the planning of one's life. (This entails protection for the liberty of conscience.) |
| 7 | Affiliation | A. Being able to live with and toward others, to recognize and show concern for other human beings, to engage in various forms of social interaction; to be able to imagine the situation of another and to have compassion for that situation; to have the capability for both justice and friendship. (Protecting this capability means protecting institutions that constitute and nourish such forms of affiliation, and also protecting the freedom of assembly and political speech.) B. Having the social bases of self-respect and non-humiliation; being able to be treated as a dignified being whose worth is equal to that of others. This entails, at a minimum, protections against discrimination on the basis of race, sex, sexual orientation, religion, caste, ethnicity, or national origin.84 In work, being able to work as a human being, exercising practical reason and entering into meaningful relationships of mutual recognition with other workers. |

| | | |
|---|---|---|
| 8 | Other species | Being able to live with concern for and in relation to animals, plants, and the world of nature. |
| 9 | Play | Being able to laugh, to play, to enjoy recreational activities. |
| 10 | Control over One's Environment | A. Political. Being able to participate effectively in political choices that govern one's life; having the right of political participation, protections of free speech and association. B. Material. Being able to hold property (both land and movable goods), not just formally but in terms of real opportunity; and having property rights on an equal basis with others; having the right to seek employment on an equal basis with others; having the freedom from unwarranted search and seizure. |

Fonte: Nussbaum (2000, p. 78-80)

Para a autora, todas essas capacitações descritas são primordiais para a vida do indivíduo; sendo assim, elas necessitam estar interligadas para que se possam realizar; são dez pontos vitais para que cada indivíduo seja digno. A promoção e o desenvolvimento de liberdade e oportunidades promovem a construção de uma melhor qualidade de vida, pois são capazes de decidir o que querem desenvolver na sua vida, no âmbito econômico, político e social, de agir em todos esses níveis da forma que acharem mais correta para si e para a sua dignidade humana. Apesar de enfocar no indivíduo, enxerga a sociedade em sua totalidade, no coletivo que a sociedade representa para as pessoas. Assim, a política pública deverá considerar dois fatores: o indivíduo e a sociedade que constitui. Faz-se necessário o desenvolvimento das potencialidades de cada ser humano e o meio ambiente propício para concretizar suas funcionalidades.

Sen (2010) propõe uma opção lógica em direção a uma nova concepção à sociedade que vai além do desempenho econômico, sendo essencial perpassar pelo oferecimento de oportunidades e melhoria na qualidade de vida às pessoas, para que possam, então, desenvolver suas capacidades. É de suma importância que as políticas de desenvolvimento identifiquem e combatam os fatores denominados pelo autor como fontes de privação das liberdades dos indivíduos. Avida das pessoas pode ser limitada por vários fatores "externos", como a ausência de oportunidades econômicas, a negação de direitos civis, a pobreza, a exclusão social, a tirania política, a intolerância, entre outros. Alargando as liberdades dos indivíduos, há o respeito à sua qualidade de livre escolha para as oportunidades reais que os indivíduos têm para realizar, tendo a potencialidade para serem e fazerem o que julgarem de valor para suas vidas. O núcleo da abordagem da liberdade não é, portanto, o que uma pessoa realmente faz, mas o que ela de fato é capaz de fazer.

Corroborando com essa linha de raciocínio, Ignacy Sachs, professor e profundo conhecedor dos problemas de países do chamado "terceiro mundo", além de pesquisador sobre meio ambiente e desenvolvimento, na sua obra *Desenvolvimento includente, sustentável, sustentado,* define o conceito de desenvolvimento de forma multidimensional, associando as dimensões políticas, econômicas, sociais e ambientais. Partindo da observação da diversidade das configurações socioeconômicas e culturais, e em que pese as dotações de recursos nas diferentes micro e mesorregiões excluírem as estratégias uniformes de desenvolvimento, as estratégias, para serem eficazes, devem dar respostas aos problemas mais acentuados e atender aos anseios da comunidade. Para isso, é necessária a participação de todos os atores no processo de desenvolvimento (trabalhadores, empregadores, o Estado e a sociedade civil organizada) (SACHS, 2008).

Ainda para o autor, o desenvolvimento é capaz de revelar as capacidades, os talentos na busca de autorrealização e da felicidade, combinando esforços e tempo despendidos em atividades não econômicas. Acrescenta outra maneira de encarar o desenvolvimento, a partir da reconceituação em termos da apropriação das gerações de direitos humanos: a) direitos políticos, civis e cívicos; b) direitos econômicos sociais e culturais; e c) direitos coletivos ao meio ambiente e ao desenvolvimento. Explica também que: "igualdade, equidade e solidariedade estão, por assim dizer, embutidas no conceito de desenvolvimento, com consequências de longo alcance para que o pensamento econômico sobre o desenvolvimento se diferencie do economicismo redutor" (SACHS, 2008, p. 14).

O desenvolvimento includente requer garantia dos direitos civis, cívicos e políticos:

> Todos os cidadãos devem ter acesso, em igualdade de condições, a programa de assistência para deficientes [...] voltados para a compensação das desigualdades naturais ou físicas [...] também deveria ter iguais oportunidades de acesso a serviços públicos tais como educação, saúde, moradia" (SACHS, 2008, p. 39).

Não obstante – acrescenta o autor –, devido à diversidade das configurações socioeconômicas e culturais e dotações de recursos prevalecentes nas diferentes regiões, excluem a aplicação de estratégias uniformes de desenvolvimento: "Para serem eficazes, estas estratégias devem dar resposta aos problemas mais pungentes e às aspirações de cada comunidade, superar gargalos que obstruem a utilização de recursos potenciais e ociosos e liberar as energias sociais e a imaginação" (SACHS, 2008, p. 61).

Portanto, analisar a evolução histórica da ideia do desenvolvimento a partir de várias escolas de pensamento é interessante, uma vez que é possível perceber a maneira que cada teórico encontrou para dar resposta aos problemas econômicos da época com ênfase no crescimento e, por consequência, no desenvolvimento. Nota-se a dificuldade de haver um consenso na conceituação do que é desenvolvimento, sendo que, com o processo evolutivo, várias palavras foram se associando e ampliando o conceito, tais como liberdade, justiça social, qualidade de vida, sustentabilidade, e não apenas com o enfoque em produção, renda e consumo, pois o desenvolvimento que se espera é aquele que proporcione um equilíbrio na esfera econômica, territorial, ambiental, institucional e social.

Ademais, o processo de desenvolvimento deve abranger todos os setores da economia, com função primordial de proporcionar às pessoas as escolhas de viver e realizar o que desejarem, sendo, assim, includente. Nesse sentido, um setor de fundamental importância para o desenvolvimento do país é o rural, pelo fato de o Brasil ser predominantemente agropecuário. Entretanto, há limitações por entraves estruturais que obstam o desenvolvimento rural acelerado e autossustentado da economia como um todo: "São necessárias medidas de política de longo prazo (como reforma agrária), caso o objetivo do desenvolvimento seja, também, mobilizar o setor rural e a economia em todo o seu conjunto" (RODRIGUES, 1978, p. 35).

De modo geral, o Estado é um indutor na adequação das políticas públicas de desenvolvimento rural, por meio de ações, planejamento, diagnóstico das necessidades e formulação de metas e objetivos; o governo soluciona problemas de interesse geral ou demanda específica para uma localidade. A parceria de diferentes atores (público e privado) é imprescindível para o alcance do desenvolvimento. É possível a criação de uma trajetória de desenvolvimento a partir de elementos da base local, e assim será inclusivo. Há uma multiplicidade de realidades no âmbito rural, com diferentes culturas, atividades e prioridades; e é por essa justificativa que a discussão do meio rural está presente nas agendas políticas e tem ocupado espaço de destaque no meio acadêmico.

Assim, o próximo subcapítulo trata a respeito de aspectos do rural, definições, características e seu desenvolvimento.

## 2.3 O ser rural: tipologias e processos do desenvolvimento rural

Esta subcapítulo objetiva apresentar o rural e seu desenvolvimento, perpassando por conceituação, tipologia, novas abordagens do desenvolvimento rural e pelo enfoque da sustentabilidade.

### a. O ser rural

De acordo com Liberman (2009), a definição etimológica da palavra rural, de derivação do latim, é *rūs* (campo), sendo associada à distância de multidões e à tranquilidade e a primitivo, não sofisticado. O Instituto Brasileiro de Geografia e Estatística (IBGE, 2023) define como rural a área externa ao perímetro de um distrito, composta por setores na seguinte situação: rural de extensão urbana, rural, povoado, rural núcleo; rural outros aglomerados, rural, exclusive aglomerados. Pela ocupação econômica da população, urbano e rural são definidos pela natureza das atividades econômicas.

O rural está relacionado às atividades primárias, em contraposição ao urbano em relação à população envolvida em atividades secundárias e/ou terciárias. Todavia, Endlich (2006, p. 17) ressalta que se torna cada vez mais controverso associar o rural e o urbano, ou o campo e a cidade à determinada atividade econômica, uma vez que: "[...] atualmente, os defensores do novo rural alertam para as múltiplas atividades que vão sendo desenvolvidas no campo, além das primárias [...] cada vez menos habitantes do campo trabalham na agricultura [...]".

A autora entende que as relações entre o rural e o urbano são dinâmicas:

> Estabelecer o rural e o urbano a partir dos critérios mencionados, de forma descontextualizada, sem analisar a historicidade presente nos fatos e processos, parece estático demais. Ainda que se justifique pela finalidade pragmática, torna-se inadequado para compreender a dinâmica da sociedade. [...] o rural e o urbano [...] são dimensões sociais produzidas no decorrer da história [...] (ENDLICH, 2006, p. 19).

Já Hite (1999, s/p) assevera a dificuldade de conceituar o rural: "O problema de definição mais fundamental nos estudos de desenvolvimento rural diz respeito ao que significa ser rural". Esse autor compreende que rural é o espaço residual que não é urbano, devendo ser definido como aquilo que não é e que não pode ter significado sem referência ao urbano.

Por sua vez, Bagli (2006) destaca que, nos espaços rurais, as relações cotidianas são construídas tendo como base uma intensa ligação com a terra. O sustento da família é assegurado pelo trabalho sobre ela produzido, seja por intermédio dos produtos cultivados para venda ou consumo, seja por intermédio da criação de animais (pastagens e outras fontes de alimentos). A terra não é apenas chão, mas a garantia de sobrevivência [...].

Enquanto isso, Silva *et al.* (1996, p. 1) asseveram:

> A diferença entre o rural e o urbano é cada vez menos importante. Pode-se dizer que o rural hoje só pode ser entendido como um 'continuum' do urbano do ponto de vista espacial; do ponto de vista da organização da atividade econômica, as cidades não podem mais ser identificadas apenas com a atividade industrial, nem os campos com a agricultura e a pecuária; e, do ponto de vista social, a organização do trabalho na cidade se parece cada vez mais com a do campo e vice-versa.

Diniz (1996, p. 903) afirma que o rural tem significados diferentes para pessoas, "desde uma passagem bucólica até zonas remotas, atrasadas e com tradições ancestrais, passando por lugares onde se produzem alimentos e matérias-primas para o setor secundário, tudo cabe na definição do termo rural". O autor explica que, na essência, há três definições para o rural, apresentando fortes inter-relações entre elas:

a. ênfase em critérios socioculturais: tem uma vertente antropológica, pressupõe que o comportamento e as atitudes diferem entre os habitantes da baixa densidade populacional (rurais) e as de fortes densidades (urbanos), associando-se aos rurais valores tradicionais;

b. com ênfase em critérios ocupacionais: fundamentada na predominância de atividades econômicas ligadas ao setor primário (agricultura, silvicultura, caça, pesca, e indústrias extrativas);

c. com ênfase em critérios ecológicos: considera o rural como local de pequenos aglomerados com grandes espaços e de paisagem aberta entre eles, o que implica uma definição de paisagem aberta e de grandes espaços (DINIZ, 1996).

Já para Kageyama (2008), existem características que dão sentido à definição de rural, como as seguintes:

a. maior presença de superfícies verdes ou naturais ou relação com a natureza (em oposição às áreas urbanas);

b. maiores distâncias, menor acessibilidade em geral;

c. maior dispersão ou menor densidade da população, gerando, assim, menos redes de contatos sociais;

d. maior presença de atividades econômicas ou de ocupações que dependem da disponibilidade de recursos naturais (terra, água), como agricultura e pesca, embora não de forma exclusiva.

Por sua vez, Kühn (2015, p. 21) destaca que há uma interpretação dualista entre as relações rural e urbano: "O rural, o espaço vazio, era responsável por esvaziar-se de pessoas, mandando a mão de obra para o meio urbano, para um maior 'progresso'. Além disso, esse espaço, cada vez mais vazio", deveria ocupar-se em produzir aquilo que o meio urbano não conseguia, seja por falta de espaço, seja por falta de possibilidade de transformar em processos industriais alimentos e matérias-primas para a indústria. Essa noção associou fortemente o ambiente rural àquele fora da cidade, àquele da atividade agrícola. A autora explica ainda que o ambiente rural tem especificidades que tendem a ser valorizadas, e as complexas relações entre seus componentes não podem ser completamente condicionadas pela ação humana, pois é nesse ambiente que há a convivência com aspectos naturais (sejam, ou não, construídos socialmente). Destaca também que as relações sociais estabelecidas são diferentes daquelas que norteiam as relações sociais no ambiente urbano (ambiente em que a produção é controlada unicamente pelo próprio homem).

Favareto (2007, p. 159) menciona que a ideia de rural é dicotômica:

> [...] só existe em relação direta com seu par oposto, tal como acontece com o masculino e o feminino, ou com o sagrado e o profano. Para pensar os termos da relação entre os dois polos, a primeira dificuldade que se impõe é justamente a sua própria delimitação.

Para Abramovay (2000), ruralidade é um conceito de natureza territorial, e não setorial. Em muitos países – entre eles o Brasil –, o rural é definido de tal forma que se associa imediatamente à precariedade e carência. Já para Tavares (2003, p. 38), o espaço rural deve ser entendido como complementaridade com as cidades, "em que cada um não perde a sua identidade socioeconômica e cultural".

Essa visão dicotômica entre o urbano e o rural associa o rural ao isolamento, ao atraso, à precariedade, à baixa densidade populacional, em ideia oposta ao urbano, que representa progresso, modernidade, em que é possível identificar elementos do "desenvolvimento". O processo histórico explica a configuração dos territórios e as diferentes conceituações de acordo com as diferentes realidades rurais que foram influenciadas por elementos endógenos e exógenos, ou seja, a própria transformação da agricultura e a adaptação à globalização.

De modo geral, dos primórdios até o século XVIII, o rural tinha a maior densidade populacional e uma importância primária para sociedade, ou seja, uma contribuição maior para a economia. Ocorre então uma transformação de pensamento, surgindo a ideia de progresso, do moderno, da evolução, do rural para o urbano, da agricultura para a indústria, culminando, assim, com a Revolução Industrial no fim desse século. A importância econômica da agricultura foi diminuída paulatinamente, pois a indústria passou a ter mais relevância por causa da sua rentabilidade; nesse sentido, o rural, de um lado, passou a ser visto como espaço de retrocesso; já o espaço urbano, no qual se encontravam as indústrias, como o atualizado e desenvolvido (PÉREZ, 2001).

Kageyama (2008 p. 48) afirma que a ruralidade tem uma essência geográfica e que, de alguma forma, o rural consiste em uma área afastada, isolada, além de ver uma mudança com relação a esse pensamento: "definições ingênuas (rural como sinônimo de atraso ou de resistência a mudanças) ou simplistas (rural como agrícola) estão definitivamente afastadas das disciplinas acadêmicas e das principais instituições políticas". A autora refere que o rural não compõe uma entidade de cunho teórico ou analítico com ânimo explicativo; desse modo, é uma base territorial com características específicas e com níveis de complexidade, desde os aspectos físicos, como abundância de superfícies verdes ou naturais, até atitudes e representações simbólicas da ruralidade.

Em que pese o rural da contemporaneidade não mais se parecer com o do passado, novas características, elementos e dinâmicas passaram a existir, bem como a alteração de outros aspectos nos últimos anos, tais como a incorporação de atividades não agrícolas, a valorização da produção familiar, a transformação de bens intangíveis em econômicos, novos padrões e formatos de produção (VEIGA, 2005). Para Abramovay (2000b), como espaço, as características específicas do rural são: menor densidade populacional, valores naturais como meio ambiente, paisagem, recreação, e não somente pela produção agrícola, sendo que, nessa nova tendência da ruralidade, se percebe a incorporação do meio natural como um bem a ser preservado, não sendo visto como um impedimento ao progresso agrícola.

Percebe-se que há uma gama de discussão a respeito da definição de rural, mas, para Kageyama (2004, p. 382), há um consenso nos seguintes pontos:

> a) rural não é sinônimo de agrícola e nem tem exclusividade sobre este; b) o rural é multissetorial (pluriatividade) e multifuncional (funções produtivas, ambiental, ecológica, social); c) as áreas rurais têm baixa densidade populacional; d) não há um isolamento absoluto entre os espaços rurais e as áreas urbanas.

Para Marafon (2011), o rural surge como um espaço híbrido, que apresenta um complexo jogo de inter-relações com agentes naturais e sociais e uma grande diversidade e dinamismo. Investigar e compreender o desenvolvimento rural é um desafio, por ser um campo abrangente e com várias interpretações, havendo muitos adjetivos associados ao substantivo desenvolvimento rural, cujas adições possibilitam dar um recorte e significá-las. Não é uma tarefa simples.

Entendo que o rural é um espaço geográfico delimitado, sendo um complexo mosaico de recursos naturais, pessoas, com interações relacionais homem e natureza, gerando, além de produções, sensações de bem-estar.

Diante disso, para compreender determinado espaço rural e todas as suas especificações, faz-se necessário esmiuçar a tipologia e os processos do desenvolvimento rural, suas dimensões e processos, objeto do próximo tópico.

### b. Tipologia, histórico e processos do desenvolvimento rural

De forma inicial, conceituar o desenvolvimento rural é perceber que essa designação revela certa complexidade. Em outros termos, "a heterogeneidade define o mundo rural", de acordo com o Relatório de 2007 do Banco Mundial. Com base nessa premissa, constata-se que não há uma política única, ou ideal, de desenvolvimento rural, dados os distintos territórios, culturas e técnicas. Faz-se necessário compreender o desenvolvimento do Brasil rural por meio da regionalização de seu território, em que as estruturas, institucionais, políticas, econômicas e sociais são distintas e têm diferentes graus. Além disso, há uma diversidade teórica, pois não há uma teoria universal, uma vez que as bases teóricas estão em construção, por meio de múltiplas perspectivas analíticas (CONTERATO; FILLIPI, 2009).

Costabeber e Caporal (2003, p. 3) defendem o desenvolvimento rural como um processo gradativo de mudança que "encerra em sua construção e trajetória a consolidação de processos educativos e participativos que envolvem as populações rurais, conformando uma estratégia impulsionadora de dinâmicas socioeconômicas mais ajustadas ao imperativo ambiental". Segundo Pérez (2001, p. 17), tais propostas de desenvolvimento rural compreendem "un proceso de mejora del nível del bienestar de la población rural y de la contribución que el medio rural hace de forma más general al bienestar de la población en su conjunto, ya sea urbana o rural, con su base de recursos naturales[2]". Para Navarro (2001, p. 88), há um conjunto de expressões utilizadas de forma intercambiável, malgrado seus distintos significados sobre o desenvolvimento rural; isso se deve ao fato da não existência de uma consolidada tradição de análise das políticas públicas no âmbito rural, "que investigasse amplamente as iniciativas dedicadas ao desenvolvimento rural em nossa história agrária recente, não apenas com relação aos seus impactos, mas igualmente quanto à sua racionalidade e estratégia operacional (no estilo dos *policy studies*)". Portanto, há três expressões correlatas: desenvolvimento agrícola, agrário e rural.

Quadro 2 – Diferenças entre desenvolvimento: agrícola, agrário e rural

| | |
|---|---|
| **Desenvolvimento agrícola** | Relaciona-se às condições da produção agrícola e/ou agropecuária, suas características, no sentido estritamente produtivo, identificando suas tendências em um período de tempo dado. Refere-se, portanto, à base propriamente material da produção agropecuária, a suas facetas e evolução – por exemplo, área plantada, produtividade, formatos tecnológicos, economicidade, uso do trabalho como fator de produção, entre outros tantos aspectos produtivos. |
| **Desenvolvimento agrário** | Refere-se a interpretações acerca do "mundo rural" em suas relações com a sociedade maior, em todas as suas dimensões, e não apenas à estrutura agrícola, ao longo de um dado período de tempo. Quase sempre "meta-narrativas" estudam as mudanças sociais e econômicas no longo prazo, reivindicando uma aplicação de modelos teóricos entre países e regiões. São estudos macrossociais, e pouca relevância é atribuída aos processos macrossociais ou da vida cotidiana. |

[2] "um processo de melhoria do nível de bem-estar da população rural e da contribuição que o ambiente rural dá de forma mais geral para o bem-estar da população como um todo, seja urbana ou rural, com a sua base de recursos naturais".

| | |
|---|---|
| **Desenvolvimento rural** | Trata-se de uma ação previamente articulada que induz (ou pretende induzir) mudanças em determinado ambiente rural. Em consequência, o Estado nacional – ou seus níveis subnacionais – sempre esteve presente à frente de qualquer proposta de desenvolvimento rural, como seu agente principal. Por ser a única esfera da sociedade com legitimidade política assegurada para propor (e impor) mecanismos amplos e deliberados no sentido da mudança social, o Estado se funda, para tanto, em uma estratégia preestabelecida, metas definidas, metodologias de implementação, lógica operacional e as demais características específicas de projetos e ações governamentais que têm como norte o desenvolvimento rural. |

Fonte: a autora (2023), a partir de Navarro (2001)

Ainda para Navarro (2001, p. 88), a expressão mais precisa é a do desenvolvimento rural, que se diferencia das anteriores por uma peculiaridade: "aqui, trata-se de uma ação previamente articulada que induz (ou pretende induzir) mudanças em um determinado ambiente rural". Em que pese esse conceito ser alterado e sofrer influências de acordo com a conjuntura, por condicionantes, todas as definições têm por escopo do desenvolvimento a melhoria e o bem-estar das populações rurais, sendo que as diferenças se concentram nas estratégias escolhidas, na hierarquização e nas prioridades dos processos e nas ênfases metodológicas. Conforme esse autor, o desenvolvimento rural, portanto, pode ser analisado a posteriori, ou seja, analisando programas já realizados pelo Estado (em seus diferentes níveis), visando a alterar facetas do mundo rural a partir de objetivos previamente definidos. Contudo, pode-se referir também à elaboração de uma "ação prática" para o futuro, qual seja, implantar uma estratégia de desenvolvimento rural para um período vindouro.

Para Kageyama (2008), a análise do desenvolvimento rural pode ser realizada a partir de quatro dimensões: 1) dimensão econômica: está relacionado com as condições estruturais e com o desempenho econômico no lócus, considera as variáveis: renda, diversificação da produção e produtividade; 2) dimensão sociocultural: trata de aspectos conexos à qualidade de vida, demonstrados a partir das variáveis: educação, saúde e assistência social; 3) dimensão político-institucional: está acoplada às políticas direcionadas ao desenvolvimento; e, por fim, 4) dimensão ambiental: refere-se às questões de sustentabilidade do ambiente, ressaltadas a partir das variáveis: utilização dos recursos naturais e o uso de agrotóxicos. Há de se tomar o desenvolvimento rural como um conceito amplo "[...] o qual está ancorado no tempo (trajetória de longo prazo), no espaço (o território e seus recursos) e nas estruturas sociais presentes em cada caso" (KAGEYAMA, 2008, p. 58).

O conceito de desenvolvimento está em transformação no espaço e no tempo, deixou de lado a ideia simplista do crescimento econômico e aumento da renda *per capita* e aproximou-se de outros enfoques, tais como equidade social, meio ambiente, qualidade de vida. Essa nova abordagem do desenvolvimento rural vai ao encontro do que defende Sen (1999, p. 26) como sendo basicamente um processo de afirmação e concretização das liberdades em seu sentido mais aberto, sob a ótica social, econômica ou política:

> As liberdades não são apenas os fins primordiais do desenvolvimento, mas também os meios principais. Além de reconhecer, fundamentalmente, a importância avaliatória da liberdade, precisamos entender a notável relação empírica que vincula, umas às outras, liberdades diferentes.

As liberdades, desse modo, representam o caminho também para o desenvolvimento rural, sendo importantes por si mesmas. Para Sen (2010), quem faz o desenvolvimento são os indivíduos, e não programas estatais. Entretanto, há uma interdependência entre liberdade e responsabilidade. Deve-se lembrar que o Estado deve instituir mais oportunidades de escolha e decisões substantivas para os indivíduos, os quais, então, poderão atuar de modo responsável. Esse dever não é única e exclusivamente do Estado; as instituições não governamentais, educacionais, instituições políticas e sociais e a mídia deverão agir de forma conjunta, pensando no comprometimento social com a liberdade individual. Nessa linha de entendimento, enfatiza Conterato (2008, p. 45): "A outorga ao agricultor familiar de realizar com base nos recursos disponíveis as escolhas que melhor lhe convierem é uma das principais, senão a principal ferramenta de construção do desenvolvimento rural". Schneider (2004) destaca que os agrupamentos humanos serão capazes de conduzir a diversidade das espécies (biodiversidade), dos solos e dos ecossistemas em que vivem. Esse é o futuro do mundo rural, sendo necessário, então, entender a diversidade dos meios e os modos pelos quais os indivíduos lidam com as adversidades e os condicionantes nos contextos em que vivem.

Historicamente, no final do século XVIII, com a Teoria Malthusiana, houve preocupação com a produção agrícola e o medo da fome generalizada, quando começaram a surgir posturas, enfoques e modelos visando a dirimir problemas no âmbito rural e promover o desenvolvimento. Esses modelos tinham estreita relação com dois aspectos: (1) "evolução dos métodos e tecnologias agrícolas, que propiciaram a passagem de uma agricultura empírica para a agricultura científica"; (2) o posicionamento de estudiosos a respeito das causas do subdesenvolvimento e da pobreza do meio rural e as crescentes disparidades entre as regiões (ACCARINI, 1987, p. 73).

Para esse autor, os modelos de desenvolvimento rural são os seguintes:

a. modelo de conservação: a gênese e a evolução desse modelo estavam associadas à doutrina da escassez dos recursos naturais, à lei dos rendimentos decrescentes dos economistas clássicos; esse enfoque representa o primeiro conjunto sistemático de preocupações e recomendações em torno do aumento da produção e da necessidade de alimentos: "às técnicas conservacionistas pode-se acrescentar os métodos de combate à erosão que tantos danos impõem à agricultura" (ACCARINI, 1987, p. 75);

b. modelo do impacto urbano-industrial: "o desenvolvimento rural poderia ser acelerado através da descentralização industrial ou do estímulo à transferência de trabalhadores de áreas rurais para os centros urbanos mais distantes, onde pudessem ser absorvidos produtivamente" (ACCARINI, 1987, p. 79). Esse modelo se baseia na teoria da localização ótima das atividades rurais, desenvolvida por J. H. Von Thünen, considerado um dos fundadores da economia agrícola. As diferenças de desigualdades na renda agrícola *per capita* poderiam ser atribuídas às diferentes localizações de tais centros;

c. modelo da difusão: o escopo deste modelo é a promoção do desenvolvimento rural por meio da difusão técnica: "o desconhecimento de técnicas mais produtivas de cultivo ou criação utilizadas em outras áreas é a causa de diferença de produtividade entre produtores ou regiões" (ACCARINI, 1987, p. 79-80). Dessa forma, firmou-se a crença de que a divulgação tecnológica seria o modelo ideal para reorganização dos empreendimentos rurais, para o alcance da elevação da produtividade. Para países subdesenvolvidos, esse modelo foi mais útil por proporcionar a abertura do debate do que propriamente como proposta viável para a promoção do desenvolvimento rural;

d. modelo do insumo moderno: a tese desse modelo de incentivo à modernização deve passar, necessariamente, pelo estímulo do lucro, transformar a agricultura tradicional em outra mais moderna, desenvolvida e dinâmica:

> Nesse contexto, os investimentos em educação passavam a assumir papel de fundamental importância para formar pesquisadores, cientistas e técnicos capazes de adaptar ou gerar novas tecnologias e conhecimentos e também para habilitar os produtores rurais para empregá-los adequadamente (ACCARINI, 1987, p. 83);

e. modelo de inovação induzida: "constitui, portanto, um instrumento útil para orientar a política de desenvolvimento rural e explicar o padrão tecnológico seguido por distintos países, em diferentes épocas" (ACCARINI, 1987, p. 85). Esse modelo supõe, mediante as alternativas tecnológicas disponíveis, a promoção do desenvolvimento rural, o qual depende de expertise em eleger e colocar em prática aquelas que facilitem a substituição de fatores de produção escassos, consequentemente, com preços mais elevados, por outros relativamente mais abundantes. As alternativas levam a duas direções básicas: a) tecnologias biológicas químicas (variedades melhoradas de plantas, fertilizantes, corretivos e outros insumos) e tecnologias mecânicas (tratores, colheitadeiras, semeadeiras e outros de natureza mecânica) (ACCARINI, 1987, p. 85);

f. modelo do dualismo tecnológico: o cenário a que se aplica esse modelo é o mesmo da difusão, presença de disparidade entre produtores, regiões e produtos, quando há comparação de padrão das tecnologias empregadas nas atividades rurais: "a distinção fundamental entre ambos é que o modelo da difusão sugere medidas para reduzir tais disparidades, enquanto o modelo do dualismo tecnológico procura explicar por que elas existem e podem existir" (ACCARINI, 1987, p. 91).

Ruy Miller Paiva, autor do artigo "O mecanismo de autocontrole no processo de expansão da melhoria técnica da agricultura", publicado em 1968, que fundamentou esse modelo do dualismo tecnológico, supõe que existem dois tipos de tecnologia: moderna e tradicional. A vantagem econômica da técnica moderna em relação à tradicional dependeria do resultado da comparação entre suas respectivas relações benefício-custo.

Para romper a barreira do tradicionalismo, o produtor teria de receber, como estímulo, um prêmio acima da vantagem estritamente de cunho econômica (PAIVA, 1968).

Já para Guzmán Casado, González de Molina e Sevilla-Guzmán (1999, p.132), "o desenvolvimento rural teve sua origem como resultado do fracasso dos modelos de desenvolvimento econômico dos anos 1950 e 1970 para resolver o problema dos países em desenvolvimento, a pobreza". Pode ser dividido de acordo com as ações: desenvolvimento comunitário, desenvolvimento rural integrado e desenvolvimento rural sustentável. O desenvolvimento comunitário era uma estratégia participativa, em que se almejava uma organização comunitária que promovesse a consciência e a educação, satisfazendo as necessidades basilares da comunidade.

Entretanto, até os anos de 1965, esse tipo de desenvolvimento havia fracassado, segundo esses estudiosos. O desenvolvimento rural integrado era uma crítica ao desenvolvimento comunitário, de natureza normativa e de aplicação universal, alicerçada no crescimento agrícola, como um instrumento do desenvolvimento rural, no desenvolvimento simultâneo dos setores terciário e secundário e, por fim, na participação das forças sociais, pois possuem um papel indispensável nesse processo, tendo seu auge na década de 1970: "É concebido como um programa de execução simultânea de atividades planejadas com múltiplos propósitos. Trata-se de atividades de caráter macro e micro nos três setores econômicos: sociais, físicos e de organização do processo de desenvolvimento" (WEITZ, 1979, p. 31).

Para a compreensão do desenvolvimento rural, faz-se necessário considerar três enfoques: desenvolvimento exógeno, endógeno e a combinação desses dois. Conforme Kageyama (2008, p. 58), o exógeno são forças externas, inseridas em regiões que estimulam esse fenômeno "[...] gerado por impulsos locais e baseado predominantemente em recursos locais, pois atores e instituições desempenham papel crucial; o caso típico é o dos modelos dos distritos industriais". Já o envolvimento das forças internas e externas de forma simultânea reflete no envolvimento dos atores rurais por redes locais. O meio rural, portanto, tem dinâmica própria, embora esteja com certa vinculação ao ambiente urbano. A autora entende ainda que, para a fomentação do desenvolvimento rural, é necessário considerar uma gama de elementos comuns que as patrocinam. São eles:

> a) a integração mercantil com cidades da própria região: o dinamismo econômico das cidades de médio porte, principalmente pela criação de atividades terciárias, favorece

> o desenvolvimento das comunidades rurais adjacentes) a combinação de uma agricultura familiar consolidada com um processo de urbanização e industrialização descentralizado, gerando um mercado local de consumo de produtos diversificados e fornecimento de matérias-primas e mão de obra rural para a indústria local; c) a pluriatividade das famílias rurais, que permite a retenção de população e a redução do êxodo rural; d) a diversidade das fontes de renda, que permite maior autonomia (menor dependência da atividade agrícola exclusiva) e menor instabilidade de renda; e) os programas de geração de emprego e de melhoria da qualidade de vida, que atenuem as migrações e o isolamento; f) a existência de recursos territoriais que permitam produzir para mercados específicos (vinhos, turismo etc.), possibilitando a internalização de externalidades positivas (KAGEYAMA, 2008, p. 76).

Nota-se uma mudança na ideia de desenvolvimento rural, antes percebida essencialmente ligada à especialidade técnica e produtiva, que passou a evidenciar os aspectos como diversidade e diversificação. Ou seja, outrora era requerido um desenvolvimento estrutural, formulado nas décadas de 1940 e 1950, a modernização da agricultura, responsável pelo sucesso e crise da agricultura, pois houve um avanço com relação à tecnologia, aumentando a produtividade das lavouras, entretanto prejudicou o meio ambiente: a erosão dos solos a destruição das florestas e da biodiversidade genética, ocasionado pela forma produtiva do monocultor (CONTERATO, 2008). "Altas taxas de crescimento econômico observadas no período pós-guerra, notadamente entre 1950 e 1975, refletiram-se no Brasil por meio de intensa urbanização e industrialização. Nessa mesma época as atividades agrícolas beneficiaram-se do progresso. A economia rural obteve, por meio da tecnologia, ganhos de produtividade, além de crescente, constante. "Acarretou mudanças socioeconômicas no campo, modificando as relações sociais e a cultura campestre. "[...] o crescimento econômico aparecia como sinônimo de desenvolvimento rural, ao associar os aumentos de produtividade e a geração de renda como consequência direta da mecanização do cultivo da terra" (GAYOSO; FILHO, 2020, p. 51). Nesse momento, as agendas acadêmicas e política discutiam sobre o conceito de desenvolvimento rural. "[...] desenvolvimento rural estava diretamente ligado ao conceito de desenvolvimento agrícola (agropecuário), ou seja, aos aspectos puramente técnicos de manuseio da terra como área plantada, eficiência, relação capital-trabalho etc." (GAYOSO; FILHO, 2020, p. 51).

A discussão sobre desenvolvimento rural ganha contornos emblemáticos a partir da modernização da agricultura, em que ocorreu a constatação da profundidade das transformações econômicas, sociais e ambientais. Em nível de Brasil, a partir da década de 1990, a problemática do desenvolvimento rural passou a ser uma preocupação relevante, principalmente quando a agricultura familiar passou a concentrar os esforços para o fortalecimento dos métodos de desenvolvimento em áreas rurais (CONTERATO, 2008).

Nessa área, no âmbito internacional, destaca-se o pesquisador holandês Jan Dowe van der Ploeg, cujas discussões têm o enfoque mais na dimensão espacial e territorial e nas relações entre agricultores, mercados e instituições, práticas sustentáveis ou não, mais ou menos autônomas, mais ou menos rentáveis, e nos impactos que resultam sobre as famílias e as economias locais. Para Ploeg e Marsden (2008), a apreciação da diversificação implica a busca de fortalecimento da base de recursos disponíveis aos agricultores e da aptidão constante por autonomia e liberdade frente a um contexto de oposição, privação e adversidade. Ou seja, para melhorar as condições de vida, é salutar o entendimento da capacidade que determinado indivíduo/grupo social apresenta e a forma de lidar com o sistema de oportunidades oferecido pela sociedade, pelo Estado ou pelo mercado.

Ploeg *et al.* (2002) discutem sobre a noção de desenvolvimento rural e entendem que a expressão surgiu por intermédio de luta e debate sociopolítico, explicando que a mudança de entendimento do desenvolvimento rural para além do setor agrícola é uma mudança de paradigma, tendo sido necessária a elaboração de novas teorias que refletissem e representassem adequadamente as novas redes, práticas e identidades incorporadas nas práticas de desenvolvimento rural em todo o território europeu. No entanto, era essencial que o desenvolvimento rural fosse reconhecido como um processo, multinível, enraizado em tradições históricas, diferente do paradigma da modernização, pois a modernização da agricultura agenciou uma especialização contínua na produção agrícola e previa uma segregação da agricultura de outras atividades rurais, diferentemente da proposta do desenvolvimento rural, que prevê benefícios mútuos e situações ganha-ganha entre diferentes atividades que parecem tanto estratégicas quanto desejáveis.

Kageyama (2008, p. 61), baseada em Van der Ploeg *et al.* (2000), assevera que "a atividade agrícola em novas bases ainda pode continuar a ser a raiz do desenvolvimento rural". Para esses autores, o desenvolvimento rural é uma alternativa ao declínio da agricultura modernizada.

O Quadro 3, a seguir, traz a descrição dessa nova base da atividade agrícola.

Quadro 3 – Processo de produção agrícola: modernização versus desenvolvimento rural

| Modelos | Principais características da produção agrícola |
|---|---|
| Modernização | Agricultores como empresários agrícolas; especialização; aumento de escala; intensificação (uso de insumos); produção orientada pela lógica do mercado; aumento do grau de "comoditização"; dependência crescente de poucos mercados específicos. |
| Desenvolvimento rural | Esforço para reduzir a dependência do mercado de insumos externos à unidade produtiva, visando a redução de custos e ao melhor aproveitamento dos recursos naturais; introdução de novas atividades que permitam utilizar mais os recursos internos; produção ambientalista mais adequada; introdução de novas práticas de cooperação e pluriatividade; diversificação de produtos e busca de economia de escopo; maior controle sobre processos de trabalho. |

Fonte: Kageyama (2019, p. 61)

Nesse paradigma, incluem-se dimensões antes não contempladas, como a busca de um novo modelo para o setor agrícola, a produção de bens públicos (paisagem), a busca de sinergias com os ecossistemas locais, a valorização das economias de escopo em detrimento das economias de escala e a pluriatividade das famílias rurais (PLOEG *et al.*, 2002).

De acordo com Conterato (2008), o desenvolvimento rural é um processo multinível, do global para o individual, e de relações entre agricultura e sociedade. Em um nível intermediário (locais e regionais), deve ser construído como um novo modelo para o setor agrícola, com atenção constante para as sinergias entre ecossistemas locais e regionais. Por fim, um terceiro nível é o do indivíduo, em que se destacam as novas formas de alocação do trabalho familiar, conforme a Figura 3, a seguir.

Figura 3 – Processo de desenvolvimento rural

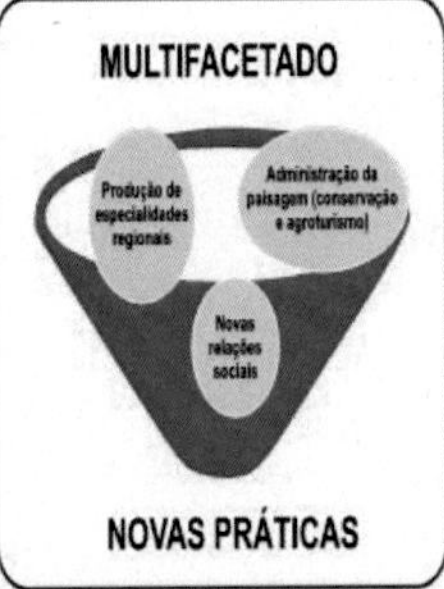


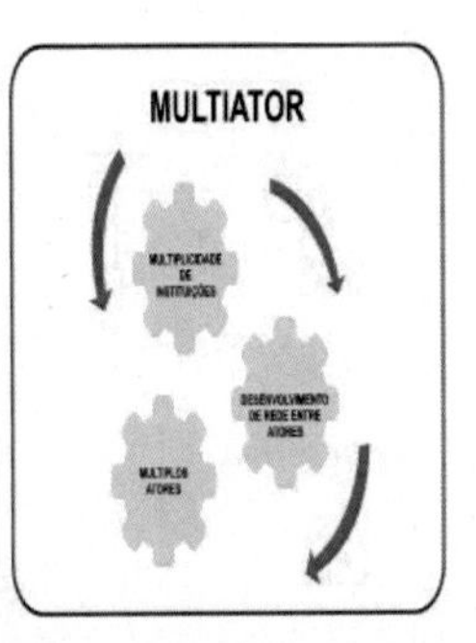


Fonte: a autora (2023) a partir de Conterato (2008)

É considerado multifacetado porque se revela em um conjunto de novas práticas, como administração da paisagem, conservação da natureza, agroturismo, produção de especialidades regionais, entre outras, em que as propriedades possam assumir novos papeis e estabelecer novas relações sociais com as empresas e com os setores urbanos. É também um processo multiator, pois, em sua construção, há uma multiplicidade de instituições envolvidas, dependendo de múltiplos atores e das redes entre estes.

Para Schneider (2004), os múltiplos níveis da nova abordagem do desenvolvimento rural estariam formulados em termos de mudanças necessárias nos seguintes aspectos, todas relacionadas aos limites e problemas decorrentes do modelo agrícola produtivista:

a. a necessidade de um crescente inter-relacionamento entre a agricultura e a sociedade;

b. a necessidade urgente de se definir um novo modelo agrícola, que seja capaz de valorizar as sinergias e a coesão no meio rural, permitindo a convivência de iniciativas e atividades diversificadas;

c. a necessidade de um desenvolvimento rural capaz de redefinir as relações entre indivíduos e famílias, bem como suas identidades, atribuindo-se um novo papel aos centros urbanos e à combinação de atividades multiocupacionais;

d. a necessidade de um modelo que redefina o sentido da comunidade rural e as relações entre os atores locais;

e. a necessidade de um desenvolvimento rural que leve em conta a urgência de novas ações de políticas públicas e o papel das instituições;

f. a necessidade de se levar em consideração as múltiplas facetas ambientais, a fim de garantir o uso sustentável e o manejo adequado dos recursos.

Nesse sentido, o desenvolvimento rural pode surgir como uma redefinição de identidades, estratégias, práticas, inter-relações e redes. Repousando, às vezes, em um repertório cultural historicamente enraizado, mas marginalizado, esse nível ocorre quando operacionalizado ao nível individual do agregado familiar agrícola. Pode-se, assim, dizer que o desenvolvimento rural é multifacetado por natureza, pois há uma ampla gama de práticas diferentes e, às vezes, interconectadas. Entre elas, a gestão da paisagem, a conservação de novos valores da natureza, o agroturismo, a agricultura biológica e a produção de produtos de alta qualidade e específicos da região.

Kageyama (2004, p. 384) corrobora com o autor anterior, quando afirma:

> [...] as novas práticas, como administração da paisagem, conservação da natureza, agroturismo, agricultura orgânica, produção de especialidades regionais, vendas diretas etc., fazem do desenvolvimento rural um processo multifacetado, em que propriedades que haviam sido consideradas "supérfluas" no paradigma da modernização podem assumir novos papéis e estabelecer novas relações sociais com outras empresas e com os setores urbanos.

Já para Schneider (2004), deve haver combinação do aspecto econômico (aumento do nível e estabilidade da renda familiar) e do aspecto social (obtenção de um nível de vida socialmente aceitável). O desenvolvimento rural também se preocupa com a reconfiguração dos recursos rurais. Terra, mão de obra, natureza, ecossistemas, animais, plantas, artesanato, redes, parceiros de mercado e relações cidade-campo, todos têm de ser reformados e recombinados, alertando que não é apenas o acréscimo de "coisas novas" às situações já estabelecidas, mas de realidades emergentes e historicamente enraizadas que estão reaparecendo.

Ellis (1999) associa o desenvolvimento rural aos processos de redução de pobreza rural, que procurem, por meio das estratégias de sobrevivência, aumentar as oportunidades e o potencial dos pobres rurais. Entende que o desenvolvimento rural é um conjunto de práticas que objetiva a diminuição da vulnerabilidade das famílias, reorientando as ações para uma interdependência dos agricultores em relação aos agentes externos, resultando autonomia nos procedimentos decisórios e no fortalecimento de ações e estratégias. Nesse sentido:

> [...] dadas las especificidades y particularidades del espacio rural, determinadas por las condiciones sociales, económicas, ambientales y tecnológicas, el desarrollo rural se refiere a un proceso evolutivo, interactivo y jerárquico de sus resultados, manifestándose en los términos de esa complejidad y diversidad en el plan territorial[3] (SCHNEIDER; TARTARUGA, 2006, p. 18).

No entendimento de Accarini (1987, p. 98), "para promover esse processo, o governo pode formular e pôr em prática um elenco de distintos instrumentos de política, com os objetivos de modificar a realidade socioeconômica

[3] "[...] dadas as especificidades e particularidades do espaço rural, determinadas pelas condições sociais, econômicas, ambientais e tecnológicas, o desenvolvimento rural refere-se a um processo evolutivo, interativo e hierárquico de seus resultados, manifestando-se nos termos dessa complexidade. diversidade no plano territorial".

do meio rural e de influir nas decisões dos produtores através de medidas direcionadas". E esse direcionamento pode ser relacionado ao uso produtivo da terra, emprego de tecnologias mais eficientes de produção e comercialização. O setor rural poderá superar os desafios peculiares e do inter-relacionamento com outros setores, a partir dessas medidas, cumprindo, assim, as funções no processo de desenvolvimento, sendo autossustentado. Não obstante o desenvolvimento rural depender da adequação e manipulação de diferentes instrumentos, "não se pode ignorar os efeitos de políticas macroeconômicas de aspecto mais amplo como a fiscal, a monetária e a cambial e, até mesmo, os de ações empreendidas por outros países" (ACCARINI, 1987, p. 99).

Há diferentes perspectivas teóricas sobre o desenvolvimento rural, podendo ser agrupadas por autores: 1) Veiga (2005) e Abramovay (2000) defendem que as políticas de intervenção no meio rural devem estar centradas na diversificação das economias locais, mediante o favorecimento de sinergias entre a agricultura e os setores secundário e terciário das economias locais; 2) Silva (1985) afirma que o novo modelo de desenvolvimento rural deve ser assentado na geração de empregos não agrícolas no meio rural; 3) Guanzirolli *et al.* (2001) baseiam-se na defesa de políticas agrícolas e agrárias específicas para o segmento da agricultura familiar; 4) Navarro (2001) entende que o desenvolvimento rural deve passar prioritariamente pela construção de processos de democracia e de participação popular no meio rural; 5) Maluf (2002) acredita que as estratégias de desenvolvimento rural devem ser baseadas na criação de novas condições para a inserção dos produtos, agrícolas e não agrícolas, e dos serviços oferecidos pela agricultura familiar, mas fora dos mercados tradicionais de *commodities* agrícolas.

Existe uma abordagem relacional ao desenvolvimento rural em face da complexidade das dinâmicas sociais que atravessam o mundo rural na atualidade. Schmitt (2011, p. 90) expõe três principais vertentes que se destacam nessa concepção de redes: "[...] a perspectiva orientada aos atores, a Teoria do Ator Rede e a análise das redes sociais proposta pelos estudiosos da sociologia econômica [...]", que integram esse rol de abordagens levantadas pela autora. Murdoch (2000) chama a atenção para o processo de formação de redes tanto horizontais como verticais no espaço rural. Para ele, é com a formação de redes rurais de inovação e aprendizagem, estendendo-se tanto interna como externamente, bem como irradiando para outros segmentos da sociedade, que se conseguirá favorecer o desenvolvimento rural. Aqui levanta o caso das cadeias produtivas, que acabam formando verdadeiros conglomerados de empresas inovadoras.

A discussão sobre o tema tem recuperado seu espaço com a preocupação dos estudiosos com quatro apontamentos, a partir dos quais "se preconiza a retomada do debate sobre o desenvolvimento rural: a erradicação da pobreza rural, a questão do protagonismo dos atores sociais e sua participação política, o território como unidade de referência e a preocupação central com a sustentabilidade ambiental" (Schneider, 2004, s/p).

A abordagem das capacitações de Amartya Sen, conforme Schneider e Freitas (2013, p. 123), promove um diálogo proficiente com a perspectiva da diversificação dos meios de vida: "Isto faz com que estudiosos do desenvolvimento rural passem a rediscutir as estratégias de combate à pobreza com base na hipótese de que mais importante do que dar comida aos pobres seria dotá-los de recursos". A partir dessa estratégia, os pobres estimulariam suas capacidades, havendo um fortalecimento dos meios para a realização de suas atividades.

Em meados da década de 1980, agrupa-se a ideia de sustentabilidade, iniciando, assim, o denominado desenvolvimento rural sustentável (GUZMÁN CASADO; GONZÁLEZ DE MOLINA; SEVILLA-GUZMÁN, 1999). "A preocupação com o meio ambiente influenciou as discussões sobre o tema a partir de meados dos anos 80, ganhando intensidade no início dos anos 90, quando o conceito de desenvolvimento rural ganhou novos contornos" (GAYOSO; FILHO, 2020, p. 53). Dessa forma, surge a expressão, no Brasil, "desenvolvimento rural sustentável". "Nesse caso a palavra sustentável apareça inserida em um invólucro claramente ambiental" (GAYOSO; FILHO, 2020, p. 53).

Entretanto, é desafiador o alcance da sustentabilidade, principalmente no âmbito rural, por lidar diretamente com os recursos naturais, e o seu uso causa o gradativo esgotamento: "As transformações necessárias devem apontar para outro paradigma de relação com a terra e a natureza, bem como a invenção de modos de produção e consumo mais benignos" (BOFF, 2016, p. 10). O autor sugere inaugurar um novo patamar de civilização, mais "amante da vida", mais "ecoamigável", mais respeitoso dos ritmos e capacidade de regeneração e limites da natureza, pois não dispomos de muito tempo: "Como tudo se globaliza, a sustentabilidade, mais que qualquer outro valor, deve ser globalizada" (BOFF, 2016, p. 11).

Portanto, o termo, "desenvolvimento rural, tem assumido ao longo das quatro décadas, uma miríade de definições, apreendendo as ressonâncias das mutações sociais, culturais, políticas, econômicas e mais recentemente climática, percebidas na sociedade contemporânea" (GAYOSO; FILHO, 2020, p. 54).

No item seguinte, há a discussão a respeito da construção histórica e social do homem e da sua relação com a natureza e a sustentabilidade no âmbito rural, imprescindível ter uma visão holística, ampliada, deixando de lado ângulos parciais. Por isso, temas que, em uma primeira visão, parecem destoar da temática deste livro – história da humanidade, modernidade, mau desenvolvimento, policrise, agroecologia –, na realidade, convergem para o entendimento do homem relacional e as consequências.

c. **Desenvolvimento sustentável no espaço rural**

A proposta deste subtópico é discutir a desconexão do homem e da natureza, geradora da crise planetária, bem como o mau desenvolvimento e entender as discussões atuais sobre o significado da expressão "desenvolvimento sustentável" e o desenvolvimento rural com base agroecológica. Inclui diferentes autores, como: Toffler (1993), Guattari (2012), Morin (2015), Leff (2001), Carson (1969), Tortosa (2011), Boff (2016), entre outros. Há também a reflexão por meio do diagnóstico ambiental da *Carta Encíclica Louvado Sejas: sobre o cuidado da casa comum,* do Santo Padre Francisco, da Igreja Católica (2015), na qual se verifica o extrapolamento da preocupação ambiental dos limites acadêmicos.

Ainda, é incompleto dissertar sobre a sustentabilidade, sem partir das causas do problema, das consequências e do entendimento da modernidade e seus reflexos, ou seja, o padrão cultural de consumo da sociedade moderna, cuja preocupação com a questão ambiental tem fomentado discussões sobre os modelos de desenvolvimento sustentável e as decorrências das interações entre suas diferentes dimensões: econômica, social, ambiental e cultural. No âmbito rural, as discussões são aumentadas, pois é o setor primário da economia em que o mau uso dos recursos naturais (degradação ambiental) provoca externalidade negativa ambiental.

A relação do homem com a natureza é resultado de uma construção histórica e social, já que a sua ação de dependência foi se modificando, gerando impactos de diferentes intensidades. Nos primórdios da humanidade, era coletor e caçador, cuja dependência era reconhecida e considerado como homem moderno, em que suas atitudes expressam uma desconexão com a natureza, agindo como se a dependência se esvaísse, subjugando e explorando de forma desmedida: "A degradação ambiental, o risco de colapso ecológico e o avanço da desigualdade e da pobreza são sinais eloquentes da crise do mundo globalizado. A sustentabilidade é o significante de uma falha na história da humanidade" (LEFF, 2001, p. 9).

Boff (2016, p. 24) descreve como se deu essa evolução: "A partir do surgimento do *homo habilis* há cerca de 2 milhões de anos, começou um diálogo complexo entre ser humano e natureza". O autor categorizou esse diálogo em três fases: interação, intervenção e agressão. Na fase da interação, "reinava sinergia e cooperação" (BOFF 2016, p. 25); na segunda fase, intervenção, "o ser humano começou a usar instrumentos (pedras afiadas, paus pontiagudos e, mais tarde, a partir do Neolítico, os instrumentos agrícolas)" (p. 25), a terceira fase é a atual, a agressão: "faz uso de todo aparato tecnológico para submeter a seus propósitos a natureza, cortando montanhas, represando rios, abrindo minas subterrâneas, poços de petróleo e estradas, criando cidades, fábricas, dominando os mares" (p. 25).

Essa desconexão entre homem e natureza gera problemas ambientais, que se manifestam de diversas formas: extinção de espécies e perda de *habitats*, mudanças climáticas, poluição, diminuição dos mananciais, agravamento do efeito estufa, entre outros, estão diretamente relacionados com o consumo exagerado de bens materiais e a produção constante de lixo, aumento de veículos automotivos e das áreas urbanas, o uso irresponsável dos recursos, acarretando, consequentemente, no aumento do número de doenças na população e em outros seres vivos, inclusive afetando a qualidade de vida.

Toffler (1993, p. 15), escritor e futurista norte-americano, contribui para o exame histórico do desenvolvimento: a primeira onda foi a revolução agrícola; a segunda, a revolução industrial; e a terceira onda de maré na história são as novas formas de estilo de vida, de estrutura econômica, da informação, acrescentando: "A terceira onda é para os que creem que a história humana, longe de terminar, está apenas começando". O escritor acrescenta detalhes sobre essa evolução humana:

> Até agora a raça humana suportou duas grandes ondas de mudança, cada uma obliterando extensamente culturas ou civilizações substituindo por modos de vidas inconcebíveis para os que vieram antes. A primeira onda de mudança – a revolução agrícola – levou milhares de anos para acabar. A segunda onda – o acesso à civilização industrial – durou uns poucos 300 anos. Hoje a história é ainda mais acelerada e é provável que a terceira onda atravesse a história e se complete em poucas décadas. Nós que por acaso compartilhamos o planeta nesse momento explosivo, sentiremos consequentemente o impacto total da terceira onda no decorrer das nossas vidas (TOFFLER, 1993, p. 24).

Toffler (1993, p. 24) escreveu, na década de 1980, que as mudanças tecnológicas, como a internet, e outros avanços estavam no imaginário, parecendo uma espécie de premonição do que estava por vir: "Uma civilização nova desafiando a velha", contradizendo a civilização industrial, sendo, ao mesmo tempo, tecnológica e anti-industrial, um modo de vida genuinamente novo. "O esfacelamento de nossas famílias, o abalo de nossa economia, a paralisação do nosso sistema político, o espedaçar de nossos valores, a terceira onda afeta todo o mundo" (TOFFLER, 1993, p. 24).

Esse futurista, que cunhou a expressão "economia da informação", destacava que a terceira onda envolvia um modo diferente de viver, fundamentado em fontes diversificadas de energia, famílias não nucleares, ruptura da história entre produtor e consumidor, economias semiautônomas, modos próprios de lidar com o tempo e o espaço, dentre outras. Toffler (1993) se baseia no que ele denominava de "premissa revolucionária", uma revolução global, sendo necessária uma maneira nova de identificar, analisar e controlá-la; sem isso, a humanidade estaria perdida.

O modo capitalista transformou tudo em mercadorias, os homens se tornaram máquinas consumidoras desenfreadas, e isso reflete negativamente no ambiente, pois vivemos em uma sociedade do espetáculo, uma falsa realidade, como destaca Debord (2000, p. 30). O autor tem um ponto de vista radical sobre a sociedade moderna, compreendendo-a somente como alienada e espetacular; devido à presença do espetáculo, as sociedades modernas são caracterizadas pela alienação generalizada: "O espetáculo é o momento em que a mercadoria ocupou totalmente a vida social [...] a produção econômica moderna espalha, extensa e intensivamente sua ditadura" (DEBORD, 2000, p. 30). O fetichismo da mercadoria é marcante no cotidiano da população: "o espetáculo não exalta os homens e suas armas, mas mercadorias e suas paixões" (DEBORD, 2000, p. 44). O tempo e o espaço perderam sua configuração "normal" e se tornaram virtuais. E as pessoas perderam a autenticidade nas suas formas de viver – a vida se tornou representação e pura ilusão; as relações sociais passaram a ser mediadas por imagens, no entender do autor.

Já Giddens (2012, p. 89), na obra *Modernização reflexiva,* faz uma análise histórica sobre o conceito de modernidade e seus reflexos, bem como o surgimento e sua forma de organização social e de costume de vida; ele inicia o texto dizendo: "vivemos em uma época de finalização e transição, diante de uma nova agenda", sob o disfarce da emergência de uma sociedade pós-tradicional. À medida que a categorização identitária passa por transformações, em que o conceito de um sujeito integrado e estável rompe-se, passando a conviver lado a lado com valores antagônicos, a pluralidade de opções, a singularidade e a incerteza:

> Isso significa risco em um mundo que, em grande parte, permanece como dado, inclusive a natureza externa e aquelas formas de vida social coordenadas pela tradição. Quando a natureza é invadida-e até destruída-pela socialização, e a tradição é dissolvida, novos tipos de incalculabilidade emergem. Consideramos, por exemplo o aquecimento global (GIDDENS, 2012, p. 93).

Outrossim, para Lash (2012, p. 171), a reflexividade na modernidade não seria somente conceitual, como preveem os teóricos da reflexividade cognitiva, nem mimética, como pressupõem os teóricos da reflexividade estética, mas se tornaria evidente por meio de práticas compartilhadas, que seriam as condições de existência das comunidades na alta modernidade: "A teoria da modernização reflexiva abre outra possibilidade para esta transformação da modernização, em que os avanços do sistema parecem destruir inexoravelmente o mundo da vida".

Contribuindo com o debate sobre a modernidade e seus reflexos, Bauman (2001, p. 9) faz os seguintes questionamentos: "A modernidade não foi um processo de 'liquefação' desde o começo? Não foi o 'derretimento dos sólidos' seu passatempo e principal realização? Em outras palavras, a modernidade não foi 'fluída' desde sua concepção?". Há três crises de acordo com o autor: a) crise da verdade, b) certezas e c) utopias, o que era sólido passa a ser líquido, real se torna virtual, de estabilidade para instabilidade, e eterno passa a ser cotidiano. O autor se refere à passagem de uma modernidade pesada e sólida, para uma modernidade leve e líquida, e essa transição afetou variados aspectos da vida dos indivíduos: "A desintegração da rede social, a derrocada das agências efetivas de ação coletiva, é recebida muitas vezes com grande ansiedade e lamentada como 'efeito colateral' não previsto da nova leveza fluidez do poder[...]" (BAUMAN, 2001, p. 23). Ao longo dos séculos, o modelo progressista era inerente à sociedade moderna, com crescimento acelerado a qualquer preço, e para isso a natureza foi subjugada, pois era percebida a partir da racionalidade econômica, ou seja, tornar recursos naturais ou matérias-primas em produtos a serem apropriados ao processo de transformação, conforme compreende o estudioso.

Morin (2015, p. 27) corrobora com a ideia de Bauman (2001) de que há uma crise planetária que ele conceitua como "policrises", pois é o somatório das crises: econômica, ecológica, das sociedades tradicionais, demográfica, urbana, das zonas rurais, política e a crise do desenvolvimento. "O conjunto dessas múltiplas crises interdependentes e interferentes é provocado, a exemplo da trindade cristã, por uma mundialização simultânea – uma e tripla: globalização, ocidentalização, desenvolvimento" (MORRIN, 2015, p. 27). Assim, o autor atribui como responsáveis diretos por essas inúmeras crises: a mundialização, a ocidentalização e o desenvolvimento. No que tange ao desenvolvimento, ele afirma que é uma ideia cega, diante das degradações e devastações que produz: "A ideia de desenvolvimento é uma ideia subdesenvolvida" (MORRIN, 2015, p. 31). Ainda sobre o desenvolvimento, o estudioso, que é antropólogo e sociólogo, destaca:

> O desenvolvimento é uma fórmula-padrão que ignora os contextos humanos e culturais. Ele se aplica de forma indiferenciada a sociedades e a culturas muito diversas, sem levar em conta suas singularidades, seus saberes e fazeres, suas artes de viver, presentes em populações das quais se denuncia o analfabetismo sem perceber as riquezas de suas culturas orais tradicionais. Ele constitui um verdadeiro etnocídio para as pequenas populações (MORRIN, 2015, p. 31).

Dessa forma, o autor aponta dois caminhos: "o abismo ou a metamorfose" (MORIN, 2015, p. 39), não sendo preciso esforço para seguir rumo ao primeiro, pois a carência e incompreensões ajudam a empurrar; já para a segunda via, é necessária uma reestruturação de práticas e pensamentos, e para o alcance dessa metamorfose "[...] é necessário mudar de via. Mas, se parece possível desviar de certos caminhos, de corrigir certos males, o que parece impossível seria frear a supremacia técnica-científica-econômica--civilizacional que conduz o planeta ao desastre" (p. 39).

Ainda, Morin (2015, p. 41) refere que, para o alcance dessa metamorfose, é necessária a libertação das alternativas: mundialização-desmundialização, crescimento-decrescimento, desenvolvimento-envolvimento, conservação--transformação, defendendo que é preciso simultaneamente mundializar e desmundializar, crescer e decrescer, desenvolver e reduzir, conservar e transformar. O estudioso explica: "a orientação mundialização-desmundialização significa que é preciso multiplicar os processos de comunicação e de planetarização culturais" (MORIN, 2015, p. 41). O ganho seria uma nova visibilidade à economia local e regional. Assim, na orientação crescimento: "é preciso fazer crescerem os serviços, as energias verdes, os transportes públicos, a economia plural, da qual faz parte a economia social e solidária, [...] as agriculturas e criação de gado rurais e biológicas" (MORIN, 2015, p.

43); já no que tange ao decrescimento: "fazer decrescerem as intoxicações consumistas, a comida industrializada, a produção de objetos descartáveis e não recicláveis" (p. 44). O desenvolvimento favorece o indivíduo, o envolvimento favorece a comunidade. Por fim, a orientação sobre conservação e transformação significa perspectivas de futuro. Para isso "é necessário conservar, sobretudo a vida do planeta, a diversidade biológica, humana, continuar a nos emocionar e a nos enriquecer com os tesouros sublimes das grandes culturas e dos grandes pensadores" (MORIN, 2015, p. 44).

O diagnóstico ambiental é percebido em diversas obras: a *Carta Encíclica Louvado Sejas: sobre o cuidado da casa comum,* do Santo Padre Francisco, da Igreja Católica (2015), trata sobre o cuidado da nossa casa comum, abordando os problemas da realidade; poluição e mudanças climáticas, resíduos e cultura do descarte; a questão da água, perda de biodiversidade, deterioração da qualidade de vida humana e degradação social. O Papa Francisco faz um apanhado geral sobre: "o que está acontecendo com a nossa casa", resumindo as aflições ambientais do mundo amparado na ciência, e, por meio de uma argumentação teológica, faz ligações entre ser humano e natureza (IGREJA CATÓLICA, 2015, s/p).

A visão do Papa Francisco é de uma ecologia integral, "tudo está conectado". O ser humano não está dissociado da terra ou da natureza, ele é parte de um mesmo todo. Logo, destruir a natureza equivale a destruir o homem. Igualmente, não é possível falar em proteção ambiental sem que esta envolva também a proteção ao ser humano, em especial os mais pobres e vulneráveis. A crise climática, segundo o texto da Encíclica do Vaticano, é uma das faces de uma mesma grande crise ética da humanidade. Esta é produzida pela ruptura das relações com Deus, com o próximo e com a Terra, que o Papa chama de as "três relações fundamentais da existência" (IGREJA CATÓLICA, 2015, s/p). Os padrões insustentáveis de produção e consumo da sociedade global, impulsionados pela tecnociência fora de controle, levam à degradação das relações humanas e à degradação também da "nossa casa comum".

Por seu turno, Guattari (2012, p. 7) afirma que "o planeta Terra vive um período de intensas transformações técnico-científicas"; por outro lado, engendram-se os desequilíbrios ecológicos. Esses desajustes, se não forem contornados, "ameaçam a vida em sua superfície" (GUATTARI, 2012, p. 7). A resposta para a crise ecológica terá de ser em escala planetária. "Não haverá verdadeira resposta à crise ecológica a não ser em escala planetária e com a condição de que se opere uma autêntica revolução política, social e cultural reorientando os objetivos da produção de bens materiais e imateriais" (GUATTARI, 2012, p. 9). Aponta ainda: "no futuro a questão não será apenas a da defesa da natureza, mas a de uma forma ofensiva para reparar o pulmão amazônico, para fazer reflorescer o Saara" (GUATTARI, 2012, p. 52). O pensamento proposto pelo estudioso é ecológico-filosófico, refletindo sobre a Ecosofia, ou seja, as relações sociais, o meio ambiente e a subjetividade humana, interconectados entre si:

> As três ecologias deveriam ser concebidas como sendo da alçada de uma disciplina comum ético-estética e, ao mesmo tempo, como distintas uma das outras do ponto de vista das práticas que as caracterizam. Seus registros são da alçada do que chamei heterogênese, isto é, processo contínuo de ressingularização. Os indivíduos devem se tornar a um só tempo solidários e cada vez mais diferentes (GUATTARI, 2012, p. 55).

Guattari (2012), como modo de autopreservação, propõe a invenção de novos dispositivos de produção de subjetividade para exercer uma articulação entre os três registros ecológicos: compreender as relações da humanidade com o *socius*, com a psique e com a natureza. Por sua vez, Latouche (2009, s/p), economista, sociólogo, antropólogo, anui com as ideias de Guattari (2012), advertindo que é impossível manter o equilíbrio entre crescimento econômico e meio ambiente: "é preciso renunciar ao crescimento como paradigma ou religião". Argumenta ainda que o PIB não pode mais crescer, e a "única possibilidade para escapar ao pauperismo" é "retornar aos elementos fundamentais do socialismo" (LATOUCHE, 2009, s/p).

O pensamento de Latouche (2009) cria uma nova proposta de desenvolvimento, que recomenda uma mudança da lógica econômica, por intermédio da reflexão das formas de desenvolvimento desenfreado e ilimitado, que se utiliza do aspecto da imposição de um padrão cultural de consumo da sociedade moderna. É necessária uma análise de forma robusta do atual modelo de progresso de uma sociedade do crescimento eterno. Para isso, o autor propõe uma mudança de paradigma econômico, que deve ser substituído por um decrescimento pacífico e sustentável, por meio da descolonização do imaginário econômico, alterando o foco da modernidade e do progresso, pois são vistos os perigos iminentes do crescimento, sendo que a sociedade da modernidade passaria a ser sociedade do decrescimento.

A noção de sustentabilidade tem duas origens: uma proveniente da Biologia, por meio da Ecologia, que alude à capacidade de recuperação e reprodução dos ecossistemas (resiliência) em face de agressões antrópicas (uso abusivo dos recursos naturais, desflorestamento, fogo etc.) ou naturais (terremoto, tsunami, fogo etc.), e a outra proveniente da Economia: "como adjetivo do desenvolvimento, em face da percepção crescente ao longo do século XX de que o padrão de produção e consumo em expansão no mundo, sobretudo no último quarto desse século, não tem possibilidade de perdurar" (NASCIMENTO, 2012, p. 51). Firma-se, dessa forma, a noção de sustentabilidade sobre a observação da finitude dos recursos naturais e seu gradativo esgotamento.

A mola propulsora da sociedade capitalista é o desenvolvimento econômico; entretanto, quando esse desenvolvimento afeta o meio ambiente e a continuação das espécies, começa o questionamento desse modelo de desenvolvimento. O crescimento econômico acelerado do segundo pós-guerra, na década de 1950, provocou alterações substanciais nos ambientes naturais, conhecido com maior amplitude pelos países europeus, URSS, Japão e EUA, prejudicando os sistemas ecológicos. Atrelados à perda da biodiversidade, ilustraram a face mais visível da problemática ambiental. Ao lado disso, ressoava a angústia decorrente do crescimento populacional em um cenário no qual se cogitavam os limites da capacidade de suporte dos insumos naturais (BLASCO, 2011).

Tortosa Blasco (2011, p. 46) destaca que a palavra "desenvolvimento" tem sido usada como uma metáfora afortunada baseada no discurso do presidente Harry Truman, em 1949; o termo toma emprestado da Biologia a percepção de que os seres vivos se desenvolvem de acordo com seu código genético, indo em um processo natural, gradual e benéfico: "La palabra maldesarrollo, por su parte, es también una metáfora. Los seres vivos sufren maldesarrollo cuando sus órganos no siguen el código, se desequilibran entre sí, se malforman".[4] A ideia de mau desenvolvimento viria então a expressar um fracasso global, sistêmico, que afeta ambos os países e a relação entre eles:

> "Desarrollo", "maldesarrollo" in tenta referirse no a un Buen Vivir que debería buscarse para las personas, sino a la constatación, primero del fracaso del programa del "desarrollo" y, segundo a la constatación del Mal Vivir que puede observarse en el funcionamiento del sistema mundial y de sus componentes, desde los Estados nacionales a las comunidades locales[5] (TORTOSA BLASCO, 2011, p. 47).

---

[4] A palavra subdesenvolvimento, por sua vez, também é uma metáfora. "Os seres vivos sofrem de mau desenvolvimento quando seus órgãos não seguem o código, ficam desequilibrados entre si, ficam malformados."

[5] "'Desenvolvimento', 'maldesarrollo' tenta referir-se não a um Bom Viver que deve ser procurado pelas pessoas, mas à confirmação, primeiro do fracasso do programa de 'desenvolvimento' e, em segundo lugar, à confirmação do Mau Viver que pode ser observado no funcionamento do sistema mundial e dos seus componentes, desde os estados nacionais até às comunidades locais".

O oposto ao mau desenvolvimento é o desenvolvimento sustentável, que alude à condicionalidade ambiental preocupada com a manutenção do espaço para as futuras gerações, acrescentando a dimensão da sustentabilidade social: "é baseada no duplo imperativo ético de solidariedade sincrônica com a geração atual e de solidariedade diacrônica com as gerações futuras" (SACHS, 2008, p. 15). "A escassez, alicerce da teoria e prática econômica, converteu- se numa escassez global que já não se resolve mediante o progresso técnico, pela substituição de recursos escassos por outro mais abundante" (LEFF, 2001, p. 16).

O desenvolvimento sustentável, de acordo com Assis (2006, s/p), "tem como eixo central a melhoria da qualidade de vida humana dentro dos limites da capacidade de suporte dos ecossistemas e, na sua consecução, as pessoas, ao mesmo tempo que são beneficiários, são instrumentos do processo". Destaca-se que o engajamento das pessoas é fundamental para o alcance do sucesso desejado. Para a implementação, é necessário buscar a harmonia e a racionalidade, entre o homem e a natureza, e entre os seres humanos, respeitando as características étnico-culturais, buscando a melhoria de qualidade de vida para diferentes populações, especialmente as mais pobres. "As ações desenvolvimentistas devem priorizar investimentos e programas que tenham como lastro tecnologias e projetos comunitários que procurem sempre despertar a solidariedade e a mobilização por objetivos comuns nos grupos envolvidos" (ASSIS, 2006, s/p).

Leff (2001, p. 236) destaca que os limites da racionalidade econômica são marcados pela crise ambiental. Os três apontamentos de "fratura e renovação" caracterizam essa crise, sendo eles: "1) os limites do crescimento e a construção de um novo paradigma de produção sustentável; 2) a fragmentação do conhecimento e a emergência da teoria de sistemas e do pensamento da complexidade; 3) o questionamento da concentração do poder do Estado e o mercado". Há, portanto, a reivindicação de democracia, equidade, justiça, participação e autonomia, de parte da cidadania.

Nascimento (2012, p. 52) menciona que, atrelado à crise do modelo de desenvolvimento, ou seja, o mau desenvolvimento, ocorreu a percepção da humanidade para "a existência de um risco ambiental global: a poluição nuclear", cujos indícios surgiram na década de 1950, e os seres humanos perceberam que estão em uma "nave comum" e "os problemas ambientais não estão restritos a territórios limitados" (p. 52).

A obra *Primavera Silenciosa*, publicada pela bióloga norte-americana Rachel Louise Carson, em 1962, é um divisor de águas para o movimento ambientalista internacional, pois desencadeou debates sobre os limites do desenvolvimento tecnológico e a responsabilidade da ciência, em que a autora denuncia o que estava acontecendo com a natureza e a saúde do homem, ocasionado pelo uso desenfreado de produtos químicos tóxicos nos EUA, especialmente o Dicloro-Difenil-Tricloroetano (DDT), desafiando a indústria química. O livro serviu de base para a fixação de políticas e da criação de órgãos ambientais e leis, ocasionando a proibição do uso do DDT nos EUA. Carson (2010, p. 23) parafraseia Albert Schweitzer: "O Ser humano mal reconhece os demônios da sua criação".

A autora disserta sobre os "elixires da morte":

> Pela primeira vez na história do mundo, agora todo ser humano está sujeito ao contato com substâncias químicas perigosas, desde o instante em que é concebido até a sua morte. No período de menos duas décadas desde que estão em uso, os pesticidas sintéticos foram amplamente distribuídos por todo o mundo animado e inanimado que se encontram praticamente em todos os lugares. Eles têm sido encontrados em quase todos os grandes sistemas fluviais e até mesmo nos cursos de água subterrânea que fluem invisíveis pela Terra. Resíduos desses produtos químicos permanecem no solo no qual foram aplicados uma dúzia de anos antes. Eles entram e se alojam no corpo de peixes, pássaros, répteis e animais domésticos e selvagens de forma tão universal que os cientistas fazem experiências em animais consideram quase impossível localizar espécimes livre de contaminação. Essas substâncias foram encontradas até em peixes de remotos lagos situados em montanhas, em minhocas que escavam o solo, em ovos de pássaros – e nos próprios serem humanos. Isso porque esses produtos químicos estão agora armazenados no corpo da ampla maioria dos seres humanos independentemente da idade. Eles são encontrados no leite materno e, provavelmente, nos tecidos dos fetos" (CARSON, 2010, p. 29).

Por conseguinte, na década de 1960, começou a haver discussões no âmbito internacional sobre a degradação do meio ambiente como consequência do desenvolvimento. Ocorreu uma percepção de uma crise ambiental global, sendo que a preocupação com a questão culminou na realização de conferências internacionais, com a produção de documentos com o intuito de discutir a relação desenvolvimento e ambiente: "apresentavam propostas com vistas ao planejamento e à implementação de estratégias ambientalmente viáveis para promover um desenvolvimento socioeconômico equitativo, fornecendo as bases para o que ficou conhecido como 'desenvolvimento sustentável'" (LOURENÇO *et al.*, 2016, p. 41).

No ano de 1968, é formada uma instituição composta por economistas, cientistas, educadores e industriais – Clube de Roma –, cujo objetivo é rediscutir e rever o modelo desenvolvimentista. Encomendado pelo Instituto de Tecnologia de Massachusetts (MIT), liderado por Dennis Meadows, foi redigido, em 1972, um relatório denominado "Limites do Crescimento", acerca das tendências ambientais no mundo. A versão do relatório alerta para um colapso ambiental, se medidas não fossem adotadas com urgência, tais como a redução do consumo de matérias-primas e o controle do crescimento demográfico. A ONU promoveu, em 1972, a primeira Conferência sobre o Meio Ambiente em Estocolmo:

> Balizada pelas ideias já expostas no 'Relatório Limites do Crescimento', a Conferência de Estocolmo contou com a presença de 113 países e de mais de 400 instituições governamentais e não governamentais, tendo-se consolidado como um primeiro convite à elaboração de um novo paradigma econômico e civilizatório para os países participantes (LOURENÇO *et al.*, 2016, p. 42).

O relatório previa que as tendências imperativas conduziriam a uma escassez catastrófica dos recursos naturais e contaminação em um prazo de 100 anos. "Os alimentos e a produção industrial iriam declinar até o ano de 2010 e, a partir daí como consequência haveria diminuição por penúria, falta de alimentos e poluição" (DIAS, 2009, p.15). Criticado como alarmista, entretanto o documento conseguiu atingir seu objetivo, apontou o problema, indicou os caminhos a percorrer e influenciou a opinião pública, governos e organizações internacionais a respeito da relação do desenvolvimento com a exploração dos recursos naturais e a possibilidade de esgotamento desses, pois até então eram considerados inesgotáveis.

> Esses eventos, em particular a publicação do relatório do Clube de Roma e a Conferência das Nações Unidas sobre o Meio Ambiente Humano, contribuíram para que se estabelecessem preocupações normativo-institucionais tanto no âmbito da ONU, quanto no dos Estados (criação de Ministérios, Agências e outras organizações governamentais incumbidas do Meio Ambiente e multiplicação da legislação ambiental), bem como junto as organizações financeiras multilaterais (BID e BIRD, por exemplo), que constituíram assessorias, posteriormente transformadas em departamentos, encarregadas da questão ambiental (DIAS, 2009, p. 17).

A Assembleia Geral da ONU prosseguiu o debate sobre a temática do meio ambiente, adotou, em 15 de dezembro de 1972, a Resolução 2997/XXIV, pela qual aprovava a criação de um programa internacional para salvaguardar o meio ambiente, formado por um conselho diretor de 58 Estados, nomeando o canadense Maurice Strong como diretor executivo. Com sede em Nairóbi, no Quênia, pois favoreceria uma maior participação dos países em desenvolvimento, o Programa das Nações Unidas para o Ambiente (PNUMA) iniciou as atividades em 1973.

> Refletindo a importância das discussões que ocorreram em Estocolmo, nos anos seguintes proliferaram acordos e conferências temáticas internacionais como: Convenção sobre o Comércio Internacional de espécies ameaçadas da fauna e flora silvestres (1973), Convenção Internacional para a prevenção da Poluição pelos Navios (1973), a Conferência Alimentar Mundial ( 1974), Convenção sobre a Proteção da Natureza no Pacífico Sul (1976), Conferência das Nações Unidas sobre a Água ( 1977), Conferência das Nações Unidas sobre Desertificação (1977), Conferência Mundial sobre o Clima (1978), Convenção sobre a Conservação das espécies migrantes pertencentes à fauna selvagem (1979), Convenção sobre a conservação da fauna e da flora marítimas da Antártida (1980) e muitos outros documentos que foram normatizando procedimentos que deveriam ser adotados pelas pessoas e organizações em relação ao meio ambiente natural (DIAS, 2009, p. 18).

Esses eventos, com abordagem dos problemas ambientais em uma ótica do desenvolvimento, foram o alicerce para o conceito de desenvolvimento sustentável. A formalização do conceito de desenvolvimento sustentável e o estabelecimento de parâmetros a que os Estados, independentemente da forma de governo, deveriam se pautar e se responsabilizar pelos danos ambientais e políticas que causam esses danos, foram estabelecidos no Relatório da Comissão Mundial sobre Meio Ambiente e Desenvolvimento (CMMAD), a qual havia sido convocada pela Assembleia Geral das Nações Unidas, em 1983, presidida pela primeira-ministra norueguesa, Gro Harlem Brundtland, conhecida como "Comissão de Brundtland". O relatório denominado "Nosso Futuro Comum" passou a ser responsável pelo embasamento da discussão em torno do desenvolvimento sustentável com a definição: "Aquele que responde às necessidades das gerações presentes sem comprometer a capacidade de as gerações futuras atenderem suas próprias necessidades" (CMMAD, 1991, s/p).

"No final do século XX, no início da década de 90, o meio ambiente ocupava um patamar privilegiado na agenda global, tendo se tornado o assunto quase obrigatório nos inúmeros encontros internacionais. Foi um período de intensos debates, atividades [...]" (DIAS, 2009, p. 18). As discussões mostram a aceitabilidade da ideia de colocar um limite para o progresso material e para o consumo, antes visto como ilimitado, criticando o conceito de crescimento constante sem preocupação com o futuro. Surgia um consenso mundial dos perigos que o planeta corria se mantivesse o modelo de crescimento insustentável.

A Conferência das Nações Unidas sobre Meio Ambiente e Desenvolvimento (CNUMA) foi realizada no Rio de Janeiro, em 1992, com a preocupação em identificar as políticas que geram efeitos ambientais negativos. Representantes de vários países assentiram quanto à necessidade de instigar um novo modelo de desenvolvimento, inserindo novos elementos: o econômico, ambiental e social, ou seja, a proteção ambiental e o desenvolvimento devem caminhar juntos. Há, portanto, um compromisso de diferentes países com a proteção ambiental. Com essa mudança de paradigmas, elaboraram e assinaram cinco documentos que direcionariam as discussões sobre o meio ambiente nos anos subsequentes: a) agenda 21; b) convênio sobre diversidade biológica (CDB); c) convênio sobre mudanças climáticas; d) princípios para a gestão sustentável das florestas; e) declaração do Rio de Janeiro sobre meio ambiente e desenvolvimento, além disso, houve a criação da Comissão sobre o Desenvolvimento Sustentável (CDS) em dezembro de 1992, para assegurar a implementação de propostas da Rio 92 (DIAS, 2009, p. 18).

Os documentos publicados, como a "Agenda 21 Global" e a "Carta da Terra", se baseiam no seguinte pensamento: "Pensar globalmente, agir localmente". Já a Agenda 21 "é um programa de ação para implementar o desenvolvimento sustentável [...] é uma espécie de receituário abrangente para guiar a humanidade em direção ao desenvolvimento econômico que seja mesmo tempo socialmente justo e ambientalmente sustentável" (BARBIERE, 2020, p. 82).

A Carta da Terra possui 16 princípios que objetivam transformar consciência em ação, têm como mola propulsora a articulação de uma visão de interdependência global e responsabilidade compartilhada. No seu preâmbulo, destaca que o mundo se torna cada vez mais interdependente e frágil, entretanto o futuro enfrenta grandes perigos e promessas. Para seguir adiante, deverá existir o reconhecimento da diversidade de culturas e formas de vida, de que todos fazem parte da mesma família humana e comunidade terrestre com um destino comum (CARTA DA TERRA, 2021, s/p).

A "Conferência Rio+10", "Rio Mais 10" ou "Cúpula Mundial sobre o Desenvolvimento Sustentável" aconteceu em Joanesburgo, na África do Sul, em setembro de 2002. O escopo era analisar avanços e implementar estratégias para os objetivos não alcançáveis definidos na Rio- 92 incluiu nas discussões os aspectos sociais e a qualidade de vida das pessoas. Na Declaração de Joanesburgo, documento resultante do evento, as nações ratificaram o compromisso com as metas da Agenda 21 e no alcance do desenvolvimento sustentável. Apesar das críticas pela falta de estabelecimento de prazo para as metas, o conceito de desenvolvimento sustentável exprime a realidade do desenvolvimento da contemporaneidade, que é a melhoria da qualidade de vida dos habitantes (FIDELMAN *et al.*, 2012). "Os temas centrais tratados pela Cúpula Mundial para o Desenvolvimento Sustentável (CMDS) foram: água e saneamento, energia, saúde e meio ambiente, agricultura e biodiversidade e gestão de recursos naturais, conhecidos pela sigla WEHAB[6]" (BARBIERE, 2020, p. 108).

Em 2012, no Rio de Janeiro, acontecia a "Rio+20", cujo objetivo foi fortalecer e assegurar o desenvolvimento sustentável entre os países. De acordo com Fidelman *et al.* (2012), as agendas que envolvem a discussão em torno do desenvolvimento e da sustentabilidade encontram-se cada vez mais diferenciadas por iniciativas das escalas regionais. Com base nesses preceitos, ponderaram que essa perspectiva possibilita a conciliação de interesses conflitantes, como desenvolvimento econômico e sustentabilidade.

A Conferência das Nações Unidas sobre o Desenvolvimento Sustentável (CNUDS) "terminou com um documento denominado 'O Futuro Que Queremos', "reconhece que a erradicação da pobreza é o maior desafio global da atualidade e uma condição indispensável para o desenvolvimento sustentável e que é necessário integrar mais dimensões" (BARBIERE, 2020, p. 114). Ratifica a urgente necessidade de um crescimento sustentável, que seja inclusivo e equitativo, com oportunidade para todos, melhoria na qualidade de vida. "Promover a gestão integrada e sustentável dos recursos naturais e dos ecossistemas que apoiam, entre outros, o desenvolvimento econômico, social e humano" (BARBIERE, 2020, p. 114).

[6] Iniciais em inglês de cada tema: WEHAB – Water, Energy, Health, Agriculture and Biodiversity.

Em 2015, a Cúpula das Nações Unidas sobre o Desenvolvimento Sustentável, realizada em Nova York, aprovaram o documento "Transformando Nosso Mundo: A Agenda 2030 para o Desenvolvimento Sustentável", um plano de ação para o período de 2016 a 2030, baseado em cinco eixos de atuação: pessoas, planeta, prosperidade (dimensões social, ambiental e econômica do desenvolvimento sustentável), paz, e parcerias (dimensões política e institucional), que são conhecidos por 5 Ps da agenda 2030 (BARBIERE, 2020, p. 132). São 17 objetivos de desenvolvimento sustentável (ODS) e 169 metas, aprovados por 193 países, inclusive o Brasil.

A 27ª Conferência das Partes da Convenção – Quadro das Nações Unidas sobre as Alterações Climáticas (COP27) ocorreu em Sharm el-Sheikh, no Egito, em 2022. As COPs são as importantes conferências anuais relacionadas ao clima do planeta. O objetivo foi sair da esfera do planejamento e partir para implementação. Entre os objetivos estão: a mitigação das mudanças climáticas refere-se aos esforços para reduzir ou prevenir a emissão de gases de efeito estufa e aumentar significativamente a escala do financiamento da adaptação, de todas as fontes, públicas e privadas. Todos devem participar – governos, instituições financeiras e o setor privado. Os eventos organizados pela ONU são de fundamental importância, seja pelo estabelecimento de metas e comprometimento de países em prol do meio ambiente, seja pela discussão da problemática e composição de conceitos. O desenvolvimento sustentável passou a ser a questão principal de política ambiental.

Sachs (2008, p. 15-16) enfatiza ainda os cinco pilares do desenvolvimento sustentável:

> Social, Ambiental e Territorial: relacionados à distribuição espacial dos recursos, das populações e das atividades; Econômico: viabilidade econômica; e Político: a governança democrática é um valor fundador e um instrumento necessário para fazer as coisas acontecerem, em que a liberdade faz toda a diferença.

Sendo que "a transição para o desenvolvimento sustentável começa com o gerenciamento de crises, que requer uma mudança imediata de paradigma" (SACHS, 2008, p. 17). O autor defende um desenvolvimento includente, que é oposto ao padrão de crescimento perverso, conhecido como "excludente" (do mercado de consumo) e "concentrador" (de renda e riqueza (SACHS, 2008, p. 38). Dessa forma, esse tipo de desenvolvimento defendido pelo estudioso requer garantias do exercício dos direitos civis e políticos. Advoga estratégias de desenvolvimento territorial, empoderamento e iniciativas locais, devido à diversidade das configurações socioeconômicas e culturais e de diferentes aportes de recursos que "excluem a aplicação generalizada de estratégias uniformes de desenvolvimento. Para serem eficazes, devem dar respostas aos problemas mais pungentes e aspirações de cada comunidade (SACHS, 2008, p. 61).

As localidades são adaptadas não apenas por aquilo que está acontecendo no meio endógeno, como também por meio de conjuntos de relações de controle e dependência, da concorrência e mercados, que se caracterizam como meio exógeno. Tais relações podem ser com outras regiões dentro do mesmo território nacional e/ou em escala internacional. Tal fato de uma constituição porosa entre fronteiras de relações permite uma gama de conexões "socialmente includente, ambientalmente sustentável e economicamente sustentado" (VEIGA, 2005, p. 10).

Para Boff (2016, p.147), "o desenvolvimento sustentável resulta de um comportamento consciente e ético face aos bens e serviços limitados da terra". Esse desenvolvimento se torna mais viável quando houver interação com a comunidade local, que o autor denomina de "desenvolvimento de rosto humano" (BOFF, 2016, p. 149), uma vez que "é importante valorizar o capital social da população alvo", sendo que, dessa forma, "a cultura desempenha papel importante ao reforçar a maneira de viver juntos e potenciar a identidade de um grupo mediante o cultivo das tradições e festas locais" (p. 149). Faz-se necessário o desenvolvimento humano sustentável, uma democracia participativa, todos juntos na construção do bem comum. É o princípio da inclusão, e "o desenvolvimento se mostra sustentável se conseguir tais necessidades para todas as pessoas, o que exige um sentido de equidade e de sensibilidade humanitária para com seus semelhantes" (BOFF, 2016 p. 150).

O desenvolvimento sustentável possui diversas interpretações, pretendendo englobar uma visão multidimensional e, no mesmo bojo, articular ecologia, economia e bem-estar, tendo preocupação com as gerações futuras, ou seja, visão a longo prazo, havendo um envolvimento da sociedade e do aspecto político, abandonando a visão tecnicista. "A sustentabilidade do processo de desenvolvimento implica o reordenamento dos assentamentos urbanos e o estabelecimento de novas relações funcionais entre o campo e cidade" (LEFF, 2001, p. 61). Já para Cavalcanti (2003), a sustentabilidade estabelece a possibilidade de se conseguirem consecutivamente condições iguais ou superiores de vida para um grupo de pessoas e seus herdeiros em dado ecossistema. Já para Boff (2016, p. 116):

> Sustentabilidade é toda ação destinada a manter as condições energéticas, informacionais, físico-químicas que sustentam todos os seres, especialmente a terra viva, a comunidade de vida, a sociedade e a vida humana, visando a sua continuidade e ainda atender às necessidades de geração presente e das futuras, de tal forma que os bens e serviços naturais sejam mantidos e enriquecidos em sua capacidade de regeneração, reprodução e coevolução.

Portanto, o desenvolvimento sustentável é um modelo alcançado por meio de uma ação coletiva de equilíbrio ambiental técnico-científico, cujo fito é o alcance da qualidade de vida das gerações presentes e futuras, oportunizando-as de fazerem suas escolhas no âmbito sociocultural, econômico, político.

Com relação ao campo, Schneider (2004) conceitua o desenvolvimento rural sustentável como um procedimento que visa a induzir mudanças socioeconômicas e ambientais no espaço rural para melhorar a renda, a qualidade de vida e o bem-estar das populações rurais. É notória a mudança dos modelos de desenvolvimento rural, antes sedimentados apenas no crescimento econômico. É necessária uma mudança nas atitudes e nos valores dos atores sociais em relação ao manejo e à conservação dos recursos, sendo imprescindível a incorporação de princípios e técnicas de base ecológica, para que ocorra um desenvolvimento rural sustentável. Há o entendimento de que é por meio da agroecologia que se legitima o chamado desenvolvimento rural sustentável, pela promoção e pelo desenvolvimento de estratégias de modificação social de maneira sustentável. O autor ainda destaca os debates institucionais do desenvolvimento rural, tanto em abordagens teóricas como analíticas, ressaltando os quatro elementos-chave preconizados nesse debate: "[...] a erradicação da pobreza rural, a questão do protagonismo dos atores sociais e sua participação política, o território como unidade de referência e a preocupação central com a sustentabilidade ambiental" (SCHNEIDER, 2004 p. 94).

Como evidencia Almeida (2009), a definição de desenvolvimento rural sustentável baseia-se no descobrimento, na sistematização, na análise e no fortalecimento dos elementos de resistência específica de cada identidade local ao processo modernizador do espaço agrário, fortalecendo as formas de ação social que possuam um potencial transformador. Portanto, não se trata de levar soluções prontas para a localidade, senão de detectar as que ali existem, a exemplo de experiências de manejo ecológico dos recursos naturais locais. Isso significa transferir o núcleo de poder baseado no conhecimento científico para o núcleo do conhecimento local, que geralmente responde diretamente às prioridades e capacidades das comunidades rurais em questão.

> O desenvolvimento sustentável é um projeto social e político que aponta para o ordenamento ecológico e a descentralização territorial da produção, assim como para a diversificação dos tipos de desenvolvimento e dos modos de vidas das populações do planeta (LEFF, 2001, p. 57).

Leff (2001, p. 151) contribui ainda com a reflexão do saber ambiental; "constitui através de processos políticos, culturais e sociais, que obstaculizam ou promovem a realização de suas potencialidades para transformar as relações sociedade-natureza". Este, saber ambiental, é gerado por meio de um processo de conscientização, também de produção teórica e de pesquisa científica. "o processo educativo permite repensar e reelaborar o saber" (LEFF, 2001, p. 152).

A gestão ambiental parte do saber ambiental das comunidades, da fusão: consciência do meio, saber a respeito das propriedades e as formas de manejo sustentável dos recursos; havendo a integração de diversos processos de intercâmbio de saberes sobre o ambiente, abrindo possibilidades de hibridação dos saberes culturas e técnicas modernas:

> a) O saber ambiental de cada comunidade inserido em suas formações ideológicas, suas práticas culturais, suas técnicas tradicionais;
> b) O saber ambiental que é gerado na sistematização e no intercâmbio de experiências de uso e manejo sustentável dos recursos naturais;
> A transferência e aplicação do conhecimento científicos e tecnológicos sobre um meio ambiente, sua apropriação cultural e sua assimilação às práticas e saberes tradicionais de uso dos recursos (LEFF, 2001, p. 152).

Heberlê *et al.* (2017) entendem que: a) crescimento ou modernização não é sinônimo de desenvolvimento; b) o desenvolvimento deve ser um processo que tenha a estratégia intencional de promover mudanças; c) o enfoque de desenvolvimento territorial deve estar presente, e, nesse sentido, as ações devem dar-se na perspectiva local e de reconhecimento do papel protagonista de seus atores e suas instituições; d) o foco premente deve vincular-se às perspectivas de preservação e valorização do campo, do saber e da cultura local; e) a passagem agroecológica e a agroecologia apresentam potencial transformador das realidades rurais contemporâneas. Além disso, a agroecologia contribui para a construção de estilos de agricultura de base ecológica e para a elaboração de estratégias de desenvolvimento rural, referenciando nos ideais da sustentabilidade numa perspectiva multidimensional (BUAINAIN, 2006, p. 58).

A Agroecologia é definida como a ciência ou disciplina científica que apresenta uma série de princípios, conceitos e metodologias para estudar, analisar, dirigir, desenhar e avaliar agroecossistemas, com o propósito de permitir a implantação e o desenvolvimento de estilos de agricultura com maiores níveis de sustentabilidade no curto, médio e longo prazos (ALTIERI *apud* CAPORAL; COSTABEBER, 2000).

Sevilla Guzmán e Woodgate (2002, p. 88) afirmam que a agroecologia deve ser entendida como uma orientação teórica que: "promove a gestão ecológica dos sistemas biológicos, mediante formas coletivas de ação social que redirecionam o curso da coevolução entre a natureza e a sociedade com o objetivo de enfrentar a crise da modernidade". Assim compreendida, a agroecologia é uma gama de conhecimentos teóricos e metodológicos que proporciona o alcance da transição do modelo de agricultura convencional para agriculturas sustentáveis, cooperando para o processo de desenvolvimento rural sustentável. Reconhece-se que não há desenvolvimento rural se este não estiver baseado na agricultura, definida como integral, endógena e sustentável.

A gênese da agroecologia é da década de 1980, sendo resultado do agrupamento entre a Ecologia e a Agronomia, antes consideradas sem relação uma com a outra, de acordo com Gliessman (2001). O objeto de estudo da Ecologia era o estudo dos sistemas naturais, enquanto a Agronomia tinha como finalidade a aplicação de métodos e investigação científica na prática da agricultura. Ainda, Gliessman (2001, p. 55) conceitua agroecologia como "a aplicação dos conceitos e princípios ecológicos no desenho e manejo de agroecossistemas sustentáveis". Pode-se afirmar que a utilização da agroecologia tem contribuído para o desenvolvimento da sustentabilidade na agricultura.

Buainain (2006, p. 58) entende a agroecologia como "campo de conhecimento que visa a desenvolver as bases teóricas, científicas e metodológicas para o desenvolvimento de uma agricultura sustentável". Há a integração do conhecimento científico e do conhecimento local, que considera as bases ecológicas que regem os processos reprodutivos dos diferentes elementos do ecossistema. O agroecossistema é a unidade de análise da agroecologia, uma análise sistêmica, ou seja, há o envolvimento e a observação de vários elementos que constituem o sistema. "Os processos biológicos e energéticos são observados juntamente com as relações socioeconômicas que definem os processos de produção agrícola" (BUAINAI, 2006, p. 58). No que tange ao enfoque teórico e metodológico, esse autor conjectura o uso de um conjunto de tecnologias, estas que consideram, além dos aspectos sociais, econômicos e culturais, também as características geográficas e biofísicas específicas de cada comunidade rural: "A especificidade de cada agroecossistema exige o desenvolvimento de tecnologias específicas à integração sociocultural que define cada comunidade rural" (BUAINAI, 2006, p. 58).

Por seu turno, Caporal e Costabeber (2004, p. 9), sobre as agriculturas ecológica e orgânica, afirmam que:

> [...] são o resultado da aplicação de técnicas e métodos diferenciados dos pacotes convencionais, normalmente estabelecidas de acordo e em função de regulamentos e regras que orientam a produção e impõem limites ao uso de certos tipos de insumos e a liberdade para o uso de outros.

Altieri (1989, p. 37), um dos principais autores no campo da agroecologia, a define como "um enfoque científico usado para estudar, diagnosticar e propor manejos alternativos de agroecossistemas de baixo uso de insumos externos". Ele defende que a preservação da biodiversidade e dos agrossistemas promove a autorregulação e a sustentabilidade:

> A produção sustentável em um agroecossistema deriva do equilíbrio entre plantas, solos, nutrientes, luz solar, umidade e outros organismos coexistentes. O agroecossistema é produtivo e saudável quando essas condições de crescimento ricas e equilibradas prevalecem, e quando as plantas permanecem resilientes de modo a tolerar estresses e adversidades (ALTIERI, 2004, p. 22).

O estudioso, ampliando a sua conceituação, indica a necessidade de considerar questões sociais e culturais, dizendo ter havido um grande avanço no sentido de integrar contribuições de outras áreas do conhecimento: "Restaurar a saúde ecológica não é o único objetivo da agroecologia" (ALTIERI, 2004, p. 25). Destaca a necessidade da preservação da diversidade cultural: "De fato, a sustentabilidade não é possível sem a preservação da diversidade cultural que nutre as agriculturas locais" (ALTIERI, 2004, p. 25). Essa sustentabilidade abrange a agricultura, segundo Caporal e Costabeber (2002, p. 73), quando: "[...] deve atender a requisitos sociais, considerar aspectos culturais, preservar os recursos ambientais, apoiar a participação política dos seus atores e permitir a obtenção de resultados econômicos favoráveis ao conjunto da sociedade [...]". A perspectiva temporal é de longo prazo, incluindo tanto a presente como as futuras gerações.

No entendimento do autor, a agroecologia se constitui como instrumento do desenvolvimento rural, reconhecimento do "saber" dos agricultores e de suas famílias, conhecimentos de distintos atores sociais, conexão de saberes, alternativa essa que pode materializar-se por meio da ação de movimentos sociais, instituições governamentais e não governamentais e de outros setores empenhados com a sustentabilidade econômica, social e ecológica em direção à constituição do desenvolvimento rural sustentável, importando-se não apenas com o lado econômico, mas com o lado social, cultural. Enfatiza que, além da produção de alimentos, há uma preocupação com proteção ao meio ambiente e o reconhecimento de saberes locais, contemplando, dessa forma, a biodiversidade sociocultural, com o objetivo de melhorar qualidade de vida da população.

> A Agroecologia se consolida como enfoque científico na medida em que este novo paradigma se nutre de outras disciplinas científicas, assim como de saberes, conhecimentos e experiências dos próprios agricultores, o que permite o estabelecimento de marcos conceituais, metodológicos e estratégicos com maior capacidade para orientar não apenas o desenho e manejo de agroecossistemas mais sustentáveis, mas também processos de desenvolvimento rural mais humanizados (COSTABEBER; PAULUS, 2009, p. 27).

É imperioso ressaltar que a agroecologia está baseada no equilíbrio, harmonizando as relações do meio ambiente; entretanto, há obstáculos a serem transpostos para o alcance do desenvolvimento rural, perpassando por uma perspectiva sustentável. A abordagem científica é de caráter multidisciplinar, a qual faz parte a agroecologia –configura-se como um meio potencializador para o alcance de outros estilos de agricultura e processos de desenvolvimento rural sustentável, garantindo a preservação ambiental, respeitando os princípios da sustentabilidade, utilizando como fundamento uma matriz teórica, envolvendo diferentes áreas do conhecimento para atingir uma agricultura sustentável. É uma ciência integradora:

> [...] a agroecologia reconhece e se nutre dos saberes, conhecimentos e experiências dos agricultores (as), dos povos indígenas, dos povos da floresta, dos pescadores (as), das

> comunidades quilombolas, bem como dos demais atores sociais envolvidos em processos de desenvolvimento rural (COSTABEBER; PAULUS, 2009, p. 68).

É uma adequada alternativa para a realidade da agricultura familiar, pois, no bojo da forma de produção, possui valores construídos na unidade produtiva, originado de um entelhamento entre o ecossistema e o agricultor que trabalha diretamente na terra com técnicas tradicionais. Por isso, os agroecossistemas familiares também representam traços compatíveis com os princípios do desenvolvimento sustentável. A identificação e a sistematização dessas características permitem o redesenho dos agroecossistemas, adaptando-os aos princípios de uma nova proposta de desenvolvimento, que priorize os pilares da sustentabilidade.

Portanto a agricultura familiar deve fazer parte do bojo que contém as estratégias do desenvolvimento rural, e o seu fortalecimento tem a potencialidade de auxiliar, de forma decisiva, para a produção de alimentos básicos em quantidade e qualidade (CAPORAL; COSTABEBER, 2003). Pela agroecologia na agricultura familiar, é possível alcançar a segurança alimentar, respeitando os recursos naturais:

> [...] com estratégias apoiadas em metodologias participativas, enfoque interdisciplinar e comunicação horizontal. Enquanto ciência integradora de distintas disciplinas científicas, a agroecologia tem a potencialidade para constituir a base de um novo paradigma de desenvolvimento rural sustentável (COSTABEBER; PAULUS, 2009, p. 105).

A implementação de estratégias ecologicamente equilibradas dos processos de manejo e modelos de agroecossistemas sustentáveis, na perspectiva de análise sistêmica e multidimensional é uma busca pela multifuncionalidade da agricultura e sua consolidação, por sua atuação importante no processo de alcance do desenvolvimento rural, é objeto de discussão do próximo subcapítulo.

## 2.4 A agricultura familiar

Esse tópico apresenta o espaço rural da produção familiar, conceituações, os tipos de agricultores familiares, o marco legislativo, a perspectiva e a importância da agricultura familiar, bem como a transformação na agricultura familiar, por meio da multifuncionalidade, marcada pelas atividades não agrícolas, que valorizam o patrimônio natural e histórico.

Lamarche (1993, p. 15) conceitua a agricultura familiar como "uma unidade de produção agrícola onde propriedade e trabalho estão intimamente ligados à família". Conforme Dal Soglio (2016, p. 23):

> Em todas as regiões do planeta, a agricultura familiar é extremamente significativa, não só por envolver a maior parte dos agricultores, como por contribuir preponderantemente para a alimentação das populações. E isso ainda ganha em importância nas regiões mais duramente fustigadas pela fome.

Lamarche (1993) e Wanderley (1999) asseveram que a agricultura familiar é um conceito genérico, por sua afinidade com o campesinato. Essa última autora destaca ainda que o agricultor familiar está inserido no mercado, mas mantém características camponesas, pois tem de enfrentar velhos problemas, continuando a contar, na maioria dos casos, com suas próprias forças.

Gasson e Errington (1993) definem de forma mais minuciosa a agricultura familiar, tecendo relações entre a propriedade e o grupo doméstico, bem como as características existentes nos estabelecimentos agropecuários atualmente, como as de cunho mais empresarial e os familiares. Há o apontamento de características considerando fatores como a natureza da própria ocupação, do trabalho dos membros e a junção entre a administração e o controle dos negócios do estabelecimento, além do processo de sucessão. Com base nesses autores, as características da agricultura familiar são: a) a gestão se encontra nas mãos dos proprietários dos estabelecimentos; b) os proprietários do empreendimento estão ligados entre si por laços de parentesco; c) é responsabilidade de todos os membros da família prover capital para o empreendimento; d) o trabalho é feito pela família; e) o patrimônio e a gestão do estabelecimento são repassados de geração a geração; f) os membros da família vivem no estabelecimento agropecuário.

No Brasil, as propriedades da agricultura familiar são encontradas em extensas e importantes regiões do país, estando presentes em mais de 2 milhões de estabelecimentos agropecuários, ocupando uma área de, aproximadamente, 28 milhões de hectares e envolvendo 8,6 milhões de pessoas (MELO; VOLTOLINI, 2019). A agricultura familiar como conceito surgiu há pouco mais de uma década, pois, antes disso – a respeito desse assunto –, se falava em pequena produção, pequeno agricultor e, um pouco antes ainda, se utilizava o termo camponês. Os empreendimentos familiares têm como características principais: são administrados pela própria família e neles há trabalho direto desta, com ou sem o auxílio de terceiros. A gestão e o trabalho braçal são predominantemente familiares, sendo a propriedade rural considerada apenas como um estabelecimento familiar e, ao mesmo tempo, com a produção voltada apenas para o consumo (DENARDI, 2001).

Segundo a Lei Federal n. º11.326/2006 (BRASIL, 2006), para ser considerado agricultor familiar e empreendedor familiar rural, é preciso praticar atividades no meio rural, atendendo, simultaneamente, aos seguintes requisitos:

> Art. 3º [...].
> I - Não detenha, a qualquer título, área maior do que 4 (quatro) módulos fiscais;
> II - Utilize predominantemente mão de obra da própria família nas atividades econômicas do seu estabelecimento ou empreendimento;
> III - Tenha percentual mínimo da renda familiar originada de atividades econômicas do seu estabelecimento ou empreendimento, na forma definida pelo Poder Executivo; IV - Dirija seu estabelecimento ou empreendimento com sua família. [...].

Maluf (2003) classifica como família rural a unidade de economia familiar que desenvolve algum processo biológico em um pedaço de terra, num território com características socioeconômicas, culturais e ambientais.

A agricultura familiar é responsável por garantir alimentos saudáveis e de qualidade na mesa dos consumidores, sendo sua contribuição no cenário nacional com cerca de 23% do valor bruto da produção agropecuária, R$ 253 bilhões. O anuário estatístico da agricultura familiar 2023, divulgado pela Confederação Nacional dos Trabalhadores Rurais Agricultores e Agricultoras Familiares (Contag), destaca que esse segmento ocupa 23% das áreas usadas no agronegócio, representando 80,8 milhões de hectares, presente em 3,9 milhões de estabelecimentos agrícolas no país. No Brasil, cerca de 70% da produção de alimentos consumidos provêm desse setor, sendo a agricultura familiar um meio de desenvolvimento local com sustentabilidade econômica, social e cultural. Gera postos de trabalho (10,1 milhões de trabalhadores) em número bem maior do que a agricultura empresarial, preocupa-se com a sustentabilidade socioeconômica e ambiental e preserva as tradições e os costumes locais (CONTAG, 2023).

O Censo Agropecuário de 2017, levantamento feito pelo IBGE, em mais de 5 milhões de propriedades rurais de todo o Brasil, apresenta que 77% dos estabelecimentos agrícolas do país foram classificados como da agricultura familiar. Em extensão de área, ocupava no período da pesquisa 80,9 milhões de hectares, representando 23% da área total dos estabelecimentos agropecuários, empregava mais de 10 milhões de pessoas em setembro de 2017, totalizando 67% do total de pessoas ocupadas na agropecuária. A agricultura familiar também foi responsável por 23% do valor total da produção nas propriedades agropecuárias. Nas culturas permanentes, o segmento responde por 48% do valor da produção de café e banana; nas culturas temporárias, são responsáveis por 80% do valor de produção da mandioca, 69% do abacaxi e 42% da produção do feijão (MAPA, 2020; IBGE, 2023).

A agricultura familiar é constituída de pequenos produtores rurais, povos e comunidades tradicionais, assentados da reforma agrária, silvicultores, aquicultores, extrativistas e pescadores. O setor se destaca pela produção de milho, raiz de mandioca, pecuária leiteira, gado de corte, ovinos, caprinos, olerícolas, feijão, cana, arroz, suínos, aves, café, trigo, mamona, fruticulturas e hortaliças. A gestão da propriedade é compartilhada pela família, e a atividade produtiva agropecuária é a principal fonte geradora de renda. Além disso, o agricultor familiar tem uma relação particular com a terra, seu local de trabalho e sua moradia. A diversidade produtiva também é uma característica marcante desse setor, pois muitas vezes alia a produção de subsistência a uma produção destinada ao mercado (MAPA, 2020).

Todos os agricultores assentados são considerados agricultores familiares – pelos critérios já mencionados no referencial teórico –, cujo segmento econômico, de acordo com Wanderley (2003), é tido por alguns como a "classe dos bárbaros", por serem incapazes de suprir as exigências do mercado; já para outros, um setor com potencial que pode atender ao mercado, caso haja políticas públicas adequadas.

Wanderley (2017, p. 69) destaca que "a agricultura familiar se tornou a categoria consagrada, capaz de abranger todas estas formas de agricultura, baseadas na associação entre trabalho, família e produção, bem como aquelas fundamentadas nos laços comunitários de natureza étnica".

Outrora denominada de agricultura de subsistência – até o início da década de 1990, não existia nenhum tipo de política pública com alcance nacional, direcionada ao atendimento das necessidades específicas do segmento social de agricultores familiares, não recebendo praticamente nenhum apoio governamental desde o período imperial: "Constata-se, ainda, que durante o processo de modernização da agricultura brasileira (décadas de 1960 e 1970), as políticas públicas para a área rural, em especial a política agrícola, privilegiaram os setores mais capitalizados" (MATTEI, 2014a, p. 83), ficando esse grupo de produtores à margem dos benefícios oferecidos pela política agrícola, principalmente nos itens atinentes ao crédito rural, aos preços mínimos e ao seguro da produção.

Verifica-se o reconhecimento jurídico e políticas públicas destinadas a esse segmento do âmbito rural, como uma importante categoria econômica e social para o país: a criação do Programa Nacional de Fortalecimento da Agricultura Familiar (Pronaf), em 1995; a Secretaria da Agricultura Familiar, criada em 2003; a Lei da Agricultura Familiar n.º 11.326, de 2006 (BRASIL, 2006); a Lei n.º 11.947, de 16 de junho de 2009 (BRASIL, 2009), que impõe a obrigatoriedade da compra de 30% dos produtos da agricultura familiar para a alimentação escolar, o Programa Nacional de Alimentação Escolar (PNAE); e o Programa de Aquisição de Alimentos (PAA), cujo objetivo é suprir a carência nutricional de pessoas em situação de risco e vulnerabilidade social com produtos oriundos das pequenas propriedades (MATTEI, 2014a).

Sobre a criação do Pronaf, Mattei (2014b, p. 72) explica que ele "representa a legitimação, por parte do Estado brasileiro, de uma nova categoria social – os agricultores familiares – que até então era praticamente marginalizada em termos de acesso aos benefícios da política agrícola". Essa categoria era conhecida pelos termos pequenos produtores, produtores familiares, produtores de baixa renda ou agricultores de subsistência, conforme esse autor.

O escopo do programa era promover o desenvolvimento rural sustentável, fortalecendo a capacidade produtiva da agricultura familiar, por meio do apoio técnico e financeiro, contribuindo para a geração de emprego e renda nas áreas rurais e melhorando, como consequência, a qualidade de vida dos agricultores familiares. Tinha como fundamento quatro pilares: a) alinhar as políticas públicas de acordo com a realidade dos agricultores familiares; b) proporcionar a infraestrutura adequada à melhoria do desempenho produtivo dos agricultores familiares; c) ampliar o nível de profissionalização dos agricultores familiares por meio do acesso aos novos padrões de tecnologia e de gestão social; d) incentivar o acesso desses agricultores aos mercados de insumos e produtos.

Operacionalmente, o Pronaf apresentava inicialmente quatro grandes linhas de atuação: a) crédito de custeio e investimento destinado às atividades produtivas rurais; b) financiamento de infraestrutura e serviços a municípios de todas as regiões do país, cuja economia dependa fundamentalmente das unidades agrícolas familiares; c) capacitação e profissionalização dos agricultores familiares por meio de cursos e treinamentos aos agricultores, conselheiros municipais e equipes técnicas responsáveis pela implementação de políticas de desenvolvimento rural; d) financiamento da pesquisa e extensão rural, visando à geração e transferência de tecnologias para os agricultores familiares.

O programa atende especificamente os agricultores familiares, de acordo com seguintes critérios: a) ter renda de 80% da renda familiar originária da atividade agropecuária; b) deter ou explorar estabelecimentos com área de até quatro módulos fiscais (ou até seis módulos quando a atividade do estabelecimento for pecuária); c) explorar a terra na condição de proprietário, meeiro, parceiro ou arrendatário; d) usar a mão de obra exclusivamente familiar, sendo facultado manter até dois empregados permanentes; e) residir no imóvel ou em aglomerado rural ou urbano próximo; f) possuir renda bruta familiar anual de até R$ 60 mil (SCHNEIDER; MATTEI; CAZELLA, 2004).

Há uma diferenciação dos beneficiários do programa: grupo A - constituído dos agricultores assentados da reforma agrária; grupo B - agricultores com baixa produção e pouco potencial de aumento, no qual também estão incluídos indígenas e quilombolas; os demais grupos C, D e E correspondem aos produtores que dispõem de melhores níveis de renda bruta familiar ou com potencial para atingir esses índices (MATTEI, 2006).

Conforme o Ministério da Agricultura, Pecuária e do Abastecimento (Mapa), a agricultura familiar pode ser dividida em três grupos, de acordo com seu estágio de desenvolvimento tecnológico e perfil socioeconômico: 1) agricultura consolidada, que envolve estabelecimentos familiares integrados ao mercado e com acesso a inovações tecnológicas e a políticas públicas, funcionando em padrões empresariais, ou integradas ao *agribusiness*; 2) agricultura em transição, constituída por estabelecimentos com acesso parcial aos circuitos da inovação tecnológica e de mercado, sem acesso à maioria das políticas e dos programas de governo e, mesmo não consolidados como empresas, com potencial para a viabilização econômica; 3) agricultura periférica, constituída por estabelecimentos rurais geralmente inadequados em infraestrutura, cuja integração produtiva à economia depende fortemente de programas de reforma agrária, crédito, pesquisa, assistência técnica e extensão rural, comercialização, entre outros.

Nesse sentido, a Organização das Nações Unidas para Agricultura e Alimentação (FAO) pondera sobre as múltiplas funções da agricultura com o intuito de definir políticas de desenvolvimento e assegurar a sustentabilidade da agricultura e do desenvolvimento rural no longo prazo (MALUF, 2002).

Altafin (2007) destaca a proposta de Amílcar Baiardi, que categoriza em cinco tipos a agricultura familiar: Tipo A: tecnificado, com forte inserção mercantil; é predominante na região de cerrado, grande maioria relacionada à produção de grãos; Tipo B: integrado verticalmente em Complexos Agroindustriais – aves e suínos, por exemplo – e mais recentemente em perímetros irrigados voltados à produção de frutas; Tipo C: agricultura familiar tipicamente colonial – Rio Grande do Sul, Paraná, Santa Catarina e Minas Gerais –, ligados à policultura, com a integração de lavouras, pomares com a pecuária e a criação de pequenos animais; Tipo D: agricultura familiar semimercantil – predominante no Nordeste e no Sudeste; Tipo E: de origem semelhante ao tipo D, porém caracterizada pela marginalização do processo econômico e pela falta de horizontes. Nessa tipificação, o fator preponderante para definir cada tipo é a forma de acesso (ou de não acesso) ao mercado.

Guanziroli *et al.* (2001, p. 114) explicam que "o universo de agricultores familiares não é homogêneo, ao contrário, é profundamente diferenciado do ponto de vista econômico, social e cultural, e tampouco os agricultores familiares formam uma categoria estanque, imóvel e isolada das demais". Ou seja, há trajetórias diferentes, em que uns estão em processo de acumulação de capitais, outros em descapitalização. Há, de acordo com os autores anteriores, três tipos de produtores familiares de acordo com seu nível de capitalização, e o que os distingue é a renda agrícola obtida por cada membro familiar:

a. Produtores familiares capitalizadores: são os que puderam acumular algum capital em maquinário, benfeitorias e terra e que dispõem de mais recursos para a produção; esses produtores possuem, em geral, uma renda agrícola mais confortável que os mantém relativamente afastados do risco de descapitalização e de eliminação do processo produtivo; alguns podem até se transformar, progressivamente, em produtores patronais, na medida em que aumentam a área de produção ou introduzem sistemas de produção que exigem muita mão de obra.

b. Produtores familiares em vias de capitalização: são os que o nível de renda pode, em situações favoráveis, permitir acumulação de capital, mas essa renda não garante segurança, tampouco sustentabilidade para as unidades produtivas. Dessa forma, enquanto parte dos produtores nesta categoria poderá eventualmente complementar a implantação de sistemas mais capitalizados, gerando níveis mais elevados de renda, outros podem, em condições adversas, seguir a direção contrária da descapitalização.

c. Produtores familiares descapitalizados: nessa categoria, o nível de renda é insuficiente para assegurar a reprodução da unidade de produção e permanência da família na atividade, pois são produtores tradicionais descapitalizados e produtores que recorrem a rendas externas ao estabelecimento para sobreviverem (GUANZIROLI *et al.*, 2001).

Já o estudo comparativo internacional coordenado por Lamarche (1993, p. 17) comparou a agricultura familiar da França, do Canadá, da Polônia, da Tunísia e do Brasil. Para facilitar o entendimento do funcionamento de uma exploração familiar, sugere analisar a temática considerando dois prismas: "Modelo Original: modo de funcionamento da exploração familiar de um modelo anterior ao qual todo explorador, mais ou menos conscientemente, necessariamente se refere" e "Modelo Ideal". Este segundo, contrapondo o modelo original, é uma referência de futuro, são as ambições futuras que cada agricultor familiar tem para suas propriedades: "Todo explorador projeta para o futuro uma determinada imagem de sua exploração; ele organiza suas estratégias e toma suas decisões segundo uma orientação que tende sempre, mais ou menos, em direção a essa situação esperada" (LAMARCHE, 1993, p. 17).

O alcance do modelo ideal dependerá de suas escolhas e políticas feitas pela sociedade, direcionadas ao grupo. "Suas chances de atingir o Modelo Ideal, ou simplesmente de se aproximar dele, dependerá da complementaridade de seus projetos junto ao que a sociedade elaborou para eles" (LAMARQUE, 1993, p. 19). Verifica-se que essa projeção de futuro é diversificada e particular de cada agricultor familiar, pois está baseada nas experiências histórico-culturais vivenciadas, assumindo, assim, modelos de produção diferenciados, considerando seus objetivos de produção, mantendo os modos de vida. Diante disso, o autor divide e caracteriza os agricultores familiares em três grupos:

Quadro 4 – Grupos de agricultores familiares

| | |
|---|---|
| **Familiar** | Os agricultores familiares cuja finalidade essencial não seria a reprodução como unidade de produção, mas a reprodução familiar. |

| | |
|---|---|
| **Subsistência** | O escopo essencial desse grupo é a sobrevivência da família. |
| **Empreendimento Agrícola** | São agricultores familiares que têm por objetivo a formação de uma exploração agrícola organizada sobre a base do trabalho assalariado para a obtenção de uma lucratividade elevada. |

Fonte: a autora (2023), a partir de Lamarche (1993)

Isso explica a dominação, a estagnação ou, até mesmo, a eliminação de exploradores familiares, pois possuem um caráter de formação social heterogênea de variadas combinações de natureza objetiva de produção (formação técnica, características edafoclimáticas, acesso ao crédito e à tecnologia) e de natureza sociopolítica:

> As explorações familiares agrícolas não constituem um grupo social homogêneo, ou seja, uma formação social que corresponda a uma classe social no sentido marxista do termo. Desse modo, a exploração familiar não é, portanto, um elemento da diversidade, mas contém nela mesma toda esta diversidade. Em um mesmo lugar e em um mesmo modelo de funcionamento, as explorações dividem-se em diferentes classes sociais segundo suas condições objetivas de produção (superfície, grau de mecanização, nível técnico, capacidade financeira etc.). Por exemplo, em uma mesma comunidade, as explorações, todas do tipo camponês, podem ser mais ou menos importantes (em superfície ou em meios de produção), mais ou menos mecanizadas, mais ou menos técnicas etc., e, em cada caso, sua capacidade de adaptação e de reprodução deve variar consideravelmente (LAMARCHE, 1993, p. 18).

Essa diversificação citada por Lamarche (1993) é percebida na agricultura familiar brasileira, a qual engloba tanto famílias que vivem em condições de extrema pobreza como produtores inseridos no agronegócio. Esse fato tem raízes na própria história, na formação de grupos, nas heranças culturais diversas, na expertise profissional, no acesso e na disponibilidade dos recursos naturais, no capital humano, no capital social.

A diferenciação também está vinculada às oportunidades criadas, seja pelo movimento da economia, seja por políticas públicas e inserção dos grupos em paisagens agrárias distintas, ao acesso diferenciado aos mercados e à inserção socioeconômica dos produtores:

> As diferenças são tantas que talvez seja um equívoco conceitual seguir tratando grupos com características e inserção socioeconômicas tão distintas sob o mesmo label

> — agricultores familiares — apenas porque têm um traço comum: utilizar majoritariamente mão de obra familiar (BUAINAIN, 2006, p.15).

Buainain (2006, p. 15) também explica o que segue:

> Os agricultores familiares não se diferenciam apenas em relação à disponibilidade de recursos e à capacidade de geração de renda e riqueza. Também se diferenciam em relação às potencialidades e restrições associadas tanto à disponibilidade de recursos e de capacitação/aprendizado adquirido, como à inserção ambiental e socioeconômica que podem variar radicalmente entre grupos de produtores em função de um conjunto de variáveis, desde a localização até as características particulares do meio-ambiente no qual estão inseridos. O universo diferenciado de agricultores familiares está composto de grupos com interesses particulares, estratégias próprias de sobrevivência e de produção, que reagem de maneira diferenciada a desafios, oportunidades e restrições semelhantes e que, portanto, demandam tratamento compatível com as diferenças.

Não obstante, há diferenças também nas características particulares ambientais, por exemplo: questões de fertilidade de solo, clima. Há também outras dificuldades exógenas, impedindo agricultores familiares a colocarem em prática suas estratégias de produção: dificuldades de acesso ao crédito, infraestrutura precária, baixa dotação de fatores de produção. Lamarche (1993, p. 20) denominou de bloqueio: "uma situação dada que não permite ao chefe da exploração colocar em prática estratégias tendo em vista atingir o Modelo Ideal", refletindo negativamente no modo de vida dos agricultores.

Desse modo, para Buainain (2006, p. 16), "o reconhecimento da diferenciação é um ponto chave para a reflexão sobre desenvolvimento da agricultura familiar em geral e sobre as potencialidades da introdução da agricultura alternativa como estratégia de desenvolvimento". A reflexão sobre as potencialidades da agricultura familiar e a indução para o desenvolvimento partem do reconhecimento da diferenciação; como é a principal atividade econômica de várias regiões brasileiras, necessita-se do seu fortalecimento. Nesse sentido, considera Bittencourt (2002, p. 85): "É preciso estimular a participação dos agricultores familiares nas políticas públicas, garantindo a eles acesso à terra e ao crédito, condições e tecnologias para a produção". Outros autores também reforçam essa ideia de que, por meio do estímulo, é possível alcançar um desenvolvimento rural sustentável: "a agricultura familiar é um setor estratégico para a manutenção e recuperação do emprego, para a constituição de um desenvolvimento sustentável" (SICSÚ *et al.*, 2002, p. 137).

Em que pese, para o fortalecimento das potencialidades da agricultura familiar, é necessário dirimir os bloqueios (ausência de infraestrutura, de assistência técnica, de crédito etc.), aumentando, assim, as possibilidades de o agricultor familiar atingir seu modelo ideal de funcionamento de acordo com seus anseios, ampliando sua capacidade. "O desempenho da agricultura familiar reflete um conjunto amplo de condicionantes, desde a disponibilidade de recursos, a inserção socioeconômica, a localização geográfica, as oportunidades e a conjuntura econômica, as instituições e valores culturais da família" (BUAINAIN; ROMEIRO; GUANZIROLI, 2003, p. 339).

Por sua vez, Buainain (2006, p. 19) adverte sobre a perspectiva da agricultura familiar, a qual "[...] depende, de forma crucial, da capacidade e da possibilidade de os agricultores familiares aproveitarem e potencializarem oportunidades decorrentes das possíveis vantagens associadas à organização familiar". Além de reconhecerem e potencializarem as vantagens e oportunidades, terão que "[...] neutralizar ou reduzir desvantagens competitivas que enfrentam em função da dotação de recursos, em particular as associadas à escala" (BUAINAIN, 2006, p. 19), sendo necessário o reconhecimento das possibilidades da agricultura familiar.

Nesse sentido, é relevante enfatizar que a agricultura familiar: "É uma forma social de produção reconhecida pela sociedade brasileira, por suas contribuições materiais e imateriais" (DELGADO; BERGAMASCO, 2017, p. 9), extrapola a produção, tendo papel fundamental da família como estrutura de organização da reprodução social. São muitos os valores incorporados pela agricultura familiar: "são os da tradição, do folclore, da pureza do campo contra a corrupção das cidades. [...] faz parte dos valores que a agricultura familiar incorpora a primazia do desenvolvimento e do poder local" (ABRAMOVAY, 1998, p. 137). A importância da agricultura familiar tem por fundamento os seguintes aspectos, no entendimento de Heberlê *et al.* (2017, p. 134):

> (a) está intrinsecamente vinculada à segurança alimentar e nutricional; (b) preserva os alimentos tradicionais, além de contribuir para uma alimentação balanceada e salvaguardar a agrobiodiversidade e o uso sustentável dos recursos naturais; (c) representa uma oportunidade para impulsionar as economias locais, especialmente quando combinada com

> políticas específicas destinadas a promover a autonomia do agricultor, reafirmando sua identidade, a proteção social e o bem-estar das comunidades e o desenvolvimento rural; (d) demonstra o potencial para geração de postos de trabalho. Salientam-se ainda as contribuições para responder aos impactos das mudanças climáticas e ambientais, bem como às mudanças de padrões e hábitos de consumo (valorização da alimentação e aspectos nutricionais e de qualidade – nesse sentido, a valorização das agroindústrias familiares também deve ser ressaltada).

Mattei (2014b, p.78) entende que os benefícios da garantia da segurança alimentar e nutricional; o fortalecimento do mercado interno; o cuidado com a biodiversidade; a reprodução do patrimônio cultural das populações rurais; e a manutenção da diversidade territorial dos espaços rurais: "beneficiam toda a sociedade, uma vez que ela pode usufruir de alimentos de qualidade e diversificados, de ambientes naturais preservados e de uma pluralidade de manifestações culturais etc.".

A Organização das Nações Unidas para Agricultura e Alimentação (FAO) defende a necessidade de um ambiente regulatório adequado para a agricultura familiar:

> A família e o campo representam uma unidade que evolui de forma contínua e desempenha funções econômicas, ambientais, sociais e culturais na economia rural mais ampla e nas redes territoriais em que estão integradas. Os agricultores familiares gerenciam sistemas agrícolas diversificados e preservam os produtos alimentares tradicionais, o que contribui para permitir dietas equilibradas e proteger a agrobiodiversidade global. Os agricultores familiares salvaguardam as culturas locais e gastam os seus rendimentos nos mercados locais e regionais, gerando assim numerosos empregos agrícolas e não agrícolas. Portanto, os agricultores familiares têm um potencial único para aumentar a sustentabilidade da agricultura e dos sistemas alimentares, por isso um ambiente regulatório favorável é essencial para apoiá-los (FAO BRASIL, 2019, s/p).

É notório o potencial da agricultura familiar, diante de todos os seus benefícios e representatividade supracitados. Para o alcance da sustentabilidade da agricultura, todos os meios para o fortalecimento são indispensáveis, tornando-a protagonista no papel expressivo de agente do desenvolvimento rural. E uma das formas é pensar na agricultura familiar em diferente abordagem, valorizando, além do econômico, a dimensão não agrícola do rural, esta que se materializa em um espaço, território, havendo uma integração do econômico, cultural e ambiental, sendo necessária uma modificação nas relações entre agricultores e outros atores e nas práticas habitual dos empreendimentos familiares. É a multifuncionalidade da agricultura.

Laurent (2000 *apud* FROEHLICH *et al.*, 2004) disserta que está relacionada ao reconhecimento de que a agricultura e os agricultores não são responsáveis apenas pela produção agropecuária. Há novas funções: a) a garantia da qualidade dos alimentos, a manutenção da produtividade do solo; b) a conservação das características paisagísticas das regiões; c) a proteção ambiental no meio rural; d) a manutenção de um tecido econômico e social rural; e) a conservação do capital cultural; e f) a diversificação das atividades rurais.

## 2.5 A multifuncionalidade: valorização da dimensão não agrícola do rural e as possibilidades ofertadas

A partir da década de 1990, ocorreu uma mudança de percepção responsável pela construção de um modelo de agricultura. Antes, a forma de produção era associada ao atrasado, imprópria e ineficiente. Posteriormente, passou a ser considerada como eficiente, solidária e sustentável, e o agricultor familiar passa a ser visto no cenário político nacional. Por conseguinte, há o reconhecimento de que a agricultura familiar pode ser vista para além da produção de alimentos e matéria-prima. Antes excluída das políticas e dos projetos de desenvolvimento, passa a ser revalorizada, em que o espaço rural seja valorizado além do ponto de vista econômico, social e ambiental, ou seja, passa a desempenhar novas funções, tornando-se responsável também pela disponibilidade e qualidade dos alimentos, conservação dos recursos naturais, preservação do patrimônio cultural e reprodução socioeconômica das famílias rurais (WANDERLEY, 2003), ou seja, a agricultura familiar sendo multifuncional. É a multifuncionalidade da agricultura.

Laurent (2000, p. 6) destaca que "a definição da multifuncionalidade está centrada na ligação entre um projeto de sociedade e as funções econômicas, sociais e ambientais da agricultura". Uma das suas principais funções é contribuir para o desenvolvimento do espaço rural: "todas as formas de atividade agrícola contribuem para a produção de paisagens cultivadas, e cada uma é uma faceta da contribuição da atividade ao desenvolvimento econômico e social de zonas rurais" (LAURENT, 2000, p. 432). A valorização peculiar da dimensão não agrícola do mundo rural, de acordo com Ferrão (2000), é socialmente construída. O autor identifica três tendências autônomas do mundo rural não agrícola que convergem no mesmo sentido:

a. O movimento de *renaturalização*, situado na conservação e proteção da natureza, supervalorizadas no âmbito do debate sobre os processos de desenvolvimento sustentável;
b. a busca de *autenticidade*, com a visão de que a conservação e a proteção dos patrimônios históricos e culturais são vias privilegiadas para apreciar memórias e identidades capazes de evitar as tendências uniformizadoras desencadeadas pelos processos de mundialização;
c. a *mercantilização das paisagens*, como rebate à rápida expansão de novas práticas de consumo decorrentes do aumento do tempo livre, da melhoria do nível de vida de importantes segmentos da população e, como decorrência, da valorização das atividades de turismo e lazer (FERRÃO, 2000).

O meio rural pode ter um alargamento de horizontes quando visto além de uma visão simplesmente geográfica de sustentação de um setor (a agricultura). Não apenas notado como base de um anexo diversificado de atividades e de mercados possíveis, é importante ressaltar que, além dos fatores "naturais", as instituições presentes no território são ímpares para fortalecer o capital social dos territórios, muito mais do que em promover o crescimento desta ou daquela atividade econômica (ABRAMOVAY, 2000a).

O alargamento de horizontes é manifestado por meio da multifuncionalidade, cuja gênese desse conceito começa a ser discutida após a Revolução Verde, entre as décadas de 1960 e 1970, revolução essa que privilegiou apenas o econômico, impondo um novo padrão de produção para a agricultura, mecanização, monocultura, mudanças essas apontadas como prejudiciais, pois afetaram o meio ambiente e trouxeram problemas sociais pelo predomínio da agroindústria e concentração fundiária. Críticas a esse modelo começaram a ser lançadas, tornando-se campo fértil para o surgimento do conceito de multifuncionalidade rural.

Ferrão (2000, p. 4) explica que o mundo rural começou a se reinventar a partir dos anos 1980: "assiste-se à invenção social de uma nova realidade: o mundo rural não agrícola. Esta perspectiva introduz elementos novos no modo de encarar os mundos rural e urbano, em si e na forma como se relacionam". Ocorreu o rompimento com duas de suas características: a função basilar de produção de alimentos e a da atividade econômica agrícola dominante. Atualmente, as famílias camponesas começaram a exercer "pluriatividades" com "pluriempreendimentos", decompondo o campo em um espaço "multifuncional", segundo esse autor.

Portanto, o modelo produtivista da agricultura gerou problemas, e o conceito de multifuncionalidade surge na tentativa de solucioná-los. O conceito desenvolvido no contexto europeu, especificamente na França, foi resultado de uma reforma da política agrícola comum (Política Agrícola Comum – PAC), cuja orientação tinha uma conotação mais social, menos produtivista e exportadora, atrelada ao intuito de se adaptar às legislações agrícolas e ao desenvolvimento rural de vários países (ABRAMOVAY, 2000a).

Moruzzi Marques e Flexor (2007) dissertam sobre dois enfoques diferentes no debate internacional sobre a multifuncionalidade da agricultura: a) enfoque normativo: é capaz de reorientar as políticas agrícolas e a agricultura em direção a um modelo de desenvolvimento por intermédio de um conjunto de ideias ou funções, cujo aspecto está centrado nas famílias e nos territórios rurais – aqui há uma crítica ao modelo produtivista; b) enfoque positivo: estritamente econômico, resume-se a um referencial analítico para redefinir as externalidades associadas à prática agrícola, tanto as positivas quanto as negativas – remete ao apoio às agriculturas especializadas em uma perspectiva centrada nos produtos. Para Maluf (2002), quando há um ajuste das estruturas de valorização da multifuncionalidade via mercado centrado nos produtos e via intervenções públicas centradas nos territórios e nas unidades familiares, ou seja, enfoque normativo e positivo interligados, constituem-se na melhor opção para agenciar a multifuncionalidade.

No Brasil, esse conceito foi pronunciado pela primeira vez em 1992, na Conferência das Nações Unidas sobre Meio Ambiente e Desenvolvimento. Por ser um conceito de origem estrangeira, foi "visto como modismo, ou exercício de transposição artificial, incapaz, portanto, de explicar a realidade do nosso país", conforme Wanderley (2003, p. 9), que denuncia a crítica e discorda dela, utilizando dois argumentos: "em primeiro lugar, de que a compreensão da agricultura familiar como uma realidade complexa e multifacetária faz parte da já antiga e profunda tradição dos estudos sobre o campesinato e a agricultura familiar do Brasil" (p. 9), e o outro argumento é: "a afirmação de que o reconhecimento do caráter multifuncional da agricultura se inscreve neste quadro de análise reforça os argumentos de defesa e legitimação da agricultura familiar" (p. 9).

No entendimento de Soares (2000, 2001, p. 41), a "agricultura é multifuncional quando têm uma ou várias funções adicionadas ao seu papel primário de produção de fibras e alimentos". O que diferencia a multifuncionalidade é a abordagem, por valorizar as peculiaridades do agrícola e do rural, destacando outras contribuições não somente de bens privados, rompendo, assim, com o enfoque setorial, atribuindo à agricultura outras funções além da produção de alimentos. Na discussão do conceito de multifuncionalidade, identificam-se as seguintes "funções-chave da agricultura: a) contribuição à segurança alimentar; b) função ambiental; c) função econômica; d) função social" (SOARES, 2000, p. 42). Dessa forma, "ela se torna responsável pela conservação de recursos naturais (água, solos, biodiversidade e outros), pelo patrimônio natural (paisagens) e pela qualidade de alimentos; ademais favorece a passagem do 'agrícola' para o familiar e o rural" (CARNEIRO; MALUF, 2003, p. 19).

Maluf (2003, p. 136) relata que "a multifuncionalidade da agricultura surgiu justamente para chamar a atenção para outras funções, além da função primária de produzir bens (alimentos e fibras) convencionalmente atribuída à agricultura". Para o autor, a assimilação e a operacionalização da abordagem da multifuncionalidade da agricultura familiar no Brasil requerem dar conta de quatro planos de análise: a) relativos aos agricultores, b) aos territórios, c) à sociedade em geral e d) às políticas públicas.

Para Laurent (*apud* SABOURIN, 2008, p. 58), a multifuncionalidade é conceituada como o "conjunto das contribuições da agricultura para um desenvolvimento econômico e social considerado na sua globalidade". A multifuncionalidade proporciona diferentes contribuições, que se esforçam a responder questões diversas, desde a natureza do processo produtivo agrícola e os impactos socioambientais até a dinâmica de reprodução das famílias rurais e de ocupação do espaço social agrário, oferecendo uma nova compreensão sobre o papel da agricultura e o rural nos processos econômicos, sociais e políticos e no desenvolvimento (CARNEIRO; MALUF, 2003).

A visão da multifuncionalidade é útil à realidade brasileira, pois serve de instrumento para a análise dos processos sociais e agrários, destacando as dinâmicas sociais, ofuscadas pela visão economicista da agricultura. Permite recolocar os termos em que a agricultura é inserida na problemática do desenvolvimento sustentável, ao mesmo tempo que oferece as bases para que sejam repensadas as políticas agrícolas em vigor no tocante a transferências sociais de benefícios aos agricultores, "pois rompe com o enfoque setorial e amplia o campo das funções sociais atribuídas à agricultura, que deixa de ser entendida apenas como produtora de bens agrícolas" (CARNEIRO; MALUF, 2003, p. 19).

Desse modo, compreende-se que há uma transformação na agricultura familiar, em que a multifuncionalidade e a pluriatividade são aspectos das transformações pelas quais tem passado o espaço rural brasileiro, e que, apesar de intensas, não se apresentam de forma homogênea, seja em termos de espacialização, seja de sua complexidade constituinte. Assim, supõe-se que a própria agricultura familiar se apresente diversificada, dependendo do contexto dos diferentes lugares onde ocorre essa atividade, como também das formas de articulação/imbricação dos atores nela envolvidos e das diversas histórias que lhes dão sustentação. A pluriatividade tende a ser uma estratégia para a reprodução socioeconômico das famílias rurais. Para Schneider (2004, p. 80), é:

> A combinação de duas ou mais atividade, sendo uma delas a agricultura. Esta interação entre a atividade agrícola e não-agrícola tende a ser mais intensa e complexa à medida que mais complexa e diversificada forem a relações entre agricultores e o ambiente social e econômica em que estas estiverem situadas.

Entretanto, para a efetivação da multifuncionalidade, é salutar a intervenção do Estado, que haja reconhecimento das múltiplas funções que a agricultura de base familiar desempenha na sociedade, e por meio de políticas públicas acertadas exista o fortalecimento da agricultura familiar, gerando, assim, um papel importante no desenvolvimento rural, cujo escopo vai ao encontro do conceito de desenvolvimento adotado nesta pesquisa, ou seja, a inclusão dos aspectos sociais, ambientais e culturais no processo de desenvolvimento (CANDIOTTO, 2009).

Maluf (2003), economista, pesquisador brasileiro, no trabalho *A multifuncionalidade da agricultura na realidade rural brasileira*, analisa as possibilidades oferecidas pela noção da multifuncionalidade em face das peculiaridades da realidade rural brasileira, asseverando que as quatro funções (Figura 4) não se manifestam de forma igual nos espaços e territórios, tendo em vista que a manifestação depende de particularidades de cada contexto, diferenciando-se na forma de apresentação, simultânea ou não, e nas articulações que se estabelecem entre elas.

O projeto "Pesquisa e ações de divulgação sobre o tema da multifuncionalidade da agricultura familiar e desenvolvimento territorial no Brasil", conduzido de 2006 a 2008 por pesquisadores de várias instituições de ensino e pesquisa, desenvolvido por uma rede interinstitucional de pesquisadores constituída em 2000 e que contou com apoio do Núcleo de Estudos de Agricultura e Desenvolvimento do Ministério de Desenvolvimento Agrário (NEAD/MDA) e do Instituto Interamericano de Cooperação para a Agricultura (IICA), identificou quatro funções que devem atender à agricultura familiar multifuncional: a) reprodução socioeconômica das famílias rurais; b) promoção da segurança alimentar das próprias famílias e da sociedade; c) manutenção do tecido social e cultural; e d) preservação dos recursos naturais e da paisagem rural, conforme a ilustração da Figura 4, a seguir.

Figura 4 – Funções da multifuncionalidade da agricultura

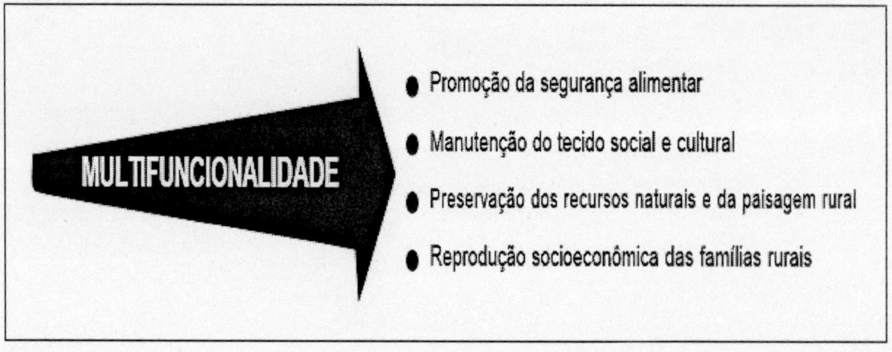


Fonte: a autora (2023), a partir de Bonnal, Cazella e Maluf (2008)

Carneiro e Maluf (2003, p. 22), no projeto de pesquisa mencionado anteriormente, consideraram dentro das possibilidades permitidas pelas informações levantadas as quatro dimensões principais abrangidas pela multifuncionalidade da agricultura, a saber: "a) dinâmica de reprodução das famílias rurais; b) características técnico-produtivas e sustentabilidade da atividade agrícola; c) questões de identidade, integração social e legitimidade relativa às famílias rurais; d) relação com o território e com a natureza". O enfoque da multifuncionalidade da agricultura (MFA) remete a quatro níveis de análise: 1) as famílias rurais; 2) o território; 3) a sociedade; 4) as políticas públicas. Os territórios se diferenciam quanto à presença simultânea de várias funções e à articulação que se estabelece entre elas. São as funções:

a. reprodução socioeconômica das famílias rurais: trata da geração de trabalho e renda que permita às famílias rurais se manterem no campo em condições dignas;

b. promoção da segurança alimentar das próprias famílias rurais e da sociedade: a segurança alimentar é aqui considerada nos sentidos da disponibilidade e do acesso aos alimentos e o da qualidade destes;

c. manutenção do tecido social e cultural: está relacionado à identidade social e às formas de sociabilidade das famílias e comunidades rurais;

d. preservação dos recursos naturais e da paisagem rural, uso sustentável dos recursos naturais e, principalmente, com o confronto entre as práticas agrícolas (algumas tradicionais) e aspectos da legislação ambiental (BONNAL; CAZELLA; MALUF, 2008).

Observa-se, no Quadro 5, a seguir, as funções da multifuncionalidade e suas características.

Quadro 5 – Características das funções da multifuncionalidade

| Função | Características |
|---|---|
| Reprodução socioeconômica das famílias | Seus principais aspectos são as fontes geradoras de ocupação e de renda para os membros das famílias rurais, as condições de permanência no campo, as práticas de sociabilidade, as condições de instalação dos jovens e as questões relativas à sucessão do chefe da unidade produtiva. |
| Promoção da segurança alimentar da sociedade e das próprias famílias rurais | Abrange a produção para o autossustento familiar e a produção mercantil de alimentos, bem como as opções técnico-produtivas dos agricultores e os canais principais de comercialização da produção. |
| Manutenção do tecido social e cultural | Refere à preservação e ao melhoramento das condições de vida das comunidades rurais, levando em conta os processos de elaboração e legitimação de identidades sociais e de promoção de integração social. |
| Preservação dos recursos naturais e da paisagem rural | Essa dimensão foi observada tendo como referência o uso dos recursos naturais, as relações entre as atividades econômicas e a paisagem e a preservação da biodiversidade. |

Fonte: a autora (2023), a partir de Carneiro e Maluf (2003, p. 22)

A reprodução socioeconômica das famílias rurais é de suma importância, pois evita o êxodo rural e permite uma vida no campo de forma digna: "esta função diz respeito à geração de trabalho e renda que permita às famílias rurais manterem-se no campo em condições dignas, função proeminente num contexto de elevado desemprego e de renda real constante ou declinante" (MALUF, 2003, p. 137). A permanência ou o êxodo das famílias rurais são imbricados pelo que a terra tem a oferecer. Segundo Santos (2011, p. 13), "o território é o lugar em que desembocam todas as ações, todas as paixões, todos os poderes, todas as forças, todas as fraquezas, isto é, onde a história do homem plenamente se realiza a partir das manifestações da sua existência".

A renda é um fator imprescindível para reprodução social. Fortes (1971 *apud* ALMEIDA, 1986, p. 67) define reprodução social como o processo de "manter, repor e transmitir o capital social de geração para geração", sendo o grupo doméstico seu mecanismo central, o qual tem, simultaneamente, uma dinâmica interna e um "movimento governado por suas relações com o campo externo" (p. 67).

Maluf (2003, p.138) aponta uma das estratégias utilizadas pelas famílias rurais para o alcance da renda:

> A estratégia de obtenção de renda monetária pelas famílias rurais caracteriza- se pelo recurso sistemático às atividades não agrícolas no interior da unidade familiar e fora dela, em ocupações tipicamente urbanas, mas também inclui o trabalho temporário em atividades agrícolas.

Nota-se, desse modo, que a combinação de atividades agrícolas e não agrícolas introduz as famílias rurais em diferentes setores, ampliando, assim, seu campo de atuação e de inserção social e econômica, associando a pluriatividade com a multifuncionalidade da agricultura.

Spavanello (2008) destaca que a ideia de reprodução social abarca as dimensões da produção de bens materiais e a organização social dessa produção por meio do trabalho. Destaca ainda uma divisão em torno da questão da reprodução social: a reprodução cotidiana (ou diária) e a reprodução das gerações futuras. Tedesco (1999) refere que a reprodução de novas gerações de agricultores está intimamente relacionada à produção e à reprodução dos estabelecimentos e dos indivíduos nela envolvidos. A ideia traz consigo a perspectiva de continuidade dos indivíduos e/ou grupos sociais.

Já Chayanov (1981) defende a ideia da reprodução social dos estabelecimentos familiares por meio de uma relação equilibrada entre trabalho (produção) e consumo, entre produtores e consumidores, cujo equilíbrio pode alterar de acordo com a evolução da composição familiar. O equilíbrio pode sofrer variações durante o desenvolvimento da família, aumentando ou diminuindo a exploração para atender à sua demanda – o esforço do grupo familiar é para satisfazer as necessidades dos seus membros a partir das suas capacidades internas, ou seja, por meio das condições reais da unidade econômica e do número de membros do grupo doméstico, bem como da capacidade de trabalho de cada um.

Gasson e Errington (1993) afirmam que, para garantir a continuidade da atividade, é vital a transmissão do patrimônio e da gestão da propriedade por intermédio das sucessivas gerações familiares. Ou seja, a sucessão representa a transferência do controle ou da gestão da propriedade à próxima geração. Desse modo, a sucessão está estreitamente ligada à reprodução intergeracional, com substituição das antigas gerações pelas mais novas na gestão das propriedades. Tradicionalmente, o modelo sucessório da agricultura familiar é dado pela permanência de, pelo menos, um dos filhos na propriedade, obedecendo a uma organização interna familiar demarcada pela autoridade paterna. Nessa linha de pensamento, observa-se a necessidade de atenção das famílias para motivar os jovens a desejarem permanecer e cuidar da propriedade rural:

> A perspectiva de continuidade da agricultura familiar e de suas unidades produtivas depende de uma série de fatores que dificultam ou facilitam a permanência dos jovens. Esses fatores não são únicos e nem isolados, mas interligados entre si, e dizem respeito às condições socioeconômicas familiares e da unidade produtiva; ao tipo de trabalho (agrícola ou não agrícola) realizado; às oportunidades de trabalho existentes na agricultura familiar e em atividades não agrícolas no meio rural ou nas cidades próximas aos locais de residência, para jovens de ambos os sexos; à educação; ao acesso ao lazer, ao tipo de lazer existente e às expectativas dos jovens sobre o lazer no meio rural; à participação e ao envolvimento em movimentos sociais; à possibilidade do jovem ter seu trabalho remunerado e autonomia para tomar decisões sobre seu trabalho e seus gastos pessoais; à perspectiva de herdar a propriedade; à percepção sobre o trabalho agrícola e o modo de vida no meio rural; ao acesso ao crédito e a políticas públicas de auxílio aos jovens; à perspectiva matrimonial com moças ou rapazes do meio rural. São dimensões que constroem as razões e as motivações dos jovens de querer ou não ser agricultor (a), de querer ou não ficar no meio rural (BRUMER; SPANEVELLO, 2008, p. 13).

Para Brandenburg (1999, p. 224), o agricultor, "[...] para permanecer integrado no sistema societário, deverá desenvolver uma agricultura rentável e preservadora das condições naturais do ambiente produtivo, de forma a conciliar sustentabilidade econômico-material e social". Para isso, no entendimento de Veiga e Ehlers (2003), os agricultores devem empregar instrumentos reprodutivos advindos do empreendedorismo verde, este que se fundamenta na conservação e recuperação da natureza (biodiversidade), sendo um elemento estratégico para a criação, a consolidação e o crescimento de empreendimentos produtivos rurais.

No que concerne à promoção da segurança alimentar das próprias famílias rurais e da sociedade, ela se refere ao acesso aos alimentos e à qualidade destes. Em estudos de caso publicado pela Fundação de Economia de Campinas (FECAMP, 2002), o problema da fome não se restringe somente à produção insuficiente de alimentos, mas à falta de renda para adquiri-los em quantidade permanente e em qualidade adequada: "Esse campo abrange a produção para o autoconsumo e também a produção mercantil de alimentos, bem como as opções técnicas produtivas e os canais principais de comercialização da produção" (CARNEIRO; MALUF, 2003, p. 22).

Para Cristancho Garrido (2015, p. 61), a segurança alimentar é concebida desde uma expectativa extensa da alimentação como um direito humano e como um procedimento que abarca a produção, o transporte, o intercâmbio, o acesso, a transformação e a utilização do aproveitamento biológico: "Leva a pensar nas relações sociais, culturais, econômicas e políticas entre indivíduos e comunidades, que têm se estabelecido historicamente e se (re) constroem permanentemente para garantir uma necessidade vital". Segundo Alves (2011), para promover a segurança alimentar, é preciso um conjunto de instituições que transfiram novas tecnologias, ofereçam oportunidades de financiamento, treinamento e extensão rural aos agricultores e, dessa forma, elevem os níveis de produtividade e qualidade dos produtos agrícolas.

A manutenção do tecido social e cultural diz respeito, segundo Cazella, Bonnal e Maluf (2009), à contribuição da agricultura na definição da identidade e condição da inserção social das famílias rurais. Nesse sentido, para Maluf (2003, p. 144-145), a agricultura é um importante definidor de identidade social das famílias rurais brasileiras:

> A relação entre agricultura e identidade social, num quadro de redução da importância econômica da produção mercantil de alimentos, exige valorização de aspectos não comumente

> considerados pelos analistas, tais como modo de vida, as relações com a natureza, com parentes e vizinhos (sociabilidade) e a produção de alimentos para a própria família.

Echeverri (2009, p. 37) menciona que "o desenvolvimento da noção da identidade nas ciências sociais contemporâneas privilegia a multiplicidade, a diferença e o contraste. Assim, as identidades expressam a diversidade das relações sociais e modos de autopercepção e de atribuições". Para o autor, a identidade é a "expressão de traços diferenciadores e distintivos da população pertencente a um espaço, o que a converte no espírito essencial, básico e estruturante do território" (ECHEVERRI, 2009, p. 37).

Castells (1999, p. 23) assevera que "as identidades constituem fontes de significado para os próprios autores, originadas por eles e construídas por meio do processo de individualização". Destaca também que "as identidades também podem ser formadas a partir de instituições dominantes. Só assumem essa condição quando e se os autores sociais as internalizem, ao construir seu significado com base nessa internalização" (CASTELLS, 1999, p. 23).

O capital social está diretamente relacionado à identidade social e às diversas formas de sociabilidade das famílias rurais, conforme Milani (2007), no seu texto *Nem cola, nem lubrificante sociológico, mas campo eletromagnético: as metáforas do Capital Social no campo do desenvolvimento local,* conceitua capital social partindo da concepção de Lyda Judson Hanifan, que, em 1916, foi um dos pioneiros no uso da expressão "capital social". Ela acredita que as redes sociais podem ter valor econômico e as define como o conjunto dos elementos tangíveis que mais contam na vida cotidiana das pessoas, tais como a boa vontade, a camaradagem, a simpatia, as relações sociais entre indivíduos e a família. Segundo Boisier (2000), o capital social possui linhas que relacionam os atores sociais ao cultivo da confiança recíproca, fomentando a associação e a cooperação por meio da construção de ideias inovadoras. Esse autor enfatiza:

> [...] el capital social representa la predisposición a la ayuda interpersonal basada en la confianza en que el 'o'tro' responderá de la misma manera cuando sea requerido [...] La mayor parte de los autores que escriben sobre capital social usan el concepto de sinergía para articular el desarrollo capitalista con el desarrollo democrático mediante el surgimiento de la asociatividad entre el sector público y el privado. Coleman, Putnam y Fukuyama parecen dar mayor importancia a la asociatividad que a las instituciones y organizaciones, como,

> por el contrário, se plantea en la escuela institucionalista y, por lo menos Putnam ha sido acusado de relegar al Estado a un papel totalmente secundario em el desarrollo, en buenas cuentas, se há querido ver un sesgo neoliberal en su análisis (BOISIER, 2000, p. 47-48).[7]

Verifica-se que o capital social é um bem de todos, cujos princípios são: confiança mútua, cooperação, regras de comportamento que procuram a melhoria e a busca de soluções de problemas que exigem uma ação coletiva para uma sociedade. Os benefícios excedem o aspecto econômico, pois o capital social gera resultados qualitativos voltados ao desenvolvimento humano, em que o foco é o atendimento da sociedade, exercendo sua função como um conjunto de valores ou normas informais partilhados por membros de um grupo que permitem cooperar entre si (FUKUYAMA, 2002). Podendo ser teorizado de acordo com o ramo de conhecimento, sendo abordagens diferentes para os sociólogos e economistas, adota-se o seguinte conceito de capital social:

> [...] um conjunto de valores ou normas informais partilhados por membros de um grupo que lhes permite cooperar entre si. Se esperam que os outros se comportem confiável e honestamente, os membros do grupo acabarão confiando uns nos outros. A confiança age como lubrificante levando qualquer grupo ou organização a funcionar com eficiência (FUKUYAMA, 2002, p. 155).

Para Maluf (2003, p. 144), "a agricultura continua sendo o principal definidor de identidade social das famílias rurais brasileiras e é nesta condição que se dá a inserção social dessas famílias e que se definem, em grande medida, seus padrões de sociabilidade".

De forma mais específica, é salutar abordar aspectos do conceito de cultura, que, para Laraia (2005, p. 25), foi definido por Edward Tylor (1832-1917): "é todo complexo que inclui conhecimentos, crenças, artes, moral, leis, costumes, ou qualquer outra capacidade ou hábitos adquiridos pelo homem, membro de uma sociedade", sendo um conceito antropológico da cultura. Conforme Claval (2007), a cultura de um povo é decorrência

---

[7] "[...] o capital social representa a predisposição para a ajuda interpessoal baseada na confiança de que o 'outro' responderá da mesma forma quando solicitado [...] A maioria dos autores que escrevem sobre capital social utiliza o conceito de sinergia para articular o desenvolvimento capitalista com o desenvolvimento democrático através da emergência da associatividade entre os setores público e privado. Coleman, Putnam e Fukuyama parecem dar maior importância à associatividade do que às instituições e organizações, como, pelo contrário, é proposto na escola institucionalista e, pelo menos, Putnam foi acusado de relegar o Estado a um papel totalmente secundário no desenvolvimento, no geral, quis ver um viés neoliberal em sua análise" (BOISIER, 2000, p. 47-48).

dos saberes, das técnicas, dos valores e conhecimentos comunicados entre as gerações; não é um conjugado inerte, e, sim, dinâmico, devido ao agrupamento de inovações externas a ela ou pela própria dinâmica interna da sociedade. Mesmo com todas as modificações do território rural, a cultura tem a aptidão de se propagar por meio da memória coletiva, de lembranças e vivências. Assim, identificando os traços culturais instituídos e reproduzidos no cotidiano, é possível perceber como é a relação do homem com o meio e com os outros indivíduos.

A cultura é um resumo concebido historicamente pela tradição de todos os componentes do espaço geográfico. "Abrange a construção de valores, costumes, princípios compartilhados, cosmovisões, crenças, simbologias e formas de vida que se fazem comuns, em dado espaço, para sua gente" (ECHEVERRI, 2009, p. 39). Entende-se, portanto, que a cultura é o que une um grupo social. Para o autor, a identidade se baseia na cultura, mas não é a cultura, ou seja, enquanto a cultura é intrínseca a um grupo, a identidade se revela como ação social e coletiva concreta frente a outro(s). Resumidamente, enquanto a cultura une um grupo, a identidade o diferencia de outros.

No que tange à preservação dos recursos naturais e da paisagem rural, ela se refere ao "uso dos recursos naturais, as relações entre as atividades econômicas e a paisagem e a preservação da biodiversidade" (CARNEIRO; MALUF, 2003, p. 22). Para Conti (2014, p. 241), a paisagem é produto de uma convergência de processos atmosféricos, geomorfológicos, hidrológicos e antrópicos. A ação humana acrescenta novos elementos que modificam as paisagens: econômicos, culturais, sociais e políticos, que interatuam com os biofísicos, proporcionando uma diferente fisionomia ao ambiente, ou seja, fazendo alterações na paisagem:

> [...] as paisagens rurais são o resultado da ação de agentes econômicos privados, numa estrutura produtiva privada, mas são um bem público, em virtude de todos se beneficiarem dela não só no presente, como também no futuro. Uma parte dos bens produzidos não são comercializáveis, como é o exemplo o bem-estar (GALVÃO; VARETA, 2010, p. 66).

Para essas autoras, "a paisagem rural é uma construção social condicionada pelas condições naturais, mas continuamente transformada pela atividade humana: a agricultura, silvicultura, urbanização etc." (GALVÃO; VARETA, 2010, p. 66). A natureza é penetrada e alterada, "imprimindo suas próprias marcas, a paisagem, que nada mais é que uma expressão de seus modos de vida" (CORRÊA, 1990, p. 43), em que pese Claval (2007, p. 14) apontar a cultura como um elemento de modificação da paisagem:

> A paisagem traz a marca da atividade produtiva dos homens e de seus esforços para habitar o mundo, adaptando-o às suas necessidades. Ela é marcada pelas técnicas materiais que a sociedade domina e moldada para responder às convicções religiosas, às paixões ideológicas ou aos gostos estéticos dos grupos. Ela constitui desta maneira um documento-chave para compreender as culturas, o único que subsiste frequentemente para as sociedades do passado.

Cada indivíduo tem sua percepção da paisagem: "íntima e individualmente, cada ser humano constrói, seleciona as paisagens que envolvem sua própria história de vida, em uma revelação de símbolos que encerram em si as atitudes, percepções, os sonhos e sentimentos únicos, singulares, relativos às suas vivências" (LIMA-GUIMARÃES, 2000, p. 8). Ao perceber a paisagem como realidade integrada e ativa, converge "para acentuar a unidade da geografia e diluir as fronteiras entre o social e o natural, robustecendo a singularidade de uma ciência que associa de forma inteligente fatos heterogêneos e diacrônicos" (CONTI, 2014, p. 244).

Portanto, pelo que foi exposto até aqui, fica claro que, por meio do entendimento das funções da multifuncionalidade, esta e o desenvolvimento rural são relacionais, pois "o desenvolvimento rural, associado à concepção da multifuncionalidade da agricultura, representa uma mudança de paradigma em relação aos postulados da modernização da agricultura" (SILVEIRA, 2003, p.133). Sendo assim, a multifuncionalidade se configura em ponto de partida e de chegada da proposta.

Nesse sentido, o processo de desenvolvimento rural deve ter como fundamento a busca por sistemas produtivos que combinem "[...] o aspecto econômico (aumento do nível e da estabilidade da renda familiar), o aspecto social (obtenção de um nível de vida socialmente aceitável) e o ambiental, e que uma de suas trajetórias principais reside na diversificação das atividades que geram renda (pluriatividade)" (KAGEYAMA, 2008, p.71). A multifuncionalidade possibilita o reconhecimento e a legitimação das múltiplas funções desempenhadas pela agricultura familiar e as suas inúmeras contribuições para o desenvolvimento rural. É um instrumento eficaz, um meio para as áreas rurais se desenvolverem; entretanto, é indispensável a conexão das dimensões econômica, social e cultural. Infere-se a articulação da agricultura com o desenvolvimento, pois o caráter multifuncional integra a função social na função econômica da agricultura: "A noção da multifuncionalidade favorece a passagem do agrícola para o familiar e o rural, olhados desde a ótica territorializada" (CARNEIRO; MALUF, 2003, p. 20).

Não obstante, é importante reconhecer que o desenvolvimento se apoia em indivíduos, em ambientes rurais dinâmicos. Indo além da premissa de produzir alimentos, esse setor contribui com bens públicos, estes que antes não eram considerados. Apesar das transformações do espaço rural proporcionadas pela multifuncionalidade, elas não se manifestam de forma homogênea em termos da espacialização e de sua constituição. Justifica-se pela diversificação da própria agricultura familiar, dependendo do contexto dos diferentes lugares onde ocorre essa atividade, das diferentes configurações de apoio e articulação/imbricação dos atores nela envolvidos e, por fim, das heranças históricas que lhes dão sustentação (HERVIEU; VIARD, 2004).

A ideia de multifuncionalidade remete para o reconhecimento das capacidades da agricultura camponesa e familiar em contribuir para essas novas demandas da sociedade, configurando-se, então, novas relações entre o campo e a cidade, com novas qualidades (LOSCH, 2004). O reconhecimento das capacidades vai ao encontro do que Sen (2010) trata sobre o desenvolvimento, ou seja, que é essencial que haja um crescimento econômico, voltado para a melhoria da qualidade de vida considerando as diferentes identidades e especificidades de cada território, além de dar liberdade ao agir humano por meio da promoção das capacidades, possibilitando, assim, agenciar a liberdade de ser e de escolher. Esse último autor, Nobel de Economia em 1998, expande suas ideias sobre desenvolvimento como liberdades:

> As liberdades não são apenas os fins primordiais do desenvolvimento, mas também os meios principais. Além de reconhecer, fundamentalmente, a importância avaliatória da liberdade, precisamos entender a notável relação empírica que vincula, umas às outras. Liberdades políticas (na forma de liberdade de expressão e eleições livres) ajudam a promover a segurança econômica. Oportunidades sociais [...] facilitam a participação econômica. Facilidades econômicas [...] podem ajudar a gerar a abundância individual, além de recursos públicos para os serviços sociais. Liberdades de diferentes tipos podem fortalecer umas às outras (SEN, 2000, p. 26).

As políticas de desenvolvimento rural devem concentrar-se no fortalecimento de constelações comprovadas e no apoio ao surgimento de novas. Um elemento particularmente decisivo é a combinação do "velho" com o "novo": "As mudanças naturais ou espontâneas do perfil fundiário de um país ou região, impostas pelo crescimento econômico e por suas crises não podem ser confundidas com uma ação planejada e diretiva para adequar esse perfil e tais imposições" (VEIGA, 1984, p. 7). As políticas públicas podem ser consideradas como instrumentos para ajudar no desenvolvimento rural do território, sendo basilares para o equacionamento das diversas necessidades estabelecidas pelo meio rural, como as fundamentais: infraestrutura, habitação, saúde, educação, meio ambiente e recursos financeiros direcionados à agricultura, buscando-se uma melhor qualidade de vida das populações rurais. Dos diversos projetos de desenvolvimento no Brasil, um tem se destacado pela sua repercussão social: os assentamentos de reforma agrária.

Com a expansão das capacidades, combinada com as mudanças no padrão de consumo, a busca por alimentos mais saudáveis e a sua diversificação "podem favorecer a produção em pequenos estabelecimentos rurais, e os assentamentos ruais podem ser uma excelente oportunidade de se construir uma estratégia coletiva de desenvolvimento a partir de uma abordagem territorial" (CARMO; COMITRE; BORSATTO, 2005, p. 230). Além disso:

> [...] os levantamentos e trabalhos de pesquisas sobre assentamentos de reforma agrária no país têm demonstrado a importância que eles possuem no desenvolvimento regional e nos impactos causados na formação de um novo desenho da paisagem rural e do reconhecimento social (HEREDIA *et al.*, 2002 *apud* CARMO; COMITRE; BORSATTO, 2005, p. 7).

Nesse sentido, os assentamentos rurais são verdadeiros laboratórios de análise:

> [...] em sua inter-relação, fazem dos assentados um verdadeiro laboratório para observação privilegiada de múltiplas experiências. Passados por vários anos da intensificação de sua constituição, a trajetória dos projetos e dos assentados mostra- se bastante diferenciada, dificultando qualquer análise simplificadora em termos de sucesso ou insucesso, mas sempre recolocando a questão da legitimidade desse tipo de intervenção (MEDEIROS; LEITE, 2004, p. 19).

Ainda, "a incorporação da noção da multifuncionalidade da agricultura implica rever o significado do desenvolvimento rural, em particular, inserindo-o nas dinâmicas regionais e na construção de territórios, aspectos evidentes na implantação dos assentamentos rurais" (CARDOSO; FLEXOR; MALUF, 2003, p. 72). Para Martins (2015), a sociedade é reinventada nos assentamentos, abrindo espaços mais amplos de sociabilidade, sustentando, ao mesmo tempo, as percepções que ordenam a vida social, provenientes do familismo e da vizinhança rural.

O meio rural tem vários elementos naturais e históricos sujeitos à lucro. Os indivíduos que habitam no rural poderiam dedicar-se à conservação e proteção do meio ambiente, com o "movimento de renaturalização", por meio do desenvolvimento sustentável, com projetos de preservação ambiental e pela busca da autenticidade, mediante a manutenção e valorização de patrimônios históricos e culturais, em contraponto ao processo de mundialização; ou com o turismo e lazer, com a denominada "mercantilização de paisagens" (FERRÃO, 2000, s/p).

Portanto, a constituição dos assentamentos rurais como política pública direcionada ao meio rural pode significar a possibilidade de inserção econômica, social e política de famílias, uma mudança de vida. Entretanto, contrapondo essa ideia, há mitificações que contribuem mais para o empobrecimento do que para qualificar o debate sobre assentamentos, o que deixa evidente sua complexidade e seus desafios:

> Caracterizam-se os assentamentos como favelas rurais, espaços de indigência formados por pessoas "estranhas" à agricultura e que deveriam, na melhor das hipóteses, ser objeto de políticas assistenciais, exemplo do desperdício dos recursos públicos e demonstração do fracasso da reforma agrária (FRANÇA, 2004, p. 12).

Assim, no sentido de esclarecer melhor essas visões, o próximo capítulo deste livro versa a respeito dos "assentamentos rurais".

3

# ASSENTAMENTOS RURAIS

Os assentamentos rurais são entendidos como uma forma de reinserção de famílias no processo produtivo, geração de renda e surgimento de novos atores sociais, dinamizando o local. Historicamente, o acesso à terra foi conquistado por meio de conflitos e respostas políticas aos grupos que reivindicavam uma reestruturação do uso e da posse da terra. Por conseguinte, o objetivo deste capítulo é examinar aspectos relativos aos assentamentos rurais: origem e conceitos, o processo histórico da questão fundiária no Brasil, com a concentração de terras, a pobreza e a desigualdade no meio rural; a reforma agrária e suas nuances, bem como aspectos relevantes sobre os assentamentos rurais, as políticas públicas e os fatores que afetam o desenvolvimento desses assentamentos cuja composição principal é a agricultura familiar.

## 3.1 Origem e conceitos

Para iniciar o estudo desta temática, faz-se necessário investigar a origem do termo "assentamento", que surgiu no vocabulário jurídico e sociológico no contexto da reforma agrária venezuelana, em 1960, e posteriormente difundido para outros países. Desse modo, o termo pode ser definido: "como a criação de novas unidades de produção agrícola, por meio de políticas governamentais visando ao reordenamento do uso da terra em benefícios dos trabalhadores rurais sem terra ou pouca terra" (BERGAMASCO; NORDER, 1996, p. 7). Entende-se que o vocábulo remete à fixação do trabalhador na terra e no cultivo agrícola; entretanto, é imperioso considerar as condições adequadas para o alcance dessa finalidade.

O Instituto Nacional de Colonização e Controle da Reforma Agrária (Incra) define assentamento rural como "um conjunto de unidades agrícolas independentes entre si, instaladas pelo Incra onde originalmente existia um imóvel rural que pertencia a um único proprietário" (INCRA, 2019, s/p). A expressão "assentamento rural", "criada no âmbito das políticas públicas para nomear um determinado tipo de intervenção fundiária, unifica e muitas vezes encobre uma extensa gama de ações, tais como compra de terras, desapropriação de imóveis ou mesmo utilização de terras públicas" (MEDEIROS; LEITE, 2004, p. 17).

Em sua grande maioria, as intervenções tinham como escopo a regularização de áreas ocupadas por posseiros. A política pública direcionada para essa finalidade é a reforma agrária, que pode ser conceituada como a intervenção do Estado no âmbito rural, modificando a estrutura agrária de uma região com o escopo de uma distribuição mais equânime da terra e, consequentemente, da renda agrícola, sendo que essa parcela de terra se denomina assentamento.

Nessa linha de pensamento parecida com a dos autores anteriormente mencionados, Veiga (1984, p. 7) já explicava, tempos antes, que "a modificação da estrutura agrária de um país, ou região, com vistas à uma distribuição mais equitativa da terra e da renda agrícola é a definição mais usual de reforma agrária". É uma ação planejada e diretiva, diferente da transformação agrária imposta pelo crescimento econômico, reconhecida como mudança natural ou espontânea do perfil fundiário de uma região. O autor ainda destaca que a reforma agrária é sempre o resultado de pressões sociais contrárias e depende da evolução da conjuntura política do país, tornando-se um elemento essencial nas estratégias de desenvolvimento econômico a partir do final da Segunda Guerra Mundial, quando todas as organizações internacionais incentivaram sua realização.

No âmbito teórico, García (1973) assevera a existência de três modelos de reforma agrária na América Latina:

a. reforma agrária estrutural: há uma revolução social, que ocasiona mudanças profundas nas relações sociais do território, iniciando na modificação da própria estrutura social e política-historicamente instituída; "integran un processo nacional de transformaciones revolucionárias en las esferas de la economía, la cultura, el Estado, la organización social y política[8]" (GARCIA, 1973, p. 27);

b. reforma agrária convencional ou conservadora: baseada em uma reforma agrária residual, é composta por interesses colidentes dentro de um mesmo sistema de governo – de um lado, os setores favoráveis a uma reforma agrária ampla e massiva e, de outro, setores ligados à aristocracia rural, que visam à expansão do agro-

[8] Integram um processo nacional de transformações revolucionárias nas esferas da economia, da cultura, do Estado, da organização social e política.

negócio e manutenção de uma estrutura fundiária arcaica; reforma agrária ampla e massiva é ajustada na concessão de acesso à terra para os camponeses a partir de medidas paliativas que têm por propósito a contenção das pressões exercidas pelos movimentos socioterritoriais, modificando o funcionamento da estrutura agrária sem consideráveis mudanças nas normas institucionais da sociedade tradicional; "Constituyen una operación negociada entre fuerzas sociales antagónicas de antigua o reciente formación [...] suas líneas ideológicas correspondem al sistema de partidos institucionalizados que negocian la reforma[9]" (GARCIA, 1973, p. 28);

c. reforma agrária marginal: o objetivo era estabelecer o monopólio sobre a terra, por meio de uma reparação artificial, controlando a pressão dos movimentos de luta pela terra; "Operan, exclusivamente, en una línea de modernización tecnológica o de ampliación de la infraestructura física, yasea por medio de recursos estatales de inversión o de reformas superficiales o de caráter marginal[10]" (GARCIA, 1973, p. 29).

Guanziroli *et al.* (2001, p. 188-189) apresentam as visões sobre o papel da reforma agrária no processo de desenvolvimento econômico do país, a saber:

a. visão do Novo Mundo Rural: considera muito limitadas as possibilidades de criação de empregos agrícolas por meio de assentamentos e de apoio à agricultura familiar. Sugere uma reforma agrícola não essencialmente agrícola, voltada para atividades rurais, porém não agrícola, tais como turismo rural, pesque-pague e artesanato, sendo que essa visão é defendida por José Francisco Graziano da Silva (1985), que foi diretor-geral da FAO de 2012 a 2019 e responsável pela implantação do "Programa Fome Zero" no Brasil, em 2003;

b. a proposta do Market Oriented Land Reform: formulada pelo Banco Mundial, cuja gênese é o reconhecimento de que pode haver a distribuição de terra no processo de crescimento econômico com a diminuição das desigualdades sociais, desde que a reforma agrária seja efetuada pelos mecanismos de créditos fundiários;

9 "Constituem uma operação negociada entre forças sociais antagônicas de formação antiga ou recente [...] suas linhas ideológicas correspondem ao sistema de partidos institucionalizados que negociam a reforma".

10 "Operam exclusivamente numa linha de modernização tecnológica ou de expansão da infraestrutura física, seja através de recursos de investimento estatais ou de reformas superficiais ou marginais".

c. a reforma ampla, massiva e imediata do MST: fundamentada nas reformas agrárias dos países asiáticos (Coréia, Japão, Taiwan, China, Vietnã, Indonésia, nos anos de 1950), que, em condições atípicas (guerras e revoluções), conseguiram eliminar o latifúndio das áreas rurais e a implantação da agricultura familiar;

d. a visão da reforma agrária viável: denominada também de Política de Assentamentos, tem elementos de todas as visões já mencionadas; contempla o rural não agrícola, mas não exclui o fomento às atividades agropecuárias; utiliza do crédito fundiário, mas não exclui outros mecanismos de obtenção e acesso à terra como desapropriação, a discriminatória e a regularização fundiária, tendo por escopo a celeridade, respeitando a lei e sendo democrática. Nesta visão, "a reforma agrária continua sendo um instrumento legítimo para dar acesso aos trabalhadores a um bem essencial à produção, que é a terra, e com base nesta permitir o acesso a outros meios necessários" (GUANZIROLI *et al.*, 2001, p. 189). Portanto, representa uma política importante na geração de empregos no âmbito rural.

É nessa última visão que este trabalho se concentrará. "Os assentamentos representam um esforço de reapropriação e reorganização de espaços agrários, áreas antes ocupadas por lavouras canavieiras ou destinada à especulação e apropriadas por grandes empresas. Em geral consideradas decadentes" (GUANZIROLI *et al.,* 2001, p. 208).

A reforma agrária se assenta em dois pilares, de acordo com Oliveira (2007): a política fundiária e a política agrícola. Na política fundiária, está incluído o conjunto de legislações que estipulam os tributos incidentes sobre a propriedade privada da terra; as legislações especiais que regulam seus usos e jurisdições de exercício de poder; e programas de financiamentos para a aquisição da terra. A política agrícola, por sua vez, alude ao conjunto de ações de governo que objetiva implantar, nos assentamentos de reforma agrária, a assistência social, técnica, de fomento e de estímulo à produção, à comercialização, ao beneficiamento e à industrialização dos produtos agropecuários. Estão incluídos nessas ações: educação e saúde pública, assistência técnica, financeira, creditícia e de seguros, programas de garantia de preços mínimos e demais subsídios, eletrificação rural e outras obras de infraestrutura, construção de moradias e demais instalações necessárias etc. De certo modo, a ideia expressa pela reforma agrária já existia há muitos séculos, em várias partes do mundo, como exigência de acesso à posse e propriedade da terra:

> A reforma agrária só se colocou verdadeiramente como uma exigência social premente em países ou regiões em que existia uma grande massa de lavradores impedidos de ter acesso à propriedade de terra. Só em situações desse tipo é que ganhou uma força social a ideia de que a terra deve pertencer a quem trabalha. Foi assim em Roma, no século II A.C., quando as terras de domínio público do Lácio e da Etrúria Meridional foram paulatinamente monopolizadas pela nobreza. Foi assim nas inúmeras revoltas camponesas da Idade Média e do Renascimento, particularmente nos séculos XIV e XV, quando muitos camponeses conquistaram a sua emancipação. Foi assim durante a Revolução Francesa, quando as terras da Igreja e de parte da nobreza foram confiscadas e leiloadas. Foi assim também em todas as reformas agrárias contemporâneas, desde as que exigiram sangrentas guerras civis, até as que se anteciparam a tais convulsões (VEIGA, 1984, p. 11).

Moraes (1960, p. 43) destaca que a questão agrária é tão antiga quanto a civilização: "desde que o homem se organizou em torno da agricultura, o que teria ocorrido no neolítico, e os excedentes sociais permitiram uma nova estruturação da sociedade". Foi em Roma que ocorreu a gênese de reforma agrária, proposta pelos irmãos Gracco, Tibério e Caio, no final da República: "um dos objetivos dessa reforma era garantir o reforço do poder militar e a expansão do domínio romano, pois previa a distribuição das terras conquistadas aos pobres, para que tivessem o direito de juntar-se ao exército romano" (LERRER, 2003, p. 54). Isso ocorreu devido ao fato de que apenas os proprietários de terras poderiam alistar-se, sendo que os pobres eram excluídos dos deveres cívicos e direitos de cidadania. A reforma agrária em Roma tinha por objetivo elevar o nível social dos camponeses "despojados de suas terras em virtude de um sistema agrícola resultante da concentração dos economicamente mais poderosos na produção de tipos especiais de culturas, como a oliveira, e de criação, como a de carneiros" (MORAES, 1960, p. 44).

No Egito, a reforma agrária, regulamenta pela lei de 1952, estabelece que não é possível o indivíduo possuir mais de 200 feddans (4 hectares) de terras agrícolas, exceto, de acordo com Carli (1985, p. 47):

a. é autorizado às sociedades e associações possuir mais de 84 hectares de terras a beneficiar, desde que as destine à venda;
b. é autorizado aos particulares possuir mais de 84 hectares de terras não irrigáveis, para beneficiá-las, não sendo terras passíveis de desapropriação dentro de um período de 25 anos;

c. idêntica inserção é outorgada às sociedades industriais, sociedades agrícolas e científicas, bem como às associações de beneficência. A reforma agrária comporta três concepções distintas, em termos de políticas públicas, conforme Fillipi (2005, p. 3):

1. "clássica": é o da distribuição massiva de terras, modelo típico de reforma agrária implantada nos países centrais ao longo dos séculos XVIII até o período da Segunda Grande Guerra (1939-1945). Exemplos: a distribuição de terras entre a burguesia emergente e a plebe, que construíram a República após a vitória na Revolução Francesa (1789), a reforma agrária bolchevique russa nos anos 1920, entre outros;

2. "colonização": ocupação de terras inexploradas que pode comportar diferentes objetivos: expansão das atividades agrícolas e/ou ocupação estratégica de porções territoriais "desertas" (vide a colonização da Amazônia nos anos 1960 e 1970);

3. "assentamentos rurais": fruto de desapropriações, o assentamento rural é o tipo de ocupação do espaço rural que dá espaço à construção de atividades rurais de cunho familiar (individual e coletivo).

A América Latina foi considerada um "laboratório de Reformas Agrárias" (CARLI, 1985, p. 98). No México, a Lei da Reforma Agrária "é uma consequência tanto na sua reivindicação sangrenta como no contexto legal da estrutura altamente defeituosa da distribuição de terra nesse país [...]". "De 1916 até 31 de agosto de 1958 foram distribuídos 38.245.627 hectares, isto é, cerca de 16% de toda superfície, beneficiando 2.117.970 camponeses" (CARLI, 1985, p. 110). Por sua vez:

> [...] a reforma agrária mexicana, iniciada em 1915 e desmantelada em 1991 pelo presidente Carlos Salinas de Gortari com a promulgação da "Nova Lei Agrária", foi, incontestavelmente, a mais importante, a mais duradoura e a que atingiu o maior contingente de famílias e territórios em toda a América Latina (FILLIPI, 2005, p. 3).

Esse último autor faz um relato de aspectos importantes dos fatos que envolveram a reforma agrária mexicana:

> Dentre as causas da revolução encontra-se a resistência à ditadura imposta pelo General Porfírio Díaz que, de 1876 a 1911, governou o México com mão-de-ferro. O chamado

> porfiriato consistia na proteção político-institucional da elite agrária do México independente, composta essencialmente de latifundiários brancos (de origem espanhola). Em um país majoritariamente constituído por uma população camponesa com fortes raízes indígenas e mestiças, a resistência ao porfiriato foi uma constante até a eclosão da rebelião camponesa na década de 1910. Emiliano Zapata, Francisco Pancho Villa, o advento da Constituição de 1917 e o governo de Venustiano Carranza são personagens e eventos que sustentaram a luta popular até a concretização da reforma agrária mexicana. Coube a Venustiano Carranza a desapropriação das grandes haciendas, e a consequente distribuição entre os trabalhadores rurais – com proibição de venda e/ou hipoteca –, propriedade dos adversários da Revolução Mexicana (FILLIPI, 2005, p. 23).

Após a Revolução Mexicana, foi na Guatemala a primeira tentativa de reforma agrária, realizada pelo governo Jacobo Arbenz: "em apenas 18 meses de aplicação, a Lei de 1952 chegou a beneficiar aproximadamente 100 mil famílias de lavradores através da desapropriação de 1.889 latifúndios" (VEIGA, 1984, p. 61). A pretensão de Arbenz era a promoção da industrialização e a repartição das terras na Guatemala. Dessa forma, em junho de 1952, o Congresso guatemalteco aprova a Lei de Reforma Agrária, cujos principais objetivos eram: "(i) a eliminação dos "resquícios de feudalismo"; (ii) eliminar as formas de servitude ainda presentes no meio rural do país; (iii) promover a emancipação econômica dos pobres e do contingente desprovido de terras; e (iv) promover a distribuição de crédito e de assistência técnica pública aos agricultores assentados" (FILLIPI, 2005, p. 25).

A reforma agrária realizada na Bolívia: "o exército foi derrotado por um levante armado dos camponeses auxiliado pelos carabineros. O presidente eleito no ano anterior – Paz Estensoro – pôde assim ser empossado e um forte programa de sindicalização, organiza em poucos meses 200 mil lavradores" (VEIGA,1984, p. 61), sendo que uma ampla reforma atinge o conjunto do país, com 110 mil famílias sendo assentadas em uma área superior a 3,6 milhões, sem que os ex-proprietários fossem devidamente indenizados nos termos da lei, conforme explica o autor. Ainda dentro da temática, "um importante condicionante para o sucesso de reformas agrárias é aliar a distribuição de terras a um conjunto de políticas que garantam a competitividade dos seus beneficiários, o que não ocorreu na maioria dos casos na América Latina", relatam Leite e Ávila (2007, s/p). Acrescentam que, nas reformas peruana e boliviana, os beneficiários não tiveram acesso a essas políticas, enquanto no caso mexicano houve redução nos investimentos públicos; já no Chile, a falta de acesso ao crédito levou parte do público atendido a vender suas terras. Portanto, entendem que uma importante lição seria a necessidade de se adotar políticas de desenvolvimento rural e regional, no sentido também de fomentar, ou pelo menos não inibir, as atividades não agrícolas correlacionadas aos assentamentos rurais.

Na Itália, há duas realidades distintas no mesmo país: o Norte industrializado, fruto do emprego de processos técnicos eficientes, mecanização, irrigação e de fertilizantes, aspectos atrelados à fertilidade do solo, vindo a se tornar referência na Europa, elevando a vida do camponês com relação à habitação, uma vez que o Estado lhe proporciona assistência técnica, financeira e uma gama de possibilidades de vida social no seu próprio núcleo. Já no Sul, há dedicação à cultura extensiva do trigo e os camponeses vivendo em uma pobreza extrema. Em 1947, começaram a ser estudados planos para o desenvolvimento econômico e social dessa parte da Itália, e a reforma agrária, de finalidade econômica e social, passou a ser considerada como um elemento essencial para o programa de desenvolvimento nacional. Foram desapropriados 500 mil hectares e feita a distribuição aos camponeses que, após dois anos e mediante o pagamento de pequena parcela no prazo de 30 anos, se tornariam proprietários da área, sendo que um total de 100 mil camponeses foram beneficiados. Como resultado, aumentou a produção agrícola, elevou-se a renda e decresceu a disparidade dos padrões de vida dos habitantes (MORAES, 1960).

Leite e Ávila (2007) destacam lições de sucesso/insucesso de várias reformas agrárias realizadas nas últimas décadas. Assim, são fatores importantes para essas reformas serem bem-sucedidas:

a. existência de um aparato governamental, com vontade política e segurança jurídica para os novos donos da terra;

b. política macroeconômica favorável (taxas de juros, câmbio, política agrícola);

c. apoio técnico, organizacional e financeiro aos beneficiários (de forma não centralizada e não burocrática);

d. experiência gerencial dos beneficiários e infraestrutura previamente disponível;

e. incentivos econômicos aos beneficiários (controle de seu próprio trabalho), apoiando a produtividade e a formação de empresas não agrícolas;

f. restituição para os ex-proprietários, estimulando o investimento em outros setores;

g. estruturação de capital social, com a participação dos beneficiários na definição de seus destinos;

h. política agrária correta (bons sistemas de registro, planejamento e tributação da terra).

Para Leite e Ávila (2007), a reforma agrária deve ser entendida não somente como uma política de distribuição de ativos fundiários (*land reform*), mas como um processo mais geral (*agrarian reform*) que envolve o acesso aos recursos naturais (terra, água, cobertura vegetal no caso dos trabalhadores extrativistas etc.), ao financiamento, à tecnologia, ao mercado de produtos e de trabalho e, especialmente, à distribuição do poder político.

No Brasil, conforme dados do Incra (2022), há 9.444 assentamentos rurais, distribuídos em uma área de 87.840.5540 hectares; há 959.186 famílias vivendo atualmente em assentamentos criados ou reconhecidos pelo Incra, fruto de um processo histórico desde a colonização brasileira. Para Guanziroli *et al.* (2001, p. 208), "as atividades agrícolas e pecuárias dos assentados, além de proporcionar-lhes meios de vida e de adquirir funções políticas de delimitação de território, descortinam possibilidades de novas formas de utilização do solo".

Para os autores Bergamasco e Norder (1996, p. 10), a implementação de assentamentos rurais no Brasil foi fruto de uma tentativa de dirimir a violência dos conflitos sociais no campo a partir da década de 1980, não tendo decorrido de uma política deliberada de desenvolvimento exclusivo para o atendimento das populações rurais. Dessa forma: "a conquista da terra não significa que seus ocupantes passem a dispor da necessária infraestrutura social (saúde, educação, transporte, moradia) e produtiva (terras férteis, assistência técnica, eletrificação, apoio creditício e comercial)" (BERGAMASCO; NORDER, 1996, p. 10). Em sendo dessa maneira, significa que, após a posse da terra, se faz necessária uma nova luta, para a obtenção de condições econômicas e sociais favoráveis ao estabelecimento desses agricultores.

## 3.2 Os primórdios da posse da terra no Brasil

A posse da terra sempre esteve concentrada na economia brasileira, sendo que a gênese dessa concentração está no sistema de colonização e nas leis que a seguiram. No período do descobrimento do Brasil, os portugueses se apossaram das terras e posteriormente as dividiram em capitanias com a intenção de ocupação e garantir a soberania da Coroa portuguesa. Essas terras foram concedidas a seus donatários, que distribuíram parte das terras aos colonizadores, cujo sistema ficou conhecido como Sesmarias, com extensões imensas de terras, sendo a origem da grande estrutura latifundiária no país. Relevante mencionar que, devido à abundância de terras, o uso extensivo de mão de obra assalariada era impossível, sendo utilizado o sistema de escravatura: "Desde o período das capitanias hereditárias, passando por diversos ciclos econômicos (açúcar, mineração, pecuária, borracha, algodão e café) até os dias atuais, a questão de terra sempre esteve presente no debate político nacional" (MATTEI, 2012, p. 15).

No período imperial, a Constituição de 1824 transferiu ao governo imperial a propriedade de terras devolutas do país, sem democratização no acesso à terra. "No início do século XIX, a extinção do regime de Sesmaria, aliada à ausência de outra legislação regulando a posse das terras devolutas, provoca uma rápida expansão dos sítios desses pequenos produtores", conforme Silva (1985, p. 24). No mesmo século, há uma derrocada no regime escravocrata, pressionado pela Inglaterra, que estava interessada em um mercado consumidor para seus produtos, e não somente em vender escravos. Assim, em 1850, o Brasil proíbe o tráfico negreiro.

Nesse contexto, foi criada a primeira Lei de Terras no Brasil, Lei n.º 601, de 18 de setembro de 1850, promulgada por Dom Pedro II, resultado da pressão dos ingleses para a abolição da escravidão brasileira e substituição desta pelo trabalho assalariado, pois o escravo deveria tornar-se livre para vender sua força de trabalho, não para se tornar proprietário. A lei instituía que qualquer cidadão brasileiro poderia transformar-se em proprietário privado de terras. Entretanto, para gozar desse direito, era necessário pagar certo valor à Coroa, fato que, em termos práticos, nem todos tinham acesso à propriedade por causa do poder aquisitivo. Grosso modo, essa lei era um instrumento de manutenção dos direitos da grande propriedade, além de estabelecer critérios e medidas que impuseram ao trabalhador livre à submissão à grande propriedade monocultora e exportadora. Para Martins (1995, p. 41-42): "Tal lei instituía um novo regime fundiário para substituir o regime de sesmarias suspenso em julho de 1822 e não mais restaurado, [...] transformava as terras devolutas em monopólio do Estado e controlado por uma forte classe de grandes fazendeiros".

A Lei de Terras de 1850 pode ser considerada, nos seus 20 artigos, uma tentativa de corrigir os erros cometidos nas concessões das sesmarias (período colonial) e o começo da independência até sua promulgação (o crescimento do número de posseiros) e, no bojo das alternativas, promover a imigração com o intuito de substituir o trabalho escravo. Essa lei é expressiva no que alude à ocupação da terra no Brasil, pois, a partir dela, a terra deixou de ser apenas um privilégio e passou a ser encarada como uma mercadoria capaz de gerar lucros. Após quatro anos de sua promulgação, a Lei de Terras foi regulamentada e executada por meio do Decreto 1318, de 30 de janeiro de 1854, mantida pela Constituição de 1891, sendo que o Código Civil de 1916 regulamentou o arrendamento, a locação de serviços e a parceria na agropecuária, continuando, assim, com as condições legais para a vigência de grandes propriedades rurais no país (CAVALCANTI, 2003).

No período de 1930 a 1945, a estrutura fundiária teve uma fragmentação devido às crises da economia cafeeira, uma vez que as grandes propriedades de café foram desmembradas, vendidas ou cedidas aos pequenos agricultores, segundo Silva (1985, p. 26):

> O período que se estende de 1933 a 1955 marca uma nova fase de transição da economia brasileira. Nesse período, o setor industrial vai se consolidando paulatinamente e o centro das atividades econômica começa vagarosamente a se descolar do setor cafeeiro.

A indústria vai assumindo o centro econômico, e o país, deixando de ser eminentemente agrícola. Leite *et al.* (2004, p. 38) afirmam que a questão agrária passou a ser ligada à ideia de "desenvolvimento econômico" e que, "logo no início da redemocratização, em 1945, foi discutido no Parlamento um projeto de Código Rural que, abrangente, buscava estabelecer normas para os mais diferentes aspectos da vida rural". Além disso, concomitantemente, vários projetos de reforma agrária foram surgindo, com a finalidade de democratizar a propriedade, sendo que esse modelo de desenvolvimento econômico era gerador de conflitos sociais.

No Brasil, são históricas as tentativas de ordenar a ocupação do solo, tendo sido constantes por parte de intelectuais e políticos do século XIX, bem como a questão da propriedade da terra. Esse processo de ocupação do campo deixa marcas, sendo natural ao processo de desenvolvimento conflitos sociais no campo, sendo o território capitalista brasileiro um produto de conquista e destruição do território indígena (OLIVEIRA, 2007). Nesse sentido, é importante destacar que:

> [...] o conflito social que se instaurou nas áreas rurais do país está diretamente relacionado ao modelo de desenvolvimento agrário do Brasil, o qual está ancorado em dois pilares básicos: na concentração de terras e na exclusão social dos pequenos agricultores e dos camponeses tradicionais (MATTEI, 2014a, p. 15).

Conforme Fernandes (1993, p. 790), "não há atividade coletiva sem mudança, do mesmo modo que não existe vida social sem antagonismos", assim como "o conflito tende a gerar a mudança e esta pode produzir o conflito" (p. 790). Santos, J. (2000, s/p) sintetiza os principais atributos da violência no campo: "uma violência difusa, de caráter social, político e simbólico, envolvendo tanto a violência social como a violência política". Ainda sobre a vida no campo:

> No Brasil, a luta pela terra iniciou praticamente durante o período colonial quando começou a aflorar a questão da reforma agrária sob reivindicação, ao lado das lutas que pregavam abolição da escravatura. A história dos conflitos rurais do século 19 foi marcado pelo 'banditismo social' (cangaceiro do nordeste, por exemplo) e os movimentos camponeses de conotação messiânica. Entretanto, até 1950 nenhuma organização real, seja sindical ou outra conseguiu verdadeiramente unir os agricultores ao resto dos trabalhadores rurais. Algumas tentativas, no entanto, foram feitas no decorrer dos anos vinte e trinta, chegando mesmo a serem fundados sindicatos agrícolas, tendo alguns deles se estruturados de maneira eficiente nos Estados do Rio de Janeiro, Rio Grande do Norte, Pernambuco e Bahia (ALMEIDA, 2009, p. 53-54).

Esses conflitos pela busca da posse da terra é uma busca pela concretização do direito ao trabalho, sendo mais do que o trabalho assalariado: "A terra significa mais do que um emprego ou ocupação porque possibilita o 'trabalhar para si', portanto, uma condição de liberdade e 'fartura' (produção para garantir o sustento da família)" (SAUER, 2005, p. 69). De outro modo, significa um trabalho sem os "mandos de um patrão" e uma realidade ausente de privações materiais:

> A terra, no entanto, não é representada apenas como um meio ou instrumento de trabalho ou de produção. O processo de luta e a construção simbólica colocam a terra também como um lugar de vida, uma moradia, capaz de acolher e dar sentido à existência. ela representa um local de pertencimento, de construção real e simbólica do ser, um vir-a-ser que é estar em um lugar (SAUER, 2005, p. 70).

Por causa da magnitude desse direito, os conflitos se tornaram mais evidentes no final da década de 1940, quando passaram a ser conhecidos pela sociedade, mediados e divulgados pelo Partido Comunista Brasileiro (PCB), pelas Ligas Camponesas e pela Igreja Católica (MEDEIROS, 2003). A seguir, de forma resumida, a cronologia dos movimentos camponeses ocorridos a partir de 1945, revelando os conflitos por terra nessas décadas.

Quadro 6 – Cronologia dos movimentos camponeses

| Cronologia dos movimentos camponeses | |
|---|---|
| **1945-1957**- Ocorrência de diversos conflitos de terra envolvendo milhares de camponeses em importantes regiões do país entre eles: Revolta dos posseiros em Teófilo Otoni (MG); Revolta de Porecatu (PR); Revolta de Dona Nhoca (MA); Revolta de Trombas e Formoso (GO); Revolta do Sudeste do Paraná.<br>**1945-1947**- Surgimento das primeiras ligas camponesas em Goiás, Rio de Janeiro e São Paulo (extintas logo depois).<br>**1953-1964**- Surgimento e atuação das Uniões de Lavradores e Trabalhadores Agrícolas do Brasil (ULTABS) estimuladas pelo Partido Comunista.<br>**1954**- Surgimento dos primeiros sindicatos de assalariados rurais (baseados na legislação para os trabalhadores urbanos), em Itabuna (BA), Campos (RJ), Usina Barreiros (PE) e interior de São Paulo.<br>**1954-1964**- Ressurgimento das ligas camponesas e expansão para Pernambuco e mais 16 Estados. Incremento da luta por uma reforma agrária mais radical.<br>**1958-1963**- Surgimento e atuação do Movimento dos Agricultores Sem Terra (Máster) no Rio Grande do Sul, influenciado pelo PTB.<br>**1962-1964**- Organização de um movimento pastoral por parte da ala conversadora da Igreja Católica para combater o comunismo no campo, em diversas dioceses.<br>**1963**- Fundação da Confederação Nacional dos Trabalhadores na Agricultura (CONTAG). Aumento do número de sindicatos de trabalhadores rurais | **1964**- A repressão aos movimentos camponeses é intensificada com o golpe militar. As ligas camponesas são colocadas na ilegalidade.<br>**1971**- Criação do Funrural, um serviço de previdência rural que tenta se utilizar dos sindicatos rurais e transformá-los em órgãos assistencialistas, desfigurando seu caráter classista.<br>**1975**- Criação da Comissão Pastoral da Terra pelos progressistas do clero católico (CPT) visando à organização e conscientização dos camponeses;<br>**1979**- Retomada das lutas pela terra em diversos Estados. Surgimento de oposições sindicais nos sindicatos de trabalhadores rurais.<br>**1984**- Fundação do Movimento dos Trabalhadores Rurais Sem Terra (MST), em Cascavel (PR), com representantes de 16 Estados.<br>**Década 1990**- Surgimento de diversos movimentos autônomos, como Conselho Nacional dos Seringueiros (AC), Movimento dos Atingidos por Barragens – MAB, Movimento Nacional dos Pescadores – MONAPE, Movimento das Mulheres Trabalhadoras Rurais - MMTR, Movimento das Quebradeiras de Coco |

Fonte: Stédile (1997, p. 17)

Bergamasco e Norder (2003, p. 35) asseveram que "O conflito pela posse da terra torna- se tão agudo que o Estado é forçado a sair do marasmo agrário". Esses conflitos ocasionaram, além de manifestações, exílios, prisões e mortes, entretanto serviram como uma forma de pressão para o posicionamento do governo com relação à reforma agrária. Foi por meio desses que se reconheceu a grande necessidade de inclusão da reforma agrária na agenda pública; era a materialização de uma possível solução ao problema agrário brasileiro, ou seja, um problema de propriedade e posse da terra, um empecilho para o progresso social.

### 3.3 A reforma agrária na agenda pública

Para Mattei (2012, p. 308), "a reforma agrária significa uma modificação radical da estrutura agrária de um país, de tal modo que o acesso à terra seja democratizado e, consequentemente, contribua para melhorar o nível de distribuição da riqueza gerada pela população rural". Diante disso, entende-se que a distribuição igualitária da terra é um dos indicadores mais importantes para se medir o caráter democrático ou não de sociedades que se constituíram a partir de bases agrárias. Apesar dessa importância, o Brasil apenas se debruçou ao debate do problema do acesso à terra em 1945, pois foi compreendido como um obstáculo ao projeto de desenvolvimento industrial – Modelo de Substituição de Importações. Aflorava, assim, o debate da reforma agrária no Brasil.

O ano de 1946 foi um marco, pois foi eleita democraticamente uma Assembleia Constituinte, cujo intuito era a elaboração da Constituição brasileira. Foi nessa Assembleia Constituinte que se mencionou pela primeira vez a necessidade de uma reforma agrária. O então Senador Luís Carlos Prestes, no período de 1946-1948, apresentou uma proposta de projeto de lei, que defendia a tese de que a concentração de terras no Brasil gerava graves problemas, impedindo, assim, o desenvolvimento do meio rural, sendo necessária como solução uma reforma que distribuísse as terras para quem quisesse trabalhar. Essa proposta incorporava à Constituição o preceito da função social da propriedade. Dessa forma, as terras mal utilizadas deveriam ser desapropriadas e voltarem ao poder do Estado, o qual faria novamente a redistribuição. Entretanto, naquela época, a proposta foi derrotada pela maioria conservadora do Parlamento, em que pese ela ter sido considerada como um avanço no que tange ao entendimento do problema agrário e que o governo estava apto a solucionar se fosse do interesse da sociedade, pois dispunha de um mecanismo constitucional.

Era de se esperar, devido à importância do tema, que o debate perpassasse o âmbito dos partidos políticos, apresentando propostas e preferência da população. No entanto, não foi esse o caso, pois a contribuição dos partidos foi pequena, e os sindicatos avançaram em espaços próprios da atividade partidária, fato atrelado à sua estrutura vinculada ao Estado e à contribuição obrigatória dos trabalhadores, em que pese não oferecerem modelos alternativos de organização da economia, sociedade, já que não eram suas obrigações. Em diversos dos chamados países centrais, a reforma agrária foi realizada há muito tempo; aqui, porém, teve e tem inúmeras dificuldades de efetivação, segundo Veiga (1984, p. 8), para quem, mesmo que uma reforma agrária não surja de uma maneira abrupta: "não surge nunca de uma decisão repentina de um general, de um partido, de uma equipe governamental, ou mesmo de uma classe social, ela é sempre o resultado de pressões sociais contrárias e, ao mesmo tempo, é limitada por essas mesmas pressões".

Com as Ligas Camponesas – o primeiro movimento social de luta pela reforma agrária que ensaiou uma organização de caráter nacional –, nas décadas de 1940 a 1960, a luta pela reforma agrária ganhou dimensão nacional. Deve ser entendida não como um movimento local, mas como manifestação nacional de um estado de tensão e injustiças a que estavam submetidos os camponeses e trabalhadores assalariados do campo e das profundas desigualdades nas condições gerais do desenvolvimento capitalista no país:

> Nascidas muitas vezes como sociedade beneficente dos defuntos, as Ligas foram organizando, principalmente no Nordeste brasileiro, a luta dos camponeses foreiros, moradores, rendeiros, pequenos proprietários e trabalhadores assalariados rurais da Zona da Mata, contra o latifúndio (OLIVEIRA, 2007, p. 104).

Os movimentos sociais do campo que fomentavam a discussão da reforma agrária foram reprimidos com o golpe dos militares em 1964, sendo a reforma agrária excluída durante a ditadura. Entretanto, em função de pressão social interna e sobretudo externa, coube ao primeiro governo militar – do Marechal Castelo Branco –, ainda em 1964, a tarefa de assinar o Estatuto da Terra (Lei n.º 4.504, de 30 de novembro de 1964), que garantia a modernização da agricultura na grande propriedade e o enfraquecimento da luta dos trabalhadores no campo, além de tratar das diretrizes de projetos de colonização em áreas de fronteiras agrícolas, geridas por dois institutos:

Instituto Nacional de Desenvolvimento Agrícola (Inda) e Instituto Brasileiro de Reforma Agrária (Ibra). Posteriormente, em 1970, o Instituto Brasileiro de Colonização e Reforma Agrária (Incra) foi criado agrupando esses dois institutos (BERGAMASCO; NORDER, 1996).

Na década de 1960, o desenvolvimento da agricultura brasileira passou a ser pautada pelo Estatuto da Terra (1964) e pelo Estatuto do Trabalhador Rural (1963), sendo que essas novas peças jurídicas visavam a estimular sua modernização: "a primeira, tratando de três importantes assuntos: tecnologia, colonização e reforma agrária. A segunda, estendendo ao campo direitos trabalhistas, previdenciários e sindicais estabelecidos para trabalhadores urbanos desde a CLT de 1943" (BERGAMASCO; NORDER, 2003, p. 19).

A Lei n.º 4.504/1964 (Estatuto da Terra), no art. 1º, § 1º, conceitua reforma agrária como: "conjunto de medidas que visem a promover melhor distribuição da terra, mediante modificações no regime de sua posse e uso, a fim de atender aos princípios de justiça social e ao aumento de produtividade". Com a alegação de ter um maior conhecimento da realidade agrária brasileira, e por consequência fazer a desapropriação e o assentamento dos trabalhadores, o IBRA e, posteriormente, o Incra fizeram o cadastramento das propriedades e categorizaram, de acordo com o art. 4º dessa Lei, as propriedades com extensão inferior a um módulo, consideradas minifúndio e antieconômicas; as de extensão superior a um módulo, consideradas empresas rurais ou latifúndios, estes que se dividiam em latifúndio de exploração (inferior a 600 módulos e fossem racionalmente exploradas) e latifúndio por dimensão (extensão superior a 600 módulos, bem ou mal exploradas). O cadastramento realizado em todo o território nacional nos anos de 1967, 1972 e 1976 mostrou a realidade, o domínio dos latifundiários por extensão ou exploração.

O Estatuto da Terra inoperante estimulou a expansão dos latifundiários (ANDRADE, 1987). As determinações governamentais no período foram baseadas por estímulos à colonização da Região Amazônica, sendo uma alternativa para a produção do excedente, "ao mesmo tempo em que oferecia uma política agrícola capaz de alavancar, via financiamentos subsidiados e políticas fiscais, a modernização tecnológica e comercial do setor agrícola, sem recorrer a estrutura fundiária vigente" (BERGAMASCO; NORDER, 2003, p. 20).

No período de 1967 até 1973, o país passou a ter altos índices de crescimento, cuja época ficou conhecida como "milagre econômico brasileiro", e quase não se falou da questão agrária. Em parte, isso se atribui à repressão política, e outra parte porque o entendimento era que a questão agrária tinha sido resolvida com o aumento da produção agrícola, ocorrido com o período do "milagre". Porém, com o passar da euforia, foi notado que o crescimento acelerado havia beneficiado apenas uma minoria: "[...] de 1974 em diante, a economia brasileira deixa de apresentar os elevados índices de crescimento do período anterior, e no triênio 1975-1977 começa a se delinear claramente outra situação de crise" (SILVA, 1985, p. 9).

Medeiros e Leite (1999) mencionam que, no Brasil, os conflitos por terra foram demanda constante do sindicalismo rural, que se perpetuaram durante a década de 1970. Entretanto, o reconhecimento público da necessidade de mobilizações e pressões, com um grande público e a possibilidade de se tornar concreto, ocorreu no "III Congresso Nacional dos Trabalhadores Rurais", realizado em 1979, corroborado com as diversas manifestações de trabalhadores rurais, principalmente em áreas de conflitos, exigindo o cumprimento da lei que completava 15 anos, o Estatuto da Terra, que era o pano de fundo em que as denúncias de conflitos ganharam destaque nos meios de comunicações, até então invisíveis ao olhar do poder público e ao debate político. Os governos estaduais em 1980 também passaram a intervir por diversos mecanismos como estes:

> [...] a desapropriação por utilidade pública, criação de fazendas experimentais, arrecadação de terras públicas estaduais, compra de terras [...]. Assim, o resultado imediato foi uma mudança no desenho do aparato institucional dos executivos em diferenças unidades da federação, com a criação de organismos voltados para a questão agrária (Institutos da terra, secretarias especiais, fundos de terra, etc.) (MEDEIROS; LEITE, 1999, p. 56).

Em 1982, foi criado, em caráter extraordinário, o Ministério Extraordinário dos Assuntos Fundiários, para cuidar da agenda de disputas de terra, tendo em vista que a preocupação latente com relação à expansão dos conflitos por terra pelo Brasil tornou-se uma questão da segurança nacional. É importante observar que ocorria, nessa mesma época, a modernização da agricultura brasileira, fato que contribuiu para emergência da luta por terras e por reforma agrária.

O governo dos militares, que teve a duração de 21 anos (1964-1985), reprimiu, com o uso da força, toda e qualquer manifestação social de trabalhadores no campo e na cidade, impedindo qualquer debate a respeito. No período compreendido entre 1964 e 1985, o Estatuto da Terra foi completado e alterado por 17 decretos, duas portarias e quatro instruções especiais:

> [...] a questão agrária na legislação brasileira tornou-se algo de enorme complexidade, o que foi avaliado por Luís Edson Fachin (1993), ex-procurador geral do INCRA, [...] *a reforma agrária no sentido estrito não se realiza porque há falta de lei. Mas quando temos a lei, falta o quê? Aí a falta é outra* (BERGAMASCO; NORDER, 2003, p. 19, grifo meu).

"Os governos militares não tinham como objetivo implementar programas massivos de distribuição de terras, limitando-se a implantar os famosos projetos de 'Colonização Agrícola', cuja a estratégia era mais de segurança nacional (ocupar todas as fronteiras do país) [...]" (MATTEI, 2013, p.18). Muitas das famílias assentadas nesse período são "famílias incorporadas aos projetos de Colonização Dirigida na Região Amazônica, criados pelo regime militar para 'substituir' a reforma agrária nas regiões Centro-Sul e Nordeste" (BERGAMASCO; NORDER, 2003, p. 53). No quadro a seguir, o número de famílias assentadas por período de governo.

Tabela 1 – Assentamentos de Famílias por Períodos de Governo I

| Período | Governo | N.º Famílias Assentadas |
|---|---|---|
| 1964-1985 | Ditadura Militar | 77.465 |
| 1985-1990 | Governo José Sarney | 83.877 |
| 1990-1992 | Governo Fernando Collor | 42.516 |
| 1992-1994 | Governo Itamar Franco | 14.365 |

Fonte: Scolese (2005, p. 44)

A partir de 1985, com o fim do regime militar e início da redemocratização, o tema reapareceu com destaque na agenda pública, período denominado "Nova República" (1985- 1989). Havia movimentos sociais organizados a favor da reforma agrária, como o Movimento dos Sem Terra (MST), e os contrários, União Democrática Ruralista (UDR) e grandes cooperativas. No âmbito institucional, em 1988 entrou em vigor a nova Constituição Federal e a promulgação do Plano Nacional de Reforma Agrária (PNRA) do governo José Sarney (MATTEI, 2013). Com o I Plano Nacional de Reforma Agrária (I PNRA), em 1985, do Ministério da Reforma e do Desenvolvimento Agrário (Mirad), as metas eram, em 15 anos, assentar 7,1 milhões de trabalhadores rurais.

O I PNRA tinha como objetivo: "[...] mudar a estrutura fundiária do país, distribuindo e redistribuindo a terra, eliminando progressivamente o latifúndio e o minifúndio e assegurando um regime de posse e uso (da terra)

que atenda aos princípios da justiça social e aumento da produtividade" (SILVA, 1985, p. 77), de modo a garantir a realização socioeconômica e o direito de cidadania do trabalhador rural. O I PNRA prometia oferecer um caminho de desenvolvimento rural com o protagonismo dos agricultores familiares, excluindo o que impedia o acesso à terra aos trabalhadores rurais sem terra ou com terra insuficiente para sua sustentabilidade econômica. Esse Plano pretendia o assentamento de 1,4 milhões de famílias, em 43.090.000 hectares, durante o período 1985-1989.

O resultado obtido atesta um índice de 10,5% de realização das metas no total de terras arrecadadas e de 6,4% no total de famílias assentadas. Data dessa época a criação do Programa de Crédito Especial para a Reforma Agrária (Procera). Ele surgiu como alternativa à política tradicional de crédito rural, prevendo a realização de investimentos no assentamento e a aquisição de bens necessários à manutenção da família beneficiária. Implementado de forma assistemática e descontínua até 1993, essa linha de crédito passou a ser crucial no período 1993 a 1998, para viabilizar econômica e socialmente os assentamentos de reforma agrária (LEITE, 2008).

No final do "Governo da Nova República", apenas 86 mil famílias foram assentadas. De acordo com Mattei (2013, p. 19), a principal causa que explica o fracasso do I PNRA é que "os compromissos da 'Aliança Democrática' com os setores sociais conservadores e com os latifundiários inviabilizaram aquelas metas iniciais, e a reforma agrária ficou para segundo plano na escala dos governantes".

A partir de 1990, relata esse autor, esse cenário se agravou ainda mais com a eleição do 32º presidente da República, Fernando Affonso Collor de Melo, pois as metas em quatro anos foram fixadas em 500 mil famílias. Mas, assim que assumiu o governo, extinguiu o Ministério da Reforma Agrária e não priorizou a agenda, restringindo-se apenas à regularização de processos fundiários de períodos anteriores. "O programa de assentamentos manteve-se paralisado, não tendo havido nenhuma desapropriação de terra para fins de reforma agrária e nem sendo assentadas novas famílias de agricultores" (MATTEI, 2013, p.19). Com o *impeachment* do presidente no final de 1992, Itamar Augusto Cautiero Franco assume o governo federal, retomando um programa emergencial de reforma agrária, prevendo o assentamento de 80 mil famílias, em que pese, aproximadamente, 23 mil famílias fossem contempladas até o final da sua gestão. "Entretanto, ao final de 1994 verificou-se que foram implantados cerca de 150 projetos de assentamento, os quais atenderam aproximadamente 23 mil famílias de sem-terra" (MATTEI, 2013, p. 19).

A seguir, o número de famílias rurais assentadas do ano de 1995 a 2023 por período de governo.

Tabela 2 – Assentamentos de Famílias por Períodos de Governo II

| Período | Governo | N.º Famílias Assentadas |
|---|---|---|
| 1995 -2002 | Fernando Henrique Cardoso (FHC) | 540.704 |
| 2003 -2010 | Luiz Inácio Lula da Silva. (Lula) | 614.088 |
| 2011 -2016 | Dilma Vana Rousseff (Dilma Rousseff) | 136,689 |
| 2016 -2018 | Michel Miguel Elias Temer Lulia (Temer) | 10,516 |
| 2019-2022 | Jair Messias Bolsonaro (Bolsonaro) | 14,281 |

Fonte: a autora, a partir dados do Incra (2023)

De 1995 a 2002, Fernando Henrique Cardoso (FHC) governou o país, com a ideia de que a reforma agrária não era somente a questão econômica, mas sobretudo social e moral. Para isso, deveria haver uma integração de esforços nas esferas governamentais e sociedade, referindo-se a substituir a "velha visão fundiária" por um conjunto moderno e articulado de política pública, a começar por modificações na Constituição Federal, alterando, assim, o escopo da reforma agrária, mudando o aumento da produção agrícola pela criação de empregos rentáveis em áreas rurais. Para isso, as ações estariam acompanhadas de outros programas, como a qualificação profissional e geração de renda (MATTEI, 2013). Esse autor explica que o então presidente Fernando Henrique criou uma reforma agrária intitulada "Novo Mundo Rural", sob orientação do Banco Mundial, que propunha, entre outras ações, a compra e venda de terras em substituição à desapropriação, instrumento legal garantido constitucionalmente. Para adquirir as terras, os interessados faziam um cadastro e recebiam do governo o financiamento e teriam até 20 anos para fazer o pagamento, sem necessidade de participar de organização coletiva, sendo que os latifundiários recebiam o valor à vista.

Além da terra e do crédito, os assentados foram contemplados, por meio da Portaria n.º10/1998 do Ministério Extraordinário de Política Fundiária – sendo no ano de 2001 incorporada ao Incra com a criação, em 16 de abril de 1998, do Pronera – com uma política pública de educação do campo, desenvolvida em áreas de reforma agrária, executada pelo governo federal por meio do Incra, cujo objetivo era o fortalecimento do mundo rural como território de vida em todas as suas dimensões: econômicas, sociais, ambientais, políticas, culturais e éticas, com metodologia voltada para as especificidades do campo, contribuindo para o desenvolvimento sustentável. O público-alvo são jovens e adultos dos projetos de assentamento criados pelo Incra ou por órgãos estaduais de terra, reconhecidos pelo órgão federal, desde que haja parceria formal entre esses órgãos, condição *sine qua non* para a realização das ações do programa. Os principais parceiros são os movimentos sociais e sindicais de trabalhadores e trabalhadoras rurais, o Incra, as instituições públicas de ensino, as instituições comunitárias de ensino sem fins lucrativos e os governos municipais e estaduais.

No governo de Luís Inácio Lula da Silva (2003 a 2010), em cujo programa de governo "Um Brasil para Todos" é reconhecida a necessidade de realização de uma reforma agrária massiva e qualificada, contou com amplo apoio dos movimentos sociais agrários, sendo aprovado o Segundo Plano Nacional de Reforma Agrária (II PNRA), que estabeleceu estratégias e metas:

> Em diferentes tempos e lugares participaram da mobilização o MST e demais movimentos de luta por terra que proliferaram na década de 1990, o sindicalismo rural, os movimentos de atingidos por barragens, o Conselho Nacional dos Seringueiros (CNS), a Comissão Pastoral da Terra (CPT) (MEDEIROS; LEITE, 2004, p. 18).

Toda a estratégia governamental na área agrária concentrou-se na denominada "qualificação dos assentamentos rurais existentes", de acordo com Mattei (2013, p. 21), e "consistia em recuperar os assentamentos já realizados, os quais estavam em precárias condições, especialmente nas esferas produtiva e de infraestrutura".

O II PNRA foi apresentado em novembro de 2003, durante a Conferência da Terra, em Brasília. A reforma agrária era tida como uma necessidade para um projeto de nação "moderno e soberano", sendo que o "Plano Nacional de Reforma Agrária: Paz, Produção e Qualidade de Vida no Meio Rural" tinha como metas:

- 400 mil novas famílias assentadas até 2006, sendo 30 mil em 2003, 115 mil em 2004,
- 115 mil em 2005 e 140 mil em 2006;
- 500 mil famílias com posses regularizadas até o final de 2006, com título definitivo da terra;
- 150 mil famílias com acesso a terra por meio do Crédito Fundiário, programa que substitui o antigo Banco da Terra: 17,5 mil até o final de 2003 e outras 37,5 mil, por ano, até 2006;
- a recuperação da capacidade produtiva e a viabilidade econômica dos atuais assentamentos, bem como a universalização do direito à educação, à cultura e à seguridade social;

- reconhecimento, demarcação e titulação de áreas de comunidades quilombolas;
- a garantia de reassentamento dos ocupantes não-índios de áreas indígenas;
- a promoção da igualdade de gênero na reforma agrária, com o apoio a projetos produtivos protagonizados por mulheres;
- a garantia de assistência técnica e extensão rural, capacitação, crédito e políticas de comercialização a todas as famílias das áreas reformadas (LEITE, 2008, s/p).

Entretanto, Mattei (2013, p. 21) argumenta que esse plano "foi sequer implementado ao longo dos oito anos de governo, sendo efetivamente realizadas ações tradicionais de assentamentos, especialmente naquelas regiões de conflitos agrários". As autoridades da época justificavam a pouca expressividade das ações de política agrária, que estavam preocupadas mais "com a qualidade e não quantidade".

No governo Dilma Rousseff, ocorreu uma queda no número de famílias assentadas, comparando com os outros governos. A maioria desses números, entretanto, se refere à regularização fundiária na Amazônia, e não a decretos de desapropriação de novas áreas.

No governo Michel Temer, no ano de 2017, praticamente não foi assentada nenhuma família; extinguiu o Ministério do Desenvolvimento Agrário (MDA); ocorreu a redução do orçamento para a reforma agrária em 80%; paralisou programas de fomento à produção e comercialização dos alimentos da agricultura familiar. No mesmo ano, o Plano Safra da Agricultura Familiar teve o investimento de 30 bilhões; já para o agronegócio, ou seja, o Plano Agrícola e Pecuário (2017/2018), recebeu R$ 190,25 bilhões. Entretanto, ainda no ano de 2017, foi sancionada a Lei n.º 13.465, que "dispõe sobre a regularização fundiária rural e urbana, sobre a liquidação de créditos concedidos aos assentados da reforma agrária e sobre a regularização fundiária no âmbito da Amazônia Legal [...]".

Já Jair Messias Bolsonaro, o 38º presidente do Brasil, concentrou sua política no campo, na concessão de títulos de domínio (TD), documento que transfere o imóvel definitivamente para o assentado. "O Programa Titula Brasil foi criado para apoiar a titulação de assentamentos e de áreas públicas rurais da União e do Incra passíveis de regularização por meio de parcerias com os municípios" (BRASIL, 2023, s/p).

Foram expedidos 404.993 documentos de titulação para famílias no campo. O número se refere ao período entre janeiro de 2019 e agosto de 2022. No estado do Tocantins, foram expedidos 11.681 títulos. Ressalta-se que não ocorreu nenhuma desapropriação nesse período.

Na Tabela 3, percebe-se a evolução dos projetos de assentamento, divididos por quatro períodos e pelas grandes regiões do Brasil.

Tabela 3 – Evolução dos Projetos de Assentamento (PA) e do número de famílias assentadas em quatro períodos distintos para o Brasil e grandes regiões

| Regiões/ País | Até 1984 | | 1985 a 1994 | | 1995 a 2002 | | 2003 a 2010 | | Total | |
|---|---|---|---|---|---|---|---|---|---|---|
| | PA | famílias | PA | famílias | PA | famílias | PA | famílias | PA | famílias |
| **Centro-Oeste** | 12 | 6.655 | 77 | 14.648 | 604 | 92.246 | 497 | 97.406 | 1.190 | 210.955 |
| **Norte** | 24 | 10.163 | 195 | 23.089 | 794 | 187.510 | 967 | 293.986 | 1.980 | 514.748 |
| **Nordeste** | 12 | 2.235 | 304 | 19.355 | 1.923 | 177.425 | 1.730 | 204.805 | 3.969 | 403.820 |
| **Sudeste** | 6 | 328 | 79 | 3.096 | 317 | 25.211 | 298 | 25.820 | 700 | 54.455 |
| **Sul** | 7 | 323 | 151 | 7.448 | 506 | 27.910 | 138 | 18.843 | 802 | 54.524 |
| **Total** | 61 | 19.704 | 806 | 67.636 | 4.144 | 510.302 | 3.630 | 640.860 | 8.641 | 1.238.502 |

Fonte: Mattei (2012, p. 312)

Verifica-se a liderança da região Norte, com 42% do total de assentados. Observa-se a região Nordeste, que respondia por apenas 33% do total de trabalhadores rurais assentados, mesmo mantendo a grande maioria dos PAs; a região Centro-Oeste respondia por 17% do total. É notório o baixo número de famílias que tiveram acesso à terra nas regiões Sul e Sudeste, cada uma delas com, aproximadamente, 4% do total de assentados. "Essa liderança da região Norte pode ser explicada, por um lado, pela dimensão dos projetos de assentamento, os quais normalmente são realizados em glebas mais extensas, dando possibilidade de abrigar um número maior de agricultores" (MATTEI, 2012, p. 313). Por outro lado, o próprio processo de regularização fundiária na região pode estar influenciando o número total, considerando-se que a simples regularização da titulação da posse da terra geralmente é computada como mais um agricultor assentado (MATTEI, 2012, p. 313).

Portanto, esse embasamento histórico se fez necessário para o entendimento de que a reforma agrária no Brasil não se concretizou como uma política pública prioritária para os governos brasileiros. Verifica-se que, desde os primórdios da colonização brasileira, ela se manifesta por meio de pressão social e que, somente por meio de políticas públicas, é possível uma redistribuição de terras menos concentradora. Desse modo, os assentamentos rurais constituem a inserção econômica social e política de famílias, numa espécie de uma mudança de vida, em que famílias estabelecem novos horizontes em espaços novos, com o surgimento de outras formas organizativas, cujo estabelecimento gera mudanças de curto, médio e longo prazos, que perpassam a vida dos assentados e dos assentamentos na região, com efeitos diretos e indiretos sobre a sociedade de forma macro.

O próximo item aborda as formas de constituição dos assentamentos, a instituição responsável, as ações para o desenvolvimento e a consolidação dos assentamentos, origem dos recursos, as fases de criação e os assentamentos ambientalmente diferenciados e, por fim, as modalidades de créditos e os requisitos comuns.

## 3.4 Formas de constituição e modalidades de assentamentos

A distribuição de terras entre as famílias rurais é promovida por meio da reforma agrária, atendendo aos princípios de justiça social e ao aumento da produtividade, conforme preconiza a Lei n.º. 4.504/1964 (Estatuto da Terra). Proporciona desconcentração da estrutura fundiária pela democratização do acesso à terra e gera renda no campo. Favorece ainda: a produção de alimentos básicos; o combate à fome e à pobreza; a promoção da cidadania e da justiça social; a interiorização dos serviços públicos básicos; a redução da migração campo-cidade; a diversificação do comércio e dos serviços no meio rural e a democratização das estruturas de poder (INCRA, 2019).

A criação dos assentamentos de reforma agrária é de responsabilidade do Estado, feita por meio de portaria, publicada no Diário Oficial da União, na qual constam a área do imóvel, a capacidade estimada de famílias, o nome do PA (Projeto de Assentamento), sendo o órgão responsável o Instituto Nacional de Colonização e Reforma Agrária (Incra). "O Estado tende a tratar o assentamento e o assentado ora como beneficiário, ora como sujeito de direitos" (SCOPINHO, 2012, p. 45).

Os procedimentos técnicos e administrativos da criação e do reconhecimento dos assentamentos estão amparados pela Norma de Execução DT n.º 69/2008. O cadastro e a seleção de candidatos ao Programa Nacional de Reforma Agrária (PNRA) são realizados por meio de editais de seleção por PA, em conformidade com o Decreto n.º. 9.311/2018 e a Instrução Normativa n.º 98/2019, realizados na área de cada Superintendência Regional (SR). Existem 9.444 assentamentos em todo o país, ocupando uma área de 87.840.5540 hectares, com 959.186 famílias (BRASIL, 2023), números atualizados até dezembro de 2022.

A capacidade da terra de comportar e sustentar as famílias assentadas é o determinante para a quantidade de glebas, bem como a geografia e as condições produtivas do local são fatores decisivos para o tamanho e a localização de cada lote. Com algumas exceções, os assentados moram em casas construídas dentro do lote onde desenvolvem suas atividades rurais. Além das unidades produtivas e de moradia, alguns assentamentos contam com áreas comunitárias (agrovilas) e espaços para construção de igrejas, centros comunitários, sede de associações e ainda locais de preservação ambiental cercados e protegidos. Cada lote em um assentamento é uma unidade da agricultura familiar em seu respectivo município e demanda benefícios de todas as esferas de governo, como escolas (municipal e estadual), estradas (municipal), créditos (federal e estadual), assistência técnica (estadual e federal), saúde (municipal) e outros. Algumas dessas ações para o desenvolvimento e a consolidação do assentamento são executadas por iniciativa e com recursos do Incra por meio de parcerias com os governos locais e outras instituições públicas (INCRA, 2023).

Os assentamentos podem ser divididos de acordo com a forma de constituição em dois grandes grupos, conforme o Quadro 7 a seguir.

Quadro 7 – Formas de constituição dos assentamentos

| | |
|---|---|
| **Forma Tradicional** | Assentamentos criados por meio de obtenção de terras pelo Incra, denominados Projetos de Assentamento (PAs); os ambientalmente diferenciados, denominados Projeto de Assentamento Agroextrativista (PAE), Projeto de Desenvolvimento Sustentável (PDS), Projeto de Assentamento Florestal (PAF) e Projeto Descentralizado de Assentamento Sustentável (PDAS); |
| **Forma Alternativa** | Implantados por instituições governamentais e reconhecidos pelo Incra para acesso às políticas públicas do PNRA. |

Fonte: a autora, a partir dos dados do Incra (2023)

O primeiro grupo, dito como "forma tradicional", é dividido em cinco tipos de projetos, com características próprias, como se explica no Quadro 8.

Quadro 8 – Modalidades de projetos criados pelo Incra atualmente na forma tradicional

| **Forma tradicional** | |
|---|---|
| **Projeto de Assentamento Federal (PA)** | Obtenção da terra, criação do projeto, seleção dos beneficiários; aporte de recursos de crédito, apoio à instalação e ao crédito de produção; infraestrutura básica (estradas de acesso, água e energia elétrica), titulação (concessão de uso/título de propriedade), de responsabilidade da União. |
| **Projeto de Assentamento Agroextrativista (PAE)** | Obtenção da terra, criação do projeto e seleção dos beneficiários são de responsabilidade da União por intermédio do Incra; aporte de recursos de crédito, apoio à instalação e de crédito de produção, de responsabilidade da União; infraestrutura básica (estradas de acesso, água e energia elétrica), de responsabilidade da União; titulação (concessão de uso), de responsabilidade da União. Os beneficiários são geralmente oriundos de comunidades extrativistas; atividades ambientalmente diferenciadas. |
| **Projeto de Desenvolvimento Sustentável (PDS)** | Projetos de assentamento estabelecidos para o desenvolvimento de atividades ambientalmente diferenciadas e dirigidos para populações tradicionais (ribeirinhos, comunidades extrativistas etc.); obtenção da terra, criação do projeto e seleção dos beneficiários é de responsabilidade da União por intermédio do Incra; aporte de recursos de crédito, apoio à instalação e ao crédito de produção (Pronaf A e C), de responsabilidade do governo federal; infraestrutura básica (estradas de acesso, água e energia elétrica), de responsabilidade da União; não há a individualização de parcelas (titulação coletiva – fração ideal), e a titulação é de responsabilidade da União. |
| **Projeto de Assentamento Florestal (PAF)** | É uma modalidade de assentamento, voltada para o manejo de recursos florestais em áreas com aptidão para a produção florestal familiar comunitária e sustentável, especialmente aplicável à Região Norte; a produção florestal madeireira e não madeireira no PAF deverá seguir as regulamentações do Ibama para Manejo Florestal Sustentável, considerando as condições de incremento de cada sítio florestal; tais áreas serão administradas pelos produtores florestais assentados, por meio de sua forma organizativa, associação ou cooperativas, que receberá o Termo de Concessão de Uso; o Incra, em conjunto com Ibama, os órgãos estaduais e a sociedade civil organizada, indicarão áreas próprias para implantação dos PAFs. |

| Forma tradicional | |
|---|---|
| **Projeto Descentralizado de Assentamento Sustentável (PDAS)** | Modalidade descentralizada de assentamento destinada ao desenvolvimento da agricultura familiar pelos trabalhadores rurais sem-terra no entorno dos centros urbanos, por meio de atividades economicamente viáveis, socialmente justas, de caráter inclusivo e ecologicamente sustentáveis; as áreas serão adquiridas pelo Incra por meio de compra e venda ou ainda doadas ou cedidas pelos governos estaduais e municipais; os lotes distribuídos não podem ter área superior a dois módulos fiscais ou inferior à fração mínima de parcelamento em cada município; o desenvolvimento das atividades agrícolas deve garantir a produção de hortifrutigranjeiros para os centros urbanos; o Incra e o órgão estadual ou municipal de política agrária, ou equivalente, deverão firmar Acordo de Cooperação Técnica, visando a garantir as condições mínimas necessárias para que as famílias assentadas tenham acesso às políticas públicas para o desenvolvimento do futuro projeto de assentamento. |

Fonte: a autora, a partir de dados do Incra (2023)

No Quadro 9, a seguir, há as formas alternativas que se dividem em oito tipos.

Quadro 9 – Modalidades de projeto criados pelo Incra, atualmente, na forma alternativa

| Formas alternativas | |
|---|---|
| **Projeto de Assentamento Estadual (PAE)** | Obtenção da terra, criação do projeto e seleção dos beneficiários é de responsabilidade das Unidades Federativas; aporte de recursos de crédito e infraestrutura, de responsabilidade das unidades federativas, segundo seus programas fundiários; há a possibilidade de participação da União no aporte de recursos relativos à obtenção de terras, crédito, apoio à instalação e produção (Pronaf A e C), mediante convênio; há a possibilidade de participação da União no aporte de recursos relativos à infraestrutura básica; o Incra reconhece os projetos estaduais como projetos de reforma agrária, viabilizando o acesso dos beneficiários aos direitos básicos estabelecidos para o Programa de Reforma Agrária; titulação de responsabilidade das unidades federativas. |

| Formas alternativas | |
|---|---|
| **Projeto de Assentamento Municipal (PAM)** | Obtenção da terra, criação do projeto e seleção dos beneficiários é de responsabilidade dos municípios; aporte de recursos de crédito e infraestrutura, de responsabilidade dos municípios; há a possibilidade de participação da União no aporte de recursos relativos à obtenção de terras, crédito, apoio à instalação e produção (Pronaf A e C), mediante convênio; há a possibilidade de participação da União no aporte de recursos relativos à infraestrutura básica; o Incra reconhece os projetos municipais como de reforma agrária, viabilizando o acesso dos beneficiários aos direitos básicos estabelecidos para o Programa de Reforma Agrária; titulação de responsabilidade dos municípios. |
| **Reservas Extrativistas** | Reconhecimento pelo Incra de áreas de reservas extrativistas (Resex) como projetos de assentamento, viabilizando o acesso das comunidades que ali vivem aos direitos básicos estabelecidos para o Programa de Reforma Agrária; a obtenção de terras não é feita pelo Incra, mas pelos órgãos ambientais federal ou estadual, quando da criação das Resex. |
| **Território Remanescentes Quilombola** | Decretação da área pela União visando à regularização e ao estabelecimento de comunidades remanescentes de quilombos; aporte de recursos para a obtenção de terras, créditos e infraestrutura feitos pela União por meio de ações integradas com a Fundação Palmares e outras instituições. |
| **Reconhecimento de Assentamento de Fundo de Pasto** | Projetos criados pelo estado ou municípios; esses projetos são reconhecidos pelo Incra como beneficiários do PNRA, viabilizando o acesso das comunidades que ali vivem ao Pronaf A. |
| **Reassentamento de Barragem** | A implantação é de competência dos empreendedores, e o Incra reconhece como beneficiário do PNRA quando ele passa a ter direito ao Pronaf A, Assistência Técnica Social e Ambiental (ATES) e Pronera. |
| **Floresta Nacional** | A obtenção de terras não é feita pelo Incra, mas pelos órgãos ambientais federais quando da criação das Flonas. |
| **Reserva de Desenvolvimento Sustentável** | De competência do Ibama; são unidades de conservação de uso sustentável reconhecidas pelo Incra como beneficiárias do PNRA, viabilizando o acesso das comunidades que ali vivem aos direitos básicos como créditos de implantação e produção (Pronaf A); o reconhecimento de RDS como beneficiária do PNRA, feito por analogia, à portaria de reconhecimento das Resex. |

Fonte: a autora, a partir de dados do Incra (2023)

Ressalta-se que o Incra já criou outras modalidades de projetos de assentamento[11], as quais entraram em desuso, mas as possui cadastradas em seu Sistema de Informações de Projetos da Reforma Agrária (Sipra). As fases de um assentamento são três: 1ª) criação; 2ª) implantação: divisão dos lotes, instalação das famílias, recebimentos de créditos; 3ª) estruturação: construção de casas, abertura de estradas, energia elétrica, créditos produtivos e assistências técnicas. As famílias beneficiárias pagam pela terra que receberam e pelos créditos contratados e ainda se comprometem a explorar o lote utilizando a mão de obra exclusivamente familiar, não podendo arrendar, vender, emprestar, antes de receber a escritura do lote em seu nome, pois fica vinculado ao Incra.

Para garantir o acesso à terra, os beneficiários do Programa Nacional de Reforma Agrária recebem contratos de concessão de uso (que transfere o imóvel rural ao beneficiário da reforma agrária em caráter provisório) e, posteriormente, os títulos de domínio (que transfere o imóvel rural ao beneficiário da reforma agrária em caráter definitivo), após verificado o atendimento dos requisitos do CCU e comprovado que os assentados tenham condições de cultivar a terra e pagar por ela, desvinculando-se, assim, da tutela do Incra. A Lei n.º. 8.629/1993 regulamenta os dispositivos relativos à reforma agrária previstos na Constituição Federal. A titulação dos imóveis rurais nesses termos, bem como a verificação das condições de permanência e regularização dos beneficiários no PNRA, é estabelecida pela Instrução Normativa do Incra n.º 99, de 30 de dezembro de 2019.

Nos assentamentos ambientalmente diferenciados, como: Projeto de Assentamento Agroextrativista (PAE), Projeto de Desenvolvimento Sustentável (PDS) e Projeto de Assentamento Florestal (PAF), há o Contrato de Concessão de Direito Real de Uso (CCDRU) firmado com moradores, não sendo outorgado título de domínio, mas o documento têm o mesmo valor de outros instrumentos de titulação concedidos pelo Incra para efeito de acesso aos créditos oferecidos pela autarquia e a programas específicos do governo federal.

Todos os beneficiários do Programa Nacional de Reforma Agrária (PNRA) têm à disposição linhas de crédito que permitem a instalação no assentamento e o desenvolvimento de atividades produtivas nos lotes;

[11] As modalidades são estas: os Projetos de Colonização (PC), os Projetos Integrados de Colonização (PIC), os Projetos de Assentamento Rápido (PAR), Projetos de Assentamento Dirigido (PAD), Projetos de Assentamento Conjunto (PAC) e Projetos de Assentamento Quilombola (PAQ), disponíveis no site: http://www.incra.gov.br/assentamentoscriacao.

proporciona a oportunidade de permanecerem no campo e estar entre os principais atores do desenvolvimento do meio rural. Todos os assentados pelo Incra, quanto quem vive em áreas reconhecidas pelo instituto como locais de alcance da política, podem solicitar os recursos. O atual modelo de investimento está definido no Decreto n.º 11.586/2023.

Para ter acesso a todas as modalidades de crédito, são requisitos comuns de acesso às modalidades a atualização dos dados das famílias no Incra e a inscrição no Cadastro Único para Programas Sociais (CadÚnico). Também é preciso estar em situação regular junto ao Sistema Nacional de Concessão de Créditos de Instalação (SNCCI) e ter assinado, com a autarquia, um Contrato de Concessão de Uso (CCU), um Contrato de Concessão de Direito Real de Uso (CCDRU) ou documentos equivalentes, no caso de áreas reconhecidas.

Para as modalidades Fomento, Fomento Mulher, Florestal, Recuperação Ambiental e Cacau, também é necessária a elaboração de um projeto técnico, a ser feito por profissional habilitado. O documento de crédito habitacional deve indicar a finalidade da aplicação dos recursos – conforme definido pelos beneficiários – e o atendimento aos critérios específicos de cada modalidade.

O Sistema Nacional de Concessão e Cobrança do Crédito de Instalação (SNCCI) garante transparência e agilidade na liberação dos recursos.

> Após assinatura dos contratos com os beneficiários considerados aptos, o INCRA autoriza o Banco do Brasil a creditar o valor referente à modalidade solicitada, com movimentação feita por meio de cartão magnético individual, em nome da mulher (se for um casal de beneficiários), sendo o mesmo válido para todas as modalidades (INCRA, 2023, s/p).

No Quadro 10, há a descrição das modalidades de créditos disponíveis para os beneficiários do PNRA.

Quadro 10 – Modalidades de créditos destinados aos beneficiários do PNRA

| **Modalidades de créditos** | |
|---|---|
| **Apoio inicial** | - para apoiar a instalação no assentamento e a aquisição de itens de primeira necessidade, de bens duráveis de uso doméstico e equipamentos produtivos. O valor é de até R$ 8 mil por família assentada; |
| **Fomento** | - para viabilizar projetos produtivos de promoção da segurança alimentar e nutricional e de estímulo à geração de trabalho e renda. Até R$ 16 mil por família assentada; |

| Modalidades de créditos | |
|---|---|
| **Fomento Jovem** | - viabiliza a implementação de projetos produtivos e de geração de renda sob a responsabilidade de jovens entre 16 e 29 anos de idade. Até R$ 8 mil; |
| **Fomento mulher** | - para implantar projeto produtivo sob responsabilidade da mulher titular do lote, valor de até R$ 8 mil em operação única, por família assentada; |
| **Semiárido** | - atende à necessidade de segurança hídrica do assentado no Semiárido – de acordo com classificação do Instituto Brasileiro de Geografia e Estatística (IBGE). Apoia soluções de captação, armazenamento e distribuição de água para consumo humano, animal e produtivo. O valor é de até R$ 16 mil, com prioridade para as unidades familiares que não tenham sido beneficiadas pelo Programa Nacional de Apoio à Captação de Água de Chuva e Outras Tecnologias Sociais de Acesso à Água, instituído pela Lei n.º 12.873, de 24 de outubro de 2013; |
| **Florestal** | - proporciona a implantação e a manutenção sustentável de sistemas agroflorestais ou o manejo florestal de lotes e área de reserva legal com vegetação nativa igual ou superior ao estabelecido pela legislação ambiental. Podem ser liberados até R$ 8 mil por família assentada; |
| **Recuperação ambiental** | - assegura a implantação e a manutenção sustentável de sistemas florestais ou agroflorestais, ou o manejo florestal de lotes, de área de reserva legal e de preservação permanente que se encontram degradados, conforme disposto na Lei n.º 12.651, de 25 de maio de 2012. Cada família tem à disposição até R$ 8 mil; |
| **Cacau** | - promove a implementação e a recuperação de cultivos de cacau em sistema agroflorestal. O valor é de até R$ 8 mil por família assentada; |
| **Habitacional** | - para viabilizar, por parte e sob a responsabilidade do beneficiário, a aquisição de materiais de construção, a contratação de projetos arquitetônicos e de engenharia e a contratação de mão de obra e de serviços de engenharia a serem utilizados na construção de habitação rural, até o valor estabelecido para a modalidade correspondente do Programa Nacional de Habitação Rural (PNHR), de que trata a Lei n.º 11.977, de 7 de julho de 2009; |
| **Reforma habitacional** | - para viabilizar, por parte e sob a responsabilidade do beneficiário, a aquisição de materiais de construção, a contratação de projetos arquitetônicos e de engenharia e a contratação de mão de obra e de serviços de engenharia a serem utilizados na melhoria ou na ampliação de habitações rurais, até o valor estabelecido para a modalidade correspondente do PNHR. |

Fonte: a autora, a partir de dados do Incra (2023)

Além dos créditos supracitados, o Incra dispõe de programas para geração de renda e ampliação da produção, como o Terra Forte e o Terra Sol.

No Programa Terra Forte, os beneficiários participantes são as famílias de trabalhadores rurais assentados em projetos de assentamento criados ou reconhecidos pelo Incra, regularmente cadastradas no órgão e organizadas em cooperativas ou associações. Os investimentos serão realizados em favor de cooperativas/associações de produção e/ou de comercialização. O objetivo geral é a implantação e/ou modernização de empreendimentos coletivos agroindustriais em assentamento da reforma agrária, criados ou reconhecidos pelo Incra, em todo o território nacional. Já os objetivos específicos do Programa são estes:

> - Apoiar a implantação de empreendimentos coletivos agroindustriais e de comercialização da produção dos assentados da reforma agrária;
> - Apoiar a adequação, ampliação, recuperação e/ou modernização de agroindústrias da produção agropecuária e extrativista;
> - Apoiar a elaboração de projetos de adequação e regularização sanitária de produtos de agroindústrias de assentamentos da reforma agrária;
> - Apoiar a estruturação de circuitos de comercialização;
> - Viabilizar a organização e a regularização jurídica dos empreendimentos produtivos coletivos; e
> - Viabilizar as condições e opções de geração de trabalho e renda para os assentados da reforma agrária (INCRA, 2019, s/p).

O Programa teve valor estimado de R$ 300 milhões, sendo R$ 150 milhões do Banco Nacional de Desenvolvimento Econômico e Social (BNDES), R$ 20 milhões da Fundação e R$ 130 dos demais parceiros (BB, MDS, Incra e Conab), a serem aplicados no decorrer de cinco anos (investimento anual de R$ 60 milhões). Foram constituídos dois Comitês Gestores: Gestor Nacional (estratégico) e Comitê de Investimentos (operacional), para efetuar a gestão e governança, com a seguinte composição: BNDES, FBB, BB, MDA, MDS, Incra e Conab (Membros Titulares, com poder de decisão), e outras instituições públicas e privadas como Membros Convidados e/ou Consultivos.

O Programa Terra Sol foi criado em 2004 e faz parte do Plano Nacional de Reforma Agrária (PNRA) e do Plano Plurianual (PPA), que define os programas prioritários do governo federal. É um programa de fomento à agroindustrialização e à comercialização por meio da elaboração de planos de negócios, pesquisa de mercado, consultorias, capacitação em viabilidade econômica, além de gestão e implantação/recuperação/ampliação de agroindústrias. Atividades não agrícolas – como turismo rural, artesanato e agroecologia – também são apoiadas. Já foram disponibilizados R$ 44 milhões em recursos, que propiciaram a implantação de 102 projetos e beneficiaram 147 mil famílias em todo o Brasil (INCRA, 2019).

A proposta e o projeto devem nascer da vontade das pessoas em trabalhar conjuntamente para agregar valor a seus produtos, aumentando, assim, sua renda; entretanto, devem estar dentro dos seguintes eixos: agroindustrialização, comercialização, atividades pluriativas e agroecologia:

> Com a organização dos interessados e o apoio da respectiva entidade representativa, deverá ser elaborada uma proposta contendo o Projeto Básico e o Plano de Trabalho a ser encaminhado para a Superintendência Regional do INCRA responsável pelos projetos de assentamento envolvidos (INCRA, 2019, s/p).

Este momento deve ser acompanhado pelo técnico da assistência técnica do Incra no estado e de parceiros interessados na implantação do projeto. Possuem prioridades aqueles negócios nos quais esteja prevista a utilização de matéria-prima do próprio assentamento, que trabalhe o desenvolvimento sustentável, a agroecologia e que tenha a participação do maior número de famílias de assentados, incluindo a mulher e o jovem.

Além do crédito, o apoio à educação garante a ampliação das possibilidades de criação e recriação de condições de existência da agricultura familiar. Em vigência está o Programa Nacional de Educação na Reforma Agrária (Pronera), que apresenta e apoia projetos de ensino voltados ao desenvolvimento das áreas de reforma agrária.

Criado a partir da articulação da sociedade civil, tem como base a diversidade cultural e socioterritorial, os processos de interação e transformação do campo, a gestão democrática e o avanço científico e tecnológico (INCRA, 2023). No Quadro 11, estão os dispositivos legais do Programa.

Quadro 11 – Dispositivos legais do Pronera

| **Dispositivo Legal** | **Descrição** |
|---|---|
| Lei n.º 11.947, de 16 de junho de 2009 | - autoriza o Poder Executivo a instituir Programa; |

| Dispositivo Legal | Descrição |
|---|---|
| Decreto n.º 7.352, de 04 de novembro de 2010 | - dispõe sobre a política de educação do campo e o Pronera; |
| Lei n.º 12.695, de 25 de julho de 2012 | - autoriza o Poder Executivo a conceder bolsas aos professores das redes públicas de educação e a estudantes beneficiários do Pronera; |
| Portaria n.º 563, de 23 de outubro de 2015 | - estabelece o valor máximo financiável por aluno/ano nos cursos do Pronera; |
| Instrução Normativa n.º 84, de 29 de março de 2016 | - estabelece normas regulando o procedimento e os critérios para a concessão e a manutenção de bolsas a professores das redes públicas e a estudantes do Pronera; |
| Instrução Normativa n.º 115/2022 | - dispõe sobre o credenciamento de organizações da sociedade civil e estabelece regras e procedimentos para que as entidades executem projetos no âmbito do Pronera, nos termos da Lei 13.019/2014; |

Fonte: a autora (2023), a partir de dados do Incra (2023)

Com 25 anos de existência, completados em 16 de abril de 2023, o Pronera já havia atendido 191,6 mil alunos, por meio de 529 cursos. As formações em andamento beneficiavam 4.436 estudantes, direcionadas a jovens e adultos moradores de assentamentos criados ou reconhecidos pelo Incra, quilombolas, trabalhadores acampados cadastrados na autarquia, além de beneficiários do Programa Nacional de Crédito Fundiário (PNCF). A execução do Pronera dá-se por meio de parcerias com instituições de ensino públicas e privadas sem fins lucrativos, governos estaduais e municipais. As formações incluem:

> a) alfabetização e escolarização de jovens e adultos no ensino fundamental e médio em áreas de reforma agrária;
> b) capacitação e escolarização de educadores para o ensino fundamental em áreas de reforma agrária;
> c) formação inicial e continuada de professores sem formação em áreas de reforma agrária;
> d) formação de nível médio, concomitante/integrada ou não com ensino profissional;
> e) curso técnico profissional de nível médio e
> f) formação de nível superior e pós-graduação lato e stricto sensu (INCRA, 2023, s/p).

Por meio desses programas voltados para educação dos trabalhadores rurais, há uma mudança na maneira de perceber a paisagem e o trabalho. "A reforma agrária, como instrumento de garantia do direito de acesso e permanência na terra aos agricultores, também é compreendida como elemento de fomento do desenvolvimento sustentável no meio rural" (INCRA, 2023, s/p). Por isso, deve ser implantada considerando práticas responsáveis e democráticas de uso da terra:

> Os assentamentos criados e atendidos pelo Incra são incentivados a seguir o modelo de produção da agroecologia, com o cuidado e o compromisso de cultivos em sistemas orgânicos que geram benefícios ambientais, sociais e econômicos, tanto para a própria unidade familiar como para o seu entorno (INCRA, 2023, s/p).

Tendo em vista que a agroecologia é um importante instrumento de desenvolvimento rural, pois busca modificar as formas de produzir alimento a partir da adoção de sistemas sustentáveis, o Incra acredita que esse modelo de prática seja um instrumento significativo no fortalecimento de uma nova forma de produção. Para a execução desse atual modelo, o Incra estimula a transição da produção do modelo convencional para o orgânico e agroecológico nos assentamentos da reforma agrária por meio das ações de Assistência Técnica e Extensão Rural (Ater), de agroindustrialização com os programas já mencionados Terra Sol e de educação com o Programa Nacional de Educação na Reforma Agrária (Pronera).

O Plano Nacional de Agroecologia e Produção Orgânica (Planapo) é uma política pública do governo federal, cujo escopo é dar ênfase às ações incentivadoras da transição agroecológica, da produção orgânica e de base agroecológica, contribuindo, dessa forma, para o desenvolvimento sustentável, por meio da oferta e do consumo de alimentos saudáveis e do uso sustentável dos recursos naturais. O Incra é um dos representantes governamentais da Comissão Nacional de Agroecologia e Produção Orgânica (Cnapo), que tem por responsabilidade a elaboração do referido plano. Dentre as diretrizes do Planapo, estão a promoção da soberania e segurança alimentar e nutricional, do direito humano à alimentação adequada e saudável com o uso sustentável dos recursos naturais, bem como de sistemas justos e sustentáveis de produção, distribuição e consumo de alimentos e valorização da agrobiodiversidade (INCRA, 2023).

O crédito, apoio à educação, incentivo a uma produção orgânica, dentre outros incentivos, geram impactos nos assentamentos e refletem no desenvolvimento no contexto em que estão inseridos. Leite *et al.* (2004) destacam três dimensões de abrangência dos impactos dos assentamentos rurais: 1ª) relacionada à área de influência dos impactos (local e regional); 2ª) versa sobre uma questão estrutural e tem a ver com um projeto da própria questão agrária e das políticas de desenvolvimento, que é o fato de as políticas de assentamentos trazerem pessoas historicamente excluídas desse processo para o mundo do direito; e 3ª) relaciona-se com os impactos derivados da instalação e reprodução, da materialização do assentamento em si, quando os sujeitos ali inseridos deverão estabelecer novas redes de relações na busca da infraestrutura básica, das políticas de saúde, educação, saneamento, crédito; as formas de organização, de produção e comercialização, todos esses aspectos estão presentes dentro desta dimensão. Ainda sobre os projetos de assentamento da reforma agrária no país:

> Os projetos de assentamento devem ser analisados e avaliados no seu contexto geográfico, considerando fatores sociais, econômicos, políticos, culturais e condições agrícolas, climáticas, mercadológicas etc. [...] esses impactos não se resumem a um simples aumento da produção agropecuária – e o consequente aquecimento da economia local –, mas a uma série de mudanças sociais e políticas, muitas vezes mudando o eixo de poder e a correlação de forças locais e regionais (SAUER, 2005, p. 60-61).

Nesse sentido, os assentamentos rurais brasileiros representam, sob o ponto de vista das famílias assentadas, "uma nova forma de produzir, um novo controle sobre o tempo de trabalho, a realização de atividades que até então não faziam parte de suas atribuições nas relações sociais anteriores" (BERGAMASCO, 1997, p. 10). A redefinição das relações sociais em torno da posse da terra pode ser compreendida como ponto de partida na redefinição de um conjunto de outras práticas sociais (BERGAMASCO, 1997, p. 10).

É de fundamental importância reconhecer as diferentes origens, trajetórias de vidas e refletir sobre a existência de uma história social comum, baseada na relação mediata/imediata com a terra: "O assentado luta para reorganizar seu modo de vida sob distintos matizes" (ROMEIRO *et al.*, 1994, p. 189). Corroborando com essa ideia, Sauer (2005, p. 61) afirma que os assentamentos podem ser considerados como: "um espaço social e geográfico de continuidade da luta pela terra. É o lugar onde diferentes biografias se encontram – ou ampliam os encontros iniciados nos acampamentos – e iniciam novos processos de interação e identidade sociais", ocasionando, assim, novos atores sociais e políticos, que terão como principais fatores de mediação: a terra, o trabalho e a produção.

O sucesso ou insucesso dos assentamentos rurais, ou seja, a efetividade das ações de reforma agrária, a produção e a renda são considerados elementos centrais das famílias e melhoria das condições de vida, assume um valor simbólico a produção – o acesso à terra cria trabalhadores produtivos – ou interação social com o entorno dos projetos, diferente da "viabilidade econômica" que avalia apenas o retorno econômico e a função dos investimentos governamentais baseados em/de produção, de autonomia, de taxa de retorno. No entendimento desse autor, entidades sem fins lucrativos são relevantes no planejamento e na manutenção dos projetos sociais dos assentamentos rurais:

> Apesar da importância social e simbólica da produção, os mecanismos e instituições 'não produtivas' como igrejas, escolas, centros comunitários e de lazer e grupos de trabalho têm um peso significativo na organização e sustentabilidade dos projetos e na interação do grupo social. Esses mecanismos são importantes não só quando constituídos com parcerias externas, mas especialmente quando aglutinam e articulam força social e política, transformando o próprio assentamento – ou os seus mecanismos internos – em ator – e/ou interlocutor – local e regional (SAUER, 2005, p. 63).

No entanto, muitos assentamentos enfrentaram e enfrentam situações adversas no que se refere às condições de instalação, com evidentes reflexos sobre as condições de produção e comercialização, formas de organização e sociabilidade, "tendo em vista que foram criados – em parte – para responder às pressões localizadas, marcados pela ausência de um planejamento prévio de localização e de mecanismos de apoio dispersos espacialmente" (GUANZIROLI *et al.*, 2001, p. 208). Concordando com as ideias Guanziroli e colaboradores, Scopinho (2012) salienta aspectos sobre a ordem das dificuldades enfrentadas pelos assentamentos: a) sobrevivência econômica (relacionada às barreiras impostas pelo mercado e à insuficiência de políticas de crédito e subsídios); b) assistência técnica e de comercialização; c) relacionamento interpessoal e político (diversidade sociocultural); d) predominância da cultura do trabalho dividido e heterogerido; e) bem como a tradicional cultura política centralizadora reproduzida pelos diferentes agentes sociais dificultam a organização coletiva depois da posse da terra.

Diante disso, levando em consideração que o processo de desenvolvimento fundamenta-se na superação de problemas sociais, econômicos e políticos – dentre os quais podem ser mencionadas a carência na satisfação de necessidades básicas e a extrema pobreza à qual estão submetidas parcelas significativas da população mundial –, é possível perceber, em certa medida, que os assentamentos rurais contribuem para a melhoria das condições de vida das populações rurais, pois ampliam o acesso a recursos que outrora eram inacessíveis às pessoas.

Por outro lado, determinados impasses mal-administrados nos assentamentos podem ser refletidos em processos que privam os assentados de sua condição de agente. São fatores impeditivos ao desenvolvimento dos assentamentos, entretanto há os fatores propulsores da viabilidade econômica e social dos assentamentos rurais. É complexa a dinâmica que reverbera a reforma agrária e a agricultura familiar, urge a necessidade de um amparo multidisciplinar de desenvolvimento, cujo enfoque não esteja atrelada tão somente a critérios econômicos.

O próximo item aborda os fatores potencializadores do desenvolvimento nos assentamentos e fatores restritivos ao desenvolvimento dos assentamentos.

## 3.5 Fatores que afetam o desenvolvimento dos assentamentos de reforma agrária

Há diferentes fatores que podem influenciar a produtividade dos assentamentos e sua rentabilidade, conforme Stédile (1997, p. 68), que os resume em dois principais:

> **a) fatores objetivos:** são as reais condições que os assentados possam ter com relação a terra férteis, próximas ao mercado consumidor, e a possibilidade de obtenção de crédito-capital;
> **b) fatores subjetivos**: são condições das próprias famílias assentadas no que tange à tradição cultural de desenvolvimento de atividades comunitárias, ou grau de consciência e de organização social e o nível de capacitação formal que possuem.

Após a ampliação do número de projetos de assentamento – para o êxito da reforma agrária –, é necessário tomar como meta a viabilização desses projetos, tendo em vista que há aqueles consolidados e os que não conseguiram alcançar esse patamar: "existem aqueles que atingiram um bom desenvolvimento, garantindo para as famílias assentadas a geração de empregos e a produção de alimentos para a subsistência e obtenção de renda monetária" (GUANZIROLI, 1998, p. 7).

Em que pese existirem assentamentos que não conseguiram garantir essas condições, analisando os objetivos propostos da política de reforma agrária, o escopo vai além da distribuição de terras na visão do autor, sendo necessário dispor de meios para a subsistências das famílias, alcançando, assim, a reprodução socioeconômica: "[...] além da distribuição da terra, necessariamente o acesso a políticas de infraestrutura básica e agrícolas, que permitam a implantação de um sistema produtivo viável, e o acesso a benefícios sociais, que promovam a justiça social e a cidadania" (GUANZIROLI, 1998, p. 8).

A pedido da Organização das Nações Unidas para a Agricultura e Alimentação (FAO) e do Incra, Guanziroli (1998) organizou um trabalho de pesquisa sobre os assentamentos: solicitou às superintendências regionais do Incra que indicassem dois assentamentos considerados de "melhor desempenho" e dois de "pior desempenho" em sua área de atuação, considerando o escopo da política de reforma agrária. Contudo, de 94 assentamentos indicados, em 24 estados, foram selecionados 20 projetos a serem pesquisados, de 10 estados brasileiros (Bahia, Ceará, Goiás, Maranhão, Minas Gerais, Pará, Paraná, Rondônia, Santa Catarina e São Paulo). Utilizou-se um questionário semiestruturado, cujo objetivo era destacar os fatores que potencializariam ou restringiriam o desenvolvimento socioeconômico dos projetos de assentamento.

A pesquisa utilizou análise de perspectiva multifatorial, pois é a interação desses fatores que determina o resultado final; assim, a investigação se baseou em 11 fatores: 1) quadro natural; 2) origem dos assentados; 3) organização produtiva; 4) entorno socioeconômico; 5) infraestrutura básica e os serviços sociais; 6) sistemas de produção; 7) nível de organização e as estruturas produtivas; 8) crédito rural; 9) assistência técnica 10) organização política e relações institucionais. A Figura 5 têm a representação dos fatores que interferem no desenvolvimento dos assentamentos.

Figura 5 – Fatores que influenciam no desenvolvimento dos assentamentos

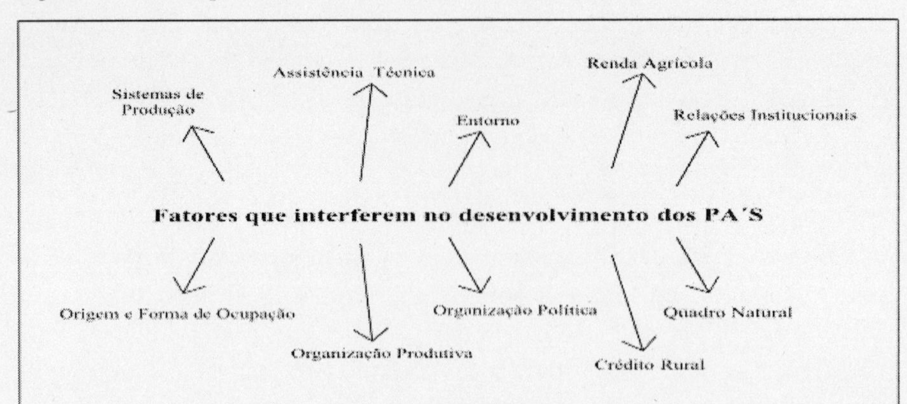


Fonte: a autora (2023), com base em Guanziroli (1998)

A síntese das conclusões da pesquisa é apresentada no Quadro 12, discriminando os assentamentos em dois grupos, os de melhor desempenho e os de pior desempenho, conforme cada fator analisado.

Quadro 12 – Características dos fatores nos PAS com maior e menor desenvolvimento

| **Fatores** | **Característica dos fatores nos PAs** | |
|---|---|---|
| | **Com maior desenvolvimento** | **Com menor desenvolvimento** |
| **Quadro Natural** | - relevo plano a suave ondulado; disponibilidade de água; solos de fertilidade média a boa, de composição argilosa;<br>- poucas limitações no quadro natural. | - relevo suave ondulado a forte ondulado; problemas na disponibilidade de água; solos de baixa fertilidade, de composição arenosa;<br>- fortes limitações no quadro natural. |
| **Origem e Forma de Ocupação** | - predominância de assentados com tradição em gestão de unidades familiares;<br>- houve mobilização para conquista da terra. | - predominância de assentados com tradição em gestão de unidades familiares;<br>- ausência de mobilização para conquista da terra;<br>- casos de excedentes de outras áreas de RA;<br>- casos de regularização fundiária. |

| Fatores | Característica dos fatores nos PAs | |
|---|---|---|
| | Com maior desenvolvimento | Com menor desenvolvimento |
| Entorno | - fácil acesso a municípios;<br>- economia agrícola local dinâmica, com a presença de agroindústrias ou com mercados consumidores. | - difícil acesso aos municípios;<br>- economia agrícola local pouco dinâmica, com poucas/ausência de agroindústrias e inexistência/ sem ligação com mercados consumidores próximos. |
| Sistemas de Produção | - produção majoritária voltada para o mercado e para obtenção de renda monetária;<br>- sistemas adaptados a produção familiar e com maiores níveis de produtividade;<br>- integração a agroindústrias locais/ regionais e/ou inovadores aos produtos preexistentes | - produção majoritária voltada para subsistência familiar;<br>- baixa integração com mercado local;<br>- sistemas não adaptados à produção familiar;<br>- baixa produção e baixa produtividade. |
| Organização Produtiva | - presente em 50% dos PAs;<br>- atua majoritariamente na produção e pouco na comercialização e agroindustrialização. | - praticamente inexistente. |
| Crédito Rural | - tiveram acesso a quase todas as modalidades de crédito da RA e de alguns programas estaduais;<br>- boa aplicação do crédito e melhor resposta pela ajuda da AT e do quadro natural;<br>- baixa/inexistência de inadimplência. | - maioria não recebeu todas as modalidades de créditos da RA, com pouco ou nenhum acesso a créditos/programas estaduais;<br>- aplicação pouco eficiente, sendo que muitos precisaram utilizá-lo para manutenção familiar;<br>- alta inadimplência do crédito. |
| Assistência Técnica (AT) | - quase todos tiveram acesso à AT, pelo menos em uma parte do projeto;<br>- contribuiu para incorporar novas tecnologias;<br>- maior comprometimento dos técnicos. | - maioria não teve acesso à AT, quando existiu ficou restrita aos projetos de créditos;<br>- pouco comprometimento. |

| Fatores | Característica dos fatores nos PAs | |
|---|---|---|
| | **Com maior desenvolvimento** | **Com menor desenvolvimento** |
| **Organização Política** | - integração a movimentos sociais;<br>- associações locais de representação fortes e atuantes. | - pouca integração a movimentos sociais;<br>- associações locais de representação pouco atuantes e com problemas de gestão interna. |
| **Relações Institucionais** | - mantém boas relações com o poder público local;<br>- contaram com maior apoio dos órgãos federais e estaduais. | - fraca relação com o poder público local;<br>- pouco apoio e tardio dos órgãos federais e estaduais vinculados à RA. |
| **Renda Agrícola** | - todos tem garantida a subsistência familiar;<br>- quase todos obtêm renda monetária através do lote;<br>- pouca ou nenhuma renda não agrícola. | - subsistência não garantida em alguns PAs, com presença de fome e/ou desnutrição;<br>- a maioria não obtém renda monetária;<br>- muitos vendem mão de obra para garantir a subsistência. |

Fonte: Guanziroli (1998, p. 9)

Pelos resultados apresentados a partir do Quadro 14, nota-se que o "quadro natural" "demonstrou ser um pré-condicionante para o desenvolvimento dos projetos de assentamentos, sendo um dos fatores centrais a determinar as diferenças de desenvolvimento entre os assentamentos com maiores e menores níveis de desenvolvimento" (GUANZIROLI *et al.*, 2001, p.199). O estudo considerou também a origem dos beneficiários, sua história de vida e a experiência profissional: "a origem é um fator relevante para explicar o desenvolvimento dos assentamentos. Os assentados que têm maior experiência em gestão de unidades familiares agrícolas possuem maior adaptabilidade e possibilidades de êxito" (GUANZIROLI *et al.*, 2001, p. 200).

Os quadros seguintes resumem os principais fatores potencializadores do desenvolvimento dos assentamentos (Quadro 13) e os principais fatores restritivos (Quadro 14), evidenciando justamente aquela inter-relação mencionada anteriormente.

Quadro 13 –Fatores potencializadores ao desenvolvimento dos assentamentos

| Fatores | Elementos potencializadores |
|---|---|
| **Crédito Rural** | - a infraestrutura de moradia;<br>- os sistemas de produção voltados ao mercado;<br>- a infraestrutura produtiva (animais, máquinas, implementos e instalações). |
| **Quadro Natural** | - a implementação de sistemas produtivos mais rentáveis e voltados para o mercado;<br>- a produção de um bom nível de subsistência familiar;<br>- o uso do crédito;<br>- o uso da mão de obra familiar pela maior área aproveitável e intensidade do sistema;<br>- uma maior sustentabilidade e menor variação dos sistemas produtivos. |
| **Entorno Socioeconômico** | - o acesso a mercados consumidores e o escoamento da produção;<br>- os sistemas de produção integrados a agroindústrias;<br>- as alternativas de produção para mercados demandadores;<br>- o acesso aos serviços de saúde e educação;<br>- a obtenção de renda monetária. |
| **Organização Produtiva** | - o uso do quadro natural;<br>- a minimização de alguns limites do quadro natural;<br>- o crescimento econômico menos diferenciado entre as famílias assentadas;<br>- a diminuição de custos e racionalização do uso de máquinas e instalações. |
| **Assistência Técnica** | - a utilização do crédito rural;<br>- a incorporação de novas tecnologias pelos assentados;<br>- a introdução de novos sistemas de produção;<br>- abertura de novos canais de financiamento ou acesso a programas governamentais. |
| **Organização Política** | - a organização produtiva dos assentados;<br>- a ampliação das relações institucionais com os três níveis de governo;<br>- o acesso a créditos e infraestruturas sociais e produtivas. |
| **Relações Institucionais** | - o acesso à infraestrutura de moradia, serviços e produtiva. |

Fonte: Guanziroli (1998, p. 9)

Quadro 14 – Fatores limitadores/inviabilizadores ao desenvolvimento dos assentamentos

| Fatores | Elementos Limitadores/Inviabilizadores |
|---|---|
| Quadro Natural | - a implantação de sistemas de produção voltados para o mercado;<br>- a implantação de sistemas adaptados à área disponível e à forma familiar de produção;<br>- a produção para a subsistência familiar;<br>- a obtenção de renda monetária;<br>- a eficácia do crédito;<br>- mecanização e o uso de algumas tecnologias;<br>- o consumo de água humano e animal em alguns PAs;<br>- uso da mão de obra familiar, obrigando a buscarem alternativas de renda fora dos PAs. |
| Estradas (Infraestrutura) | - escoamento da produção e compra de insumos;<br>- ligação com os mercados locais e obtenção de renda monetária;<br>- acesso aos serviços de saúde e habitação;<br>- a constância da assistência técnica;<br>- o transporte coletivo;<br>- o desenvolvimento homogêneo entre os assentados, ampliando as diferenças internas. |
| Assistência Técnica | - a implantação de sistemas de produção mais adequados às limitações existentes;<br>- o aumento da produção e da produtividade;<br>- o uso adequado do crédito nas atividades produtivas;<br>- a capacitação técnica dos assentados;<br>- a implementação de novas tecnologias. |
| Organização Produtiva | - o desenvolvimento de infraestrutura produtiva;<br>- a melhor utilização dos recursos naturais frente às suas limitações;<br>- o desenvolvimento homogêneo entre os assentados, ampliou as diferenças internas;<br>- o acesso a máquinas, implementos e instalações através de um uso racional;<br>- a agregação de valor na produção. |

| Fatores | Elementos Limitadores/Inviabilizadores |
|---|---|
| **Organização Política** | - as relações com os três níveis de governo;<br>- o acesso à infraestrutura social e produtiva;<br>- a existência de um maior número de organizações produtivas;<br>- o acesso aos créditos da reforma agrária;<br>- as relações com o desenvolvimento local. |
| **Relações Institucionais** | - o acesso à infraestrutura social;<br>- o acesso à infraestrutura produtiva;<br>- o acesso aos créditos da reforma agrária;<br>- o acesso à assistência técnica. |

Fonte: Guanziroli (1998, p. 9)

Destaca-se outro fator limitante ao desenvolvimento dos assentamentos: o nível de educação dos agricultores familiares, sendo um obstáculo no quesito uso de tecnologias. Já quanto à organização produtiva – considerada como elemento potencializador –, funcionaria como instrumento de desenvolvimento por meio do compartilhamento de experiências e conhecimento entre eles, a integração às atividades das agroindústrias e cooperativas, influencia do ponto de vista político e produtivo. Por sua vez, o fator "entorno socioeconômico" condiciona o desenvolvimento dos assentamentos: "o estudo conclui que todos aqueles de melhor nível possuem uma boa condição de acesso. [...] essa facilidade de comunicação com mercados locais e estaduais é uma precondição para o desenvolvimento dos assentamentos" (GUANZIROLI *et al.*, 2001, p. 201).

Os assentamentos inseridos em um contexto com maior presença da produção familiar têm melhores condições de se desenvolverem do que os afastados em meio à grande propriedade e poucas agroindústrias. Já a infraestrutura básica e os serviços sociais relacionam-se a melhor acesso ao crédito, à água, a saneamento, a atendimento à saúde, a estradas, à educação, a transporte público, ou seja, fatores que afetam diretamente na permanência das famílias no projeto. As condições de moradia, embora sejam um indicador de qualidade de vida, não são um elemento que determina o sucesso de um assentamento.

De acordo com os resultados do estudo, onde havia maior integração as estruturas eram mais bem viabilizadas: "a situação de infraestrutura básica e de serviços sociais, sobretudo em relação à educação, saúde e estradas, dependem das relações dos assentados com os poderes local, regional e federal" (GUANZIROLI *et al.*, 2001, p. 204). Já o "sistema de produção" "é um dos fatores centrais que determina diferenciais de desempenho entre os dois grupos de projetos de assentamentos pesquisado: com maiores ou menores níveis de desenvolvimento" (GUANZIROLI *et al.*, 2001, p. 204). Os mais desenvolvidos têm relação com o mercado agrícola, e os produtos prioritários utilizam tecnologias que lhes dão maior produtividade, alcançando, assim, maiores ganhos em renda monetária.

"Nível de organização e as estruturas produtivas" é um fator determinante na diferença dos projetos, pois, nos assentamentos menos desenvolvidos, quase inexistem experiências organizacionais de produção, que proporcionam, além do incremento da renda pela produção de produtos destinados aos mercados, implementar estruturas agroindustriais que trarão renda aos assentados. Outro fator que afeta diretamente no desenvolvimento dos assentados rurais é o crédito rural: "é pelas diversas modalidades de crédito destinadas à reforma agrária que os assentados buscam estruturar minimamente suas propriedades, sobretudo aqueles que não dispunham de instrumentos de trabalho ao serem assentados" (GUANZIROLI *et al.*, 2001, p. 205). O estudo revela que os projetos com maior desenvolvimento receberam diversas modalidades de créditos federais, desde custeio a crédito de investimento, além de recursos estaduais de crédito rural.

Com relação à "assistência técnica", "o estudo constatou que, de forma geral, a falta de capacitação dos técnicos para enfrentar os desafios dos projetos de assentamentos foi identificada como um fator limitante na ação da assistência técnica" (GUANZIROLI *et al.*, 2001, p. 206). Nos projetos menos desenvolvidos, verificou-se a ausência de integração da assistência técnica com qualquer tipo de pesquisa agrícola, universidades e outras fontes de conhecimento científico. Por fim, a organização política e as relações institucionais referem-se à capacidade de organização e relacionamento político fundamental para a viabilização de apoio institucional aos assentamentos nos diferentes níveis de poder público: municipal, estadual e federal: "nos projetos de assentamentos com maior desenvolvimento, as reivindicações são encaminhadas pelas entidades associativas locais ou movimentos sociais" (GUANZIROLI *et al.*, 2001, p. 206) Existe uma correlação entre projetos bem-sucedidos, organização dos assentados e maior presença do Estado apoiando o desenvolvimento. Nos Quadros 15 e 16, verifica-se uma síntese dos resultados da pesquisa com relação aos principais fatores que influenciam o desenvolvimento dos projetos de forma potencializadora e restritiva nos estados selecionados.

Quadro 15 – Principais fatores potencializadores do desenvolvimento nos assentamentos

| Estado | Principais Fatores Potencializadores |
|---|---|
| Paraná | Créditos (Procera e outros); assistência técnica; organização política; grupos de produção e de máquinas; entorno econômico com boa infraestrutura produtiva. |
| Santa Catarina | Créditos (Procera e outros); assistência técnica; organização política; grupos de produção e de máquinas; entorno econômico com boa infraestrutura produtiva. |
| São Paulo | Créditos (Procera e outros); assistência técnica; organização política; grupos de produção e de máquinas; entorno econômico com boa infraestrutura produtiva. |
| Minas Gerais | Quadro natural (solos e água); entorno econômico com boa infraestrutura produtiva; assistência técnica; organização política. |
| Bahia | Organização produtiva (do uso do solo e da produção); crédito; apoio institucional; entorno com bom mercado consumidor; organização política; quadro natural (clima). |
| Ceará | Organização produtiva (do uso do solo, da água e da produção); quadro natural (bons solos e disponibilidade de água); crédito; assistência técnica inicial. |
| Maranhão | Infraestrutura social; crédito; entorno com bom mercado consumidor; sistema de produção (atividades produtivas implantadas-frutas). |
| Pará | Infraestrutura (presença de estrada de acesso); crédito; entorno (grande número de assentamentos na região provoca melhoria na infraestrutura de serviços). |
| Rondônia | Apoio institucional (transformou-se em município); quadro natural (bons solos); entorno com bom mercado consumidor; sistema de produção (atividades produtivas implantadas). |
| Goiás | Entorno com boa infraestrutura produtiva; apoio institucional da Prefeitura e do Estado; quadro natural (relevo mecanizável). |

Fonte: Guanziroli *et al.* (2001, p. 207)

Quadro 16 – Principais fatores restritivos do desenvolvimento nos assentamentos

| Estado | Principais Fatores Restritivos |
|---|---|
| Paraná | Quadro natural (relevo e acidentado e falta de água); infraestrutura deficiente (precariedade das estradas internas e falta de luz). |
| Santa Catarina | Quadro natural (relevo acidentado e solos fracos); infraestrutura deficiente (das estradas internas); inexistência de ATER; organização política e produtiva precária. |

| Estado | Principais Fatores Restritivos |
|---|---|
| São Paulo | Ação institucional morosa (demora para iniciar as ações básicas-crédito, infraestrutura e ATER); inexistência de organização política e produtiva dos assentados. |
| Minas Gerais | Quadro natural (falta de água e solos ruins); falta de ATER; origem (seleção muito ampla e diversa dos assentados). |
| Bahia | Quadro natural (solos ruins e falta de água); falta de crédito e de ATER; problemas na organização política e produtiva dos assentados. |
| Ceará | Quadro natural (falta de água e solos ruins); origem e forma de ocupação (grupo desmotivado); falta de assistência; precariedade das estradas. |
| Maranhão | Quadro natural (relevo acidentado) falta/precariedade das estradas internas e de acesso; falta de crédito; falta de ATER e infraestrutura básica (habitação, luz, escola, saúde e água). |
| Pará | Falta de infraestrutura (inexistência de estradas de acesso - até 1997, falta de estradas internas, escola, saúde, habitação, energia elétrica); ação institucional deficiente do INCRA; regularização fundiária ou reforma agrária. |
| Rondônia | Quadro natural (solos ruins); infraestrutura deficiente (precariedade e alta de estradas internas; erros no planejamento dos investimentos pela assistência técnica; ineficiência da organização dos assentados. |
| Goiás | Quadro natural (relevo acidentado); infraestrutura deficiente (falta e precariedade das estradas internas e de acesso); ação institucional deficiente do INCRA; regularização fundiária ou reforma agrária. |

Fonte: Guanziroli *et al.* (2001, p. 207)

Conclui o estudo sobre os assentamentos em 10 estados do Brasil, cujo nível de desenvolvimento percebido em cada projeto de assentamento depende não apenas da presença ou ausência, da intensidade, da qualidade e do período em que ocorrem os fatores destacados, mas, sobretudo, do nível de interação entre esses fatores. Conforme ressalta o coordenador da pesquisa: "Os assentamentos com maiores potenciais de desenvolvimento são aqueles que possuem melhores quadros naturais, conseguem dar contrapartidas ao apoio governamental e são ligados a movimentos sociais que aceleram a organização produtiva" (GUANZIROLI, 1998, p. 60). Nessa linha de pensamento, "o nível de qualidade de vida nos projetos de assentamento foi afetado, principalmente, pela capacidade de organização política e de relações institucionais dos assentados" (BITTENCOURT, 1998, p. 59).

Outros autores também manifestam sua visão sobre a temática: "a opção por potencializar os assentamentos rurais e a produção familiar no ambiente agrário brasileiro constitui uma estratégia de desenvolvimento cujo êxito estará intrinsecamente ligado às capacidades inovadoras desencadeadas por esses processos" (CARDOSO; FLEXOR; MALUF, 2003, p. 72), entre outras inovações possíveis. E um exemplo de procedimento inovador e eficaz é o estabelecimento de compromissos mútuos expressando as demandas dos agricultores e a sociedade que os abriga e apoia, sobretudo no processo de instalação.

Em linhas gerais, para o entendimento de uma realidade, os assentamentos, é necessário todo esse arcabouço teórico para ter a análise holística do objeto de estudo. Abramovay (2000b) assevera que a reforma agrária não pode ser encarada exclusivamente com base na oferta de produtos agrícolas, pois são inúmeras as circunstâncias em que a preservação e a exploração sustentável da biodiversidade são capazes de oferecer aos assentados horizontes de geração de renda mais promissores que a produção agropecuária convencional. Assim, a questão fundiária deixou de envolver apenas as condições de produção e suscitou à cena a luta pela legitimação de modos de produzir, enfatizando temas ligados à sustentabilidade ambiental, esta que envolve preservação de território e biodiversidade, uso de biotecnologias, efeitos do novo padrão produtivo sobre a saúde humana e animal. O assentamento é uma modificação positiva, proporcionada àqueles que antes eram denominados invasores, boias-frias, posseiros; a terra, que antes era apenas um espaço, passando a ser um território, cumprindo a função de moradia, produção e novos laços sociais. Há um consenso no fato de que a criação dos assentamentos tem como objetivo fixar os grupos demandantes e aliviar as tensões sociais decorrentes dessas ações.

Portanto, verificou-se as formas de constituição dos assentamentos: tradicional e alternativa, as várias modalidades de créditos destinados aos beneficiários do PNRA, que têm à disposição linhas de crédito cujo intuito é, além da instalação no assentamento, também o desenvolvimento de atividades produtivas nos lotes, no qual oportuniza a sua permanência no campo, tornando-os atores do desenvolvimento do meio rural. Entretanto, a literatura aponta fatores restritivos ao desenvolvimento nos assentamentos, que impede o alcance dos objetivos propostos para a política de reforma agrária. É necessário criar instrumentos e políticas que contribuam para a consolidação desses assentamentos sob diferentes perspectivas ao desenvolvimento desses agricultores familiares, levando em considerações as particularidades. Para isso, é necessário o conhecimento da realidade e perceber os fatores que freiam o desenvolvimento rural, para posteriormente propor alternativas para esse alcance.

4

# PROCEDIMENTOS METODOLÓGICOS

Este capítulo tem o objetivo de caracterizar o tipo da pesquisa, detalhar os procedimentos metodológicos utilizados, delimitar a área de estudo, a população e a amostra, bem como abordar os procedimentos técnicos de coleta de dados e os instrumentais utilizados, a forma da análise dos dados e, por fim, os aspectos éticos.

Uma pesquisa busca investigar de modo sistemático um objeto de pesquisa, ou seja, utiliza critérios formais fornecidos por métodos científicos que envolvem várias fases, desde a formulação do problema até a apresentação dos resultados.

Para Marconi e Lakatos (2017, p. 79), o método pode ser entendido como "o conjunto das atividades sistemáticas e racionais que, com maior segurança e economia, permite alcançar o objetivo de produzir conhecimentos válidos e verdadeiros, traçando o caminho a ser seguido". A palavra método provém do grego e significa "o caminho a ser trilhado pelos pesquisadores na busca pelo conhecimento" (PARRA FILHO; SANTOS, 2001, p. 95), bem como "o conjunto de etapas e processos a serem vencidos ordenadamente na investigação dos fatos" (RUIZ, 1996, p. 137). Para o último autor mencionado, é o que confere confiança e é fator de economia para a pesquisa, o estudo e a aprendizagem. Faz a diferenciação com a técnica, isto é, o método é o traçado das etapas fundamentais; já a técnica significa os diversos procedimentos dentro das etapas do método. Destarte, pode ser entendido como "um sistema especial de regras, que se organiza para priorizar a consecução de novos conhecimentos e a prática da transformação da realidade" (LAKATOS, 1989, p. 34).

## 4.1 Tipo de pesquisa

Quanto ao modo de abordagem, a pesquisa possui enfoque qualiquantitativo, ou seja, é qualitativa, "pois permite a interdependência dinâmica entre o mundo real e o sujeito" (SILVA; MENEZES, 2005, p. 20), bem como "é utilizada quando não se podem usar instrumentos de medida precisos, desejam-se dados subjetivos ou se fazem estudos de um caso particular, de avaliação de programas ou propostas de programas" (LEOPARDI, 2002, p. 117). É também quantitativa, por buscar traduzir, por intermédio de números, opiniões e informações para classificá-las e analisá-las, utilizando, para isso, recursos e técnicas estatísticas. Para Richardson (1999, p. 90), a pesquisa qualitativa "pode ser caracterizada como a tentativa de uma compreensão detalhada dos significados e características situacionais apresentadas pelos entrevistados". Para Marconi e Lakatos (2004, p. 269):

> O método qualitativo difere do quantitativo não só por não empregar instrumentos estatísticos, mas também pela forma de coleta e análise dos dados. A metodologia qualitativa preocupa-se em analisar e interpretar aspectos mais profundos, descrevendo a complexidade do comportamento humano. Fornece análises mais detalhadas sobre as investigações, hábitos, atitudes, tendências de comportamento.

No sentido do enfoque qualiquantitativo da pesquisa, Chemin (2020, p. 81) assevera que esse tipo de:

> [...] delineamento integrado que puder combinar dados qualitativos e quantitativos numa mesma investigação pode ser positivo, uma vez que as duas abordagens possuem aspectos fortes e fracos que se complementam, aproximando realidades subjetivas e objetivas, numa espécie de realidades intersubjetivas.

Quanto ao objetivo geral, a pesquisa é exploratória, pois, além de descrever as funções da multifuncionalidade presentes nos assentamentos rurais investigados, são realizadas análises explicativas envolvendo a organização dos agricultores e sua influência na dimensão econômica, na manutenção do tecido social e na preservação da cultura e do ambiente.

Quanto aos procedimentos técnicos utilizados na pesquisa, aparecem as seguintes técnicas: bibliográfica, documental e estudo de caso/ pesquisa de campo.

a. A bibliográfica, segundo Severino (2007, p. 123), "[...] é aquela que se realiza a partir do registro disponível, decorrente de pesquisas anteriores, em documentos impressos, como livros, artigos, teses, etc. [...]".
b. A documental utiliza documentos de órgãos oficiais para mapeamento da região de Araguatins, no estado de Tocantins.

c. Além disso, trata-se de um estudo de caso, uma pesquisa de campo, em que "[...] o objeto é abordado em meio ambiente próprio. A coleta de dados foi feita nas condições naturais em que os fenômenos ocorrem, sendo assim diretamente observados, sem a intervenção e o manuseio do pesquisador [...]" (SEVERINO, 2007, p. 123).

No Quadro 17, a seguir, é descrito o delineamento metodológico, desenvolvido a partir dos objetivos geral e específicos, os instrumentos utilizados e a técnica de análise da pesquisa.

Quadro 17 – Delineamento metodológico

| **Objetivo geral** | **Objetivos específicos** | **Instrumentos** | **Técnica de análise** |
|---|---|---|---|
| investigar o desenvolvimento e a forma como se expressam as funções da multifuncionalidade da agricultura familiar e sua influência na promoção do desenvolvimento rural dos assentamentos rurais do município de Araguatins/TO. | apresentar aspectos teóricos sobre o conceito de desenvolvimento e a relação com a multifuncionalidade da agricultura; | dados secundários | pesquisa bibliográfica |
| | traçar um perfil dos agricultores assentados de Araguatins/TO; | dados primários | pesquisa de campo-entrevistas |
| | diagnosticar se estão presentes e analisar como se expressam as funções da multifuncionalidade nos assentamentos rurais federais do município de Araguatins/TO; | dados primários | pesquisa de campo-entrevistas |
| | identificar os atores locais (lideranças dos assentamentos e instituições) que podem influenciar no desenvolvimento dos assentamentos rurais federais do município de Araguatins/TO | dados primários | pesquisa de campo |

Fonte: a autora (2022)

De forma resumida, o trabalho de pesquisa contemplou as seguintes etapas:

a. pesquisa bibliográfica/documental;

b. conversa preliminar com o gestor do Incra, unidade de Araguatins/ TO (além de gestor, é um dos assentados, há mais de 20 anos);

c. escolha da categoria dos assentamentos (pois na região há outros tipos de assentamentos, além dos reconhecidos pelo Incra);

d. escolha e elaboração dos instrumentos de coleta de dados (roteiro de entrevista);

e. teste do roteiro de entrevista realizado em janeiro de 2021; foram feitas cinco entrevistas na feira onde os assentados comercializam a produção (Ecosol);

f. ajustes no instrumento da coleta de dados;

g. coleta de dados;

h. tabulação e análise de conteúdo.

Na próxima seção, é descrita a área de estudo, que objetivou apresentar de forma holística o estado do Tocantins, microrregião do Bico do Papagaio, município de Araguatins, para, posteriormente, tratar do objeto específico, os assentamentos rurais de Araguatins/TO.

## 4.2 Área de estudo

O universo empírico, ao qual este trabalho se refere são os assentamentos rurais na região de Araguatins, estado de Tocantins. Foi realizado um mapeamento preliminar com base nos dados já existentes nos órgãos oficiais, para o entendimento mais aprofundado da área de estudo. Para tanto, fez-se necessária a caracterização do território, do macro ao micro, pois a instalação dos assentamentos, objeto de estudo desta pesquisa, ocorreu em 1989, a partir da formação do estado do Tocantins, da microrregião do Bico do Papagaio e do município de Araguatins. O foco de orientação da pesquisa são as famílias rurais dos assentamentos de Araguatins; por isso, considera-se o seu território como referência.

Assim, este subcapítulo tem por finalidade apresentar os aspectos necessários para o entendimento do território do estado do Tocantins, conhecido como microrregião do Bico do Papagaio, situado no extremo Norte do Estado e do município de Araguatins, onde estão localizados os assentamentos rurais, objeto de estudo desta pesquisa.

## 4.2.1 O estado do Tocantins

Figura 6 – Mapa do estado do Tocantins

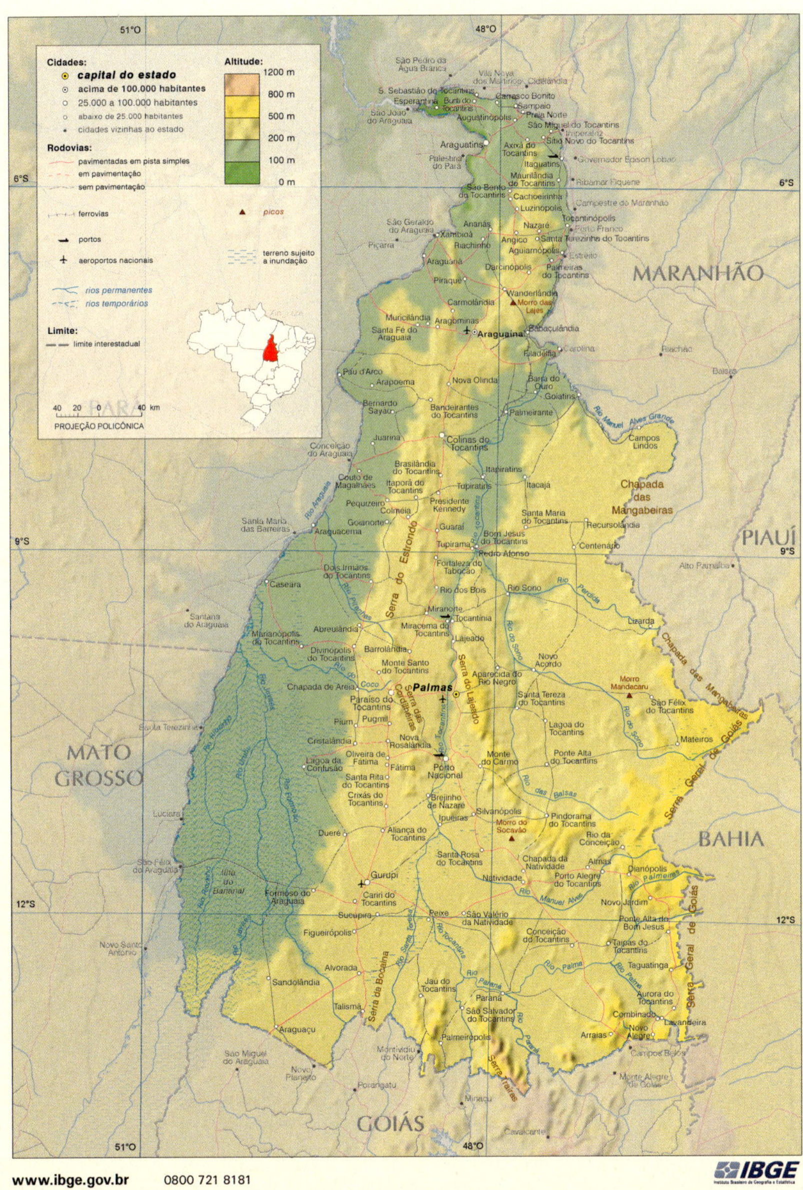


Fonte: IBGE (2023)

O estado do Tocantins (TO), emancipado de Goiás e instalado em 1º de janeiro de 1989, está localizado na parte oeste da Região Norte do Brasil, com extensão de 277.432,627 km2, correspondendo a 6,79% da Região Norte e a 2,86% do território nacional. É formado por 139 municípios, com uma população, estimada pelo IBGE no último censo em 2022, de 1.511.459 pessoas, com uma densidade demográfica de 5,45 hab./km², com rendimento nominal mensal domiciliar per capita de R$ 1.379 e Índice de desenvolvimento humano de 0,731. Comparando-o com outros estados da federação, ocupa a 13º posição nesse índice. A capital Palmas, desde janeiro de 1990, distante 973 km de Brasília, a capital federal, se situa entre as coordenadas 10º12'46" de Latitude Sul e 48º21'37" de Longitude Oeste, com 230m de altitude, e conta com uma população de 228.332 habitantes (IBGE, 2023).

A vegetação do estado caracteriza-se por bioma Cerrado (87% de seu território), com florestas de transição (12%). Tocantins se encontra na zona de transição geográfica entre o Cerrado e a Floresta Amazônica. Essa característica fica evidente na fauna e na flora locais, pois se misturam animais e plantas das duas regiões. O clima é tropical, com temperaturas médias anuais de 26ºC nos meses de chuva (outubro-março) e 32ºC na estação seca (abril-setembro). O volume de precipitação média é de 1.800mm/ano, nas Regiões Norte e Leste do estado, e de 1.000mm/ano, na Região Sul. Limita-se ao Norte, com os estados do Maranhão e Pará; ao Sul, com o estado de Goiás; a Oeste, com Pará e Mato Grosso; e a Leste, com os estados do Maranhão, Piauí e Bahia. Está dividido em duas mesorregiões e oito microrregiões, sendo cinco microrregiões pertencentes à mesorregião ocidental, e três, à mesorregião oriental (IBGE, 2023).

O estado do Tocantins possui o quarto maior Produto Interno Bruto (PIB) da Região Norte do país e ocupa o 24º lugar no *ranking* nacional. A área total do estado ocupada com estabelecimentos rurais é de 16.765.716 ha, sendo o território constituído por 5.885 estabelecimentos rurais, distribuídos em: 1.935, para a silvicultura e a exploração florestal; 1.536 para a pecuária, sendo a maior parte da área do território ocupada pela pecuária, que, por sua vez, é mantenedora da economia do estado. As maiores regiões de plantio no Tocantins estão localizadas em São Miguel do Tocantins (Bico do Papagaio) e Palmeirópolis (Gurupi). O eucalipto, a teca, o neem, a seringueira e o pinus são as principais espécies silvícolas cultivadas no estado. Segundo dados da Associação Brasileira de Produtores de Florestas Plantadas (ABRAF, 2013), o crescimento da área plantada no Tocantins foi de 40%, em 2011-2012. Ainda, 78,81% da população, o que corresponde a 1.090.241 habitantes, vive na zona urbana, e 21,19%, 293.212 habitantes vivem na zona rural.

De acordo com os dados do IBGE (2010), nos cerca de 378 assentamentos em todo o território, estão assentadas, aproximadamente, 23.405 famílias, que ocupam a área total de, aproximadamente, 1.241.685,88 milhões de hectares (IBGE, 2019; INCRA, 2017).

### 4.2.2 A microrregião do Bico do Papagaio/TO

O nome da microrregião do Bico do Papagaio vem da semelhança de sua forma geográfica com a de um bico de papagaio.

O território é uma microrregião do estado do Tocantins, localizado no extremo Norte, composto por 25 municípios: Aguiarnópolis, Ananás, Angico, Araguatins, Augustinópolis, Axixá do Tocantins, Buriti do Tocantins, Cachoeirinha, Carrasco Bonito, Darcinópolis, Esperantina, Itaguatins, Luzinópolis, Maurilândia do Tocantins, Nazaré, Palmeiras do Tocantins, Praia Norte, Riachinho, Sampaio, Santa Terezinha do Tocantins, São Bento do Tocantins, São Miguel do Tocantins, São Sebastião do Tocantins, Sítio Novo do Tocantins e Tocantinópolis. A grande maioria dessas cidades surgiu a partir da década de 1980, justificadas pelo início das discussões relativas à criação do estado do Tocantins e, após, com sua efetiva criação, pela Constituição Federal de 1988.

Para Ferraz (2000, p. 111), a região "deve ser compreendida não apenas pelo espaço geográfico entre o baixo Araguaia e o Tocantins, mas por uma vasta região de entorno, também conhecida como Amazônia Oriental, área correspondente ao norte do Tocantins, sul do Pará e oeste do Maranhão", ou seja, a região tocantina. O autor contribui afirmando que, historicamente, a ocupação do território ocorreu no início do século XIX, por intermédio de criadores de gado, de religiosos (em busca de almas) e de mineiros (em busca de ouro), responsáveis pela fundação das principais cidades ribeirinhas do Araguaia e do Tocantins. A sua inclusão histórica no movimento de ocupação do interior brasileiro foi demorada, descontínua e marginal.

Almeida (2010, p. 13) destaca que:

> [...] a formação regional do Bico do Papagaio perpassa por diversos contextos até adquirir os contornos atuais. A região, que pertencia ao Estado de Goiás, passou por um longo período de isolamento regional. Entre as décadas de 1960 e 1980, presenciou um período de conflitos agrários.

Para Rocha (2011, p. 51), o território "apresenta uma diversidade de situações no meio rural, influenciadas por fatores endógenos e exógenos tais como o avanço da fronteira agrária na área, as lutas e os conflitos agrários, programas e projetos governamentais, entre outros". Acrescente-se que, além de o território do Bico do Papagaio constituir uma área pioneira de acesso à Amazônia, a inserção da região na economia de mercado (final dos anos 1950) provocou o avanço da fronteira econômica, alterando profundamente a frágil estrutura socioeconômica local:

> A intensificação do povoamento dessa região se deu a partir do século XX, condicionada pelos diferentes ciclos econômicos, especialmente o da borracha e da castanha, que foram determinantes na constituição dos latifúndios e das oligarquias tradicionais na região, tendo o gado como atividade secundária subsidiária. Na década de 1950, começaram a ser implementadas várias ações que pretenderam incorporar a região do Bico do Papagaio, bem como de toda a Amazônia, ao cenário político e econômico nacional. A construção de diversas rodovias, como a Belém-Brasília, a PA- 070 (ligando Marabá à Belém-Brasília) e a PA-150 (ligando Belém ao sul e sudeste de Marabá), facilitou o acesso à região, promovendo a chegada de novos fluxos migratórios oriundos de diversos Estados e de novos atores vindos do Centro-Sul. Em função da valorização das terras e do consequente crescimento da grilagem, as rodovias levaram à expulsão de posseiros instalados nas suas margens (LEITE *et al.*, 2004, p. 52).

O Bico do Papagaio foi marcado por intensos conflitos agrários pela posse da terra, durante as décadas de 1970 e 1980, em que se opunham de um lado os trabalhadores rurais, em sua maioria oriundos dos fluxos migratórios da Região Nordeste do Brasil e, do outro, os fazendeiros e investidores provindos da Região Centro/Sul do país. Os segundos se apropriaram de grandes extensões de terra para a prática da pecuária de corte, motivados pelos incentivos fiscais oferecidos pelo governo federal, como forma de promover o crescimento econômico e a ocupação da Amazônia (ROCHA, 2011).

A microrregião já foi considerada área de intenso conflito agrário do país, notadamente, quando o território pertencia ao Norte do estado de Goiás, recebendo em seu espaço militares e guerrilheiros, no movimento denominado "Guerrilha do Araguaia", no período de 1972 a 1974. O conflito envolveu militantes do Partido Comunista Brasileiro (PCB), índios, camponeses, castanheiros e as Forças Armadas do Brasil. Ademais, um dos fatores que culminou na modificação do território foi a construção de rodovias. Atualmente, a microrregião do Bico do Papagaio no Tocantins é servida por duas rodovias estaduais: a TO-134 (conhecida na região como a Transbico, que dá acesso à Transamazônica) e a TO-201; e por duas rodovias federais: a BR-153 (Belém-Brasília) e a BR-230 (Transamazônica) (CARVALHO, 2006; SADER,1987).

Além disso, outrora vivia isolada devido ao seu distanciamento da sede administrativa do estado (Goiás), passou por um período de intensas mudanças em sua conformação territorial, em seu espaço geográfico, em virtude da implantação de projetos nas esferas federal e estadual, como as rodovias Belém-Brasília e a Transamazônica, além de incentivos fiscais promovidos pela Superintendência do Desenvolvimento da Amazônia (Sudam). Essas transformações contribuíram para o afluxo de empresários da Região Sul e do Sudeste do país, que, articulados com as elites locais, cooperaram na organização da estrutura de grilagem de terras, responsável por um dos episódios mais sangrentos dos conflitos fundiários neste país.

Situado na zona de transição entre o bioma Cerrado e a Amazônia, com área de 15.768 $Km^2$, o Bico do Papagaio conta com uma população de 215.893 habitantes, com uma densidade de 13,7 hab./$km^2$, dos quais 33,87% vivem na zona rural, ou seja, 66.516 habitantes. O número de estabelecimentos da agricultura familiar é de 7.202, ocupados por cerca de 22.814 pessoas, enquanto a população urbana equivale a 129.851 habitantes. Na microrregião, há 6.099 famílias assentadas pela reforma agrária, divididas em 108 projetos, ocupando uma área de 243.299 ha. O Índice de Desenvolvimento Humano (IDH) médio da região é 0,6226, ou seja, mediano

Após a implementação da política territorial no Brasil, em 2003, foi constituído o Território do Bico do Papagaio (TBP-TO), o primeiro instituído no estado do Tocantins, em que o governo federal buscou privilegiar as áreas com maiores problemas em relação a questões agrárias – a luta pela posse da terra e a violência no campo – e maiores demandas por parte dos agricultores familiares. Diante disso, "o processo de formação deste Território ocorreu em meio às disputas pela terra e pelos recursos naturais em uma região com baixo índice de desenvolvimento. O Território do Bico do Papagaio (TBP-TO), inicialmente, foi Território de Identidade (TRI)" (BERALDO, 2016, p. 92). Em 2003, após a criação do Programa Nacional de Desenvolvimento Sustentável de Territórios Rurais (Pronat), passou a Território Rural (TR) e, em 2008, com a criação do Programa Territórios da Cidadania (PTC), passou a ser Território da Cidadania (TC).

O TBP-TO possuía duas unidades de conservação: uma estadual e outra municipal. A estadual, criada em 2002, a Área de Proteção Ambiental (APA) Lago de Santa Isabel, localizada nos municípios de Ananás, Riachinho, Xambioá e Araguanã, em uma faixa que abrange 600m da cota máxima de inundação da futura usina hidrelétrica de Santa Isabel, foi instituída com a finalidade de proteger e conservar as diversidades biológicas, bem como disciplinar o processo de ocupação das áreas de entorno do reservatório a ser formado pela futura usina e garantir a sustentabilidade dos recursos naturais e a proteção do ambiente terrestre e aquático.

Entretanto, em 14 de novembro de 2018, ato publicado no Diário Oficial do estado do Tocantins revogou o Decreto 1.558, de 1º de agosto de 2002, que instituía a unidade de conservação, criada em função da possibilidade de instalação de uma usina hidrelétrica nas proximidades. O presidente do Instituto Natureza do Tocantins, Marcelo Falcão, destacou:

> A medida foi criada com um objetivo específico que seria a diminuição dos impactos ambientais causados pela possível usina, mas o empreendimento não foi autorizado pelo Instituto Brasileiro do Meio Ambiente e de Recursos Naturais (Ibama), e a criação da APA ficou obsoleta" (ÁREA DE PROTEÇÃO, 2018, s/p).

A outra unidade de conservação ambiental é municipal, a APA do Rio Taquari, localizada na microbacia do Rio Taquari, criada pela Lei n.º 806/2002, pelo município de Araguatins:

> § 1°- A declaração de que trata o *caput* deste artigo, além de garantir a conservação da fauna, da flora e do solo, tem por objetivo proteger a qualidade das águas e as vazões do manancial que abastece a cidade de Araguatins, assegurando as condições de sobrevivência necessárias para a população humana.
> § 2°- A APA DO RIO TAQUARI será implantada, supervisionada, administrada e fiscalizada pela Guarda Municipal de Araguatins, em articulação com os demais órgãos estaduais do meio ambiente envolvidos.

O território do Bico do Papagaio possui uma terra indígena, que ocupa 9% do território, numa área de 142.000 ha, com uma população de 2.342 habitantes (dados de 2014), em situação oficial de reconhecimento: HOMOLOGADA. REG CRI E SPU (Decreto s/n - 04/11/1997) (TERRAS, 2019, s/p). Esses rápidos apontamentos foram para situar a região analisada, abrangendo aspectos do geral para o particular. O próximo item aborda um dos 25 municípios que compõem a microrregião do Bico do Papagaio, no qual estão localizados os 21 assentamentos, objeto de estudo deste livro.

### 4.2.3 O município de Araguatins

De acordo com IBGE (2010), a história de Araguatins data de 1867, quando a região começou a ser povoada, registrando-se como primeiro morador Máximo Libório da Paixão. No ano seguinte, estabeleceu-se no local Vicente Bernardino Gomes, o fundador da povoação. O lugarejo foi reconhecido como povoado pela Lei Provincial n.º 691, de 1872, com o nome de São Vicente do Araguaia, em homenagem a São Vicente Ferrer, Padroeiro da localidade, e ao Rio Araguaia, que banha a região. Sob a orientação de Frei Salvino de Remini, teve início, em 1878, a vida religiosa, que perdurou até o final do século XIX, quando a povoação experimentou o declínio decorrente da revolução política em Tocantinópolis. Contudo, retomou a marcha progressiva em 1900. Houve, em seguida, novo período revolucionário, que durou mais de uma década.

Em 1913, o povoado foi elevado a município, com o topônimo de São Vicente, por meio da Lei Estadual n.º 426, de 21 de junho de 1913. No entanto, a instalação não se efetivou, permanecendo embrionária até 7 de setembro de 1931, quando, pelo Decreto n.º 1.224, de 7 de junho, foi instalado oficialmente o município. No mesmo ano, ocorreu a visita da Família Imperial (D. Pedro de Orleans e Bragança, D. Pedro Gastão e a Princesa Dona Francisca), em viagem pelo interior do Brasil. Em 1945, o Decreto-lei Federal n.º 7.655, de 18 de junho, determinou a transferência da sede do município para o distrito de Itaguatins, efetivada pelo Decreto Estadual n.º 550, de 19 de julho do mesmo ano. Pelo Decreto-lei Estadual n.º 8.305, de 31 de dezembro de 1945, São Vicente passou a se denominar Araguatins, combinação decorrente de Araguaia e Tocantins, os dois grandes rios que fazem confluência municipal. Depois de três anos da transferência da sede, o município foi criado pela segunda vez, em 13 de outubro de 1948, pela Lei Estadual n.º 184, e instalado oficialmente em 1º de janeiro de 1949. A partir dessa data, o município ingressou num período de expressivo progresso.

Araguatins é o maior município da microrregião, com área territorial total de 2.633,278 km², representando 15,4% da população da microrregião do Bico do Papagaio. Está localizado no Norte do estado do Tocantins, na microrregião do Bico do Papagaio, latitude S-05º39'04" e longitude O-48º07'28". Conta com uma população estimada, em 2022, de 31.918 pessoas, com densidade demográfica de 12,12 hab./km².

O Índice de Desenvolvimento Humano Municipal (IDHM) é de 0,631 (2010), e o PIB *per capita* é de R$ 12.880,85 (2020). O clima é tropical úmido, com precipitação média anual de 1700 mm. Seus principais afluentes são o Rio Araguaia e o Rio Taquari. O solo é caracterizado, principalmente, pela presença de latossolos e neossolos (IBGE, 2023). Quanto às variáveis trabalho e rendimento:

> Em 2018, o salário médio mensal era de 2.0 salários mínimos. A proporção de pessoas ocupadas em relação à população total era de 5.9%. Na comparação com os outros municípios do estado, ocupava as posições 13 de 139 e 121 de 139, respectivamente. Já na comparação com cidades do país todo, ficava na posição 2163 de 5570 e 4928 de 5570, respectivamente. Considerando domicílios com rendimentos mensais de até meio salário mínimo por pessoa, tinha 46,1% da população nessas condições, o que o colocava na posição 62 de 139 dentre as cidades do estado e na posição 2016 de 5570 dentre as cidades do Brasil (IBGE, 2021, s/p).

No que diz respeito aos indicadores sociais, em relação aos 139 outros municípios do estado do Tocantins, Araguatins ocupa a 78ª posição, sendo que 77 (55,40%) municípios estão em situação melhor, e 62 (44,60%) estão em situação pior ou igual. Araguatins ocupava a 3.469ª posição, em 2010, em relação aos 5.565 municípios do Brasil, sendo que 3.468 (62,32%) municípios estão em situação melhor, e 2.097 (37,68%) estão em situação igual ou pior (IBGE, 2020). A taxa de escolarização de 6 a 14 anos de idade (2010) é de 95,5 %. Em comparação com outros municípios do país, ocupa a posição 5570º e, no estado, o 139º lugar. No quesito território e ambiente, apresenta:

> [...] 1.8% de domicílios com esgotamento sanitário adequado, 86.9% de domicílios urbanos em vias públicas com arborização e 0.3% de domicílios urbanos em vias públicas com urbanização adequada (presença de bueiro, calçada, pavimentação e meio-fio). Quando comparado com os outros municípios do estado, fica na posição 122 de 139, 48 de 139 e 45 de 139, respectivamente. Já quando comparado a outras cidades do Brasil, sua posição é 5255 de 5570, 1805 de 5570 e 4686 de 5570, respectivamente (IBGE, 2021, s/p).

Mormente, a precariedade com relação ao esgotamento sanitário adequado reflete negativamente na questão da saúde, uma vez que as internações em decorrência de diarreias são de 2,4 para cada 1.000 habitantes; já a taxa de mortalidade infantil média na cidade é de 12,30 para 1.000 nascidos vivos. "Comparado com todos os municípios do estado, fica nas posições 62 de 139 e 19 de 139, respectivamente. Quando comparado a cidades do Brasil todo, essas posições são de 2510 de 5570 e 1360 de 5570, respectivamente" (IBGE, 2021, s/p).

O município une aspectos dos biomas Cerrado e Amazônia na vegetação. Devido aos seus aspectos físicos, o município é bastante propício para o desenvolvimento da agricultura, da pecuária, entre outros, sendo a agricultura familiar de grande relevância para Araguatins. Segundo o Censo Agropecuário de 2017, realizado pelo Instituto Brasileiro de Geografia e Estatística (IBGE), são 154.753 hectares com estabelecimentos agropecuários, ocupados por 2.114 unidades. As lavouras permanentes são 212 (com o cultivo de açaí, acerola, banana, castanha de caju, coco-da-baía, cupuaçu, graviola, laranja, lichia, limão, manga, maracujá, mamão e semente de urucum etc.). Já as lavouras temporárias são em número de 1.240 (abacaxi, abóbora, amendoim, arroz, batata-inglesa, cana-de-açúcar, fava, feijão, gergelim, mandioca, melancia, milho, tomate etc.). Há também sete áreas para o cultivo de flores.

Já as áreas de pastagens dividem-se em três: a) as naturais (578); b) as plantadas em boas condições (1.740); c) as plantadas em más condições (499). As florestas naturais são em número de 588; as naturais destinadas à preservação permanente ou reserva legal são 1.174; e as florestas plantadas estão presentes em oito estabelecimentos. A mão de obra humana ocupada na agropecuária corresponde a 6.199 pessoas. As criações se dividem em: asininos, bovinos, bubalinos, caprinos, codornas, equinos, galináceos, muares, ovinos, patos, perus e suínos (IBGE, 2021).

Para o entendimento e a redefinição de outras práticas sociais, as relações sociais em torno da posse da terra podem ser compreendidas como ponto de partida. Nesse sentido, é importante destacar o surgimento de novas relações, uma gama de instituições envolvidas, alterações socioculturais e econômico-institucionais, que, no entanto, nem sempre contam com um adequado suporte das políticas públicas, em que pese a construção/reconstrução das relações sociais tenha caráter histórico. O município de Araguatins não é diferente dessa realidade. Assim, no próximo item, apresenta-se os dados da geografia e outras informações dos assentamentos deste território.

## 4.3 População e amostra: os assentamentos rurais federais de Araguatins/TO

Na Figura 7, a seguir, a representação da microrregião, a geografia dos assentamentos rurais de Araguatins, a microrregião do Bico do Papagaio com os municípios que o compõem e o município de Araguatins e os assentamentos.

Figura 7 – Geografia dos assentamentos rurais de Araguatins/TO

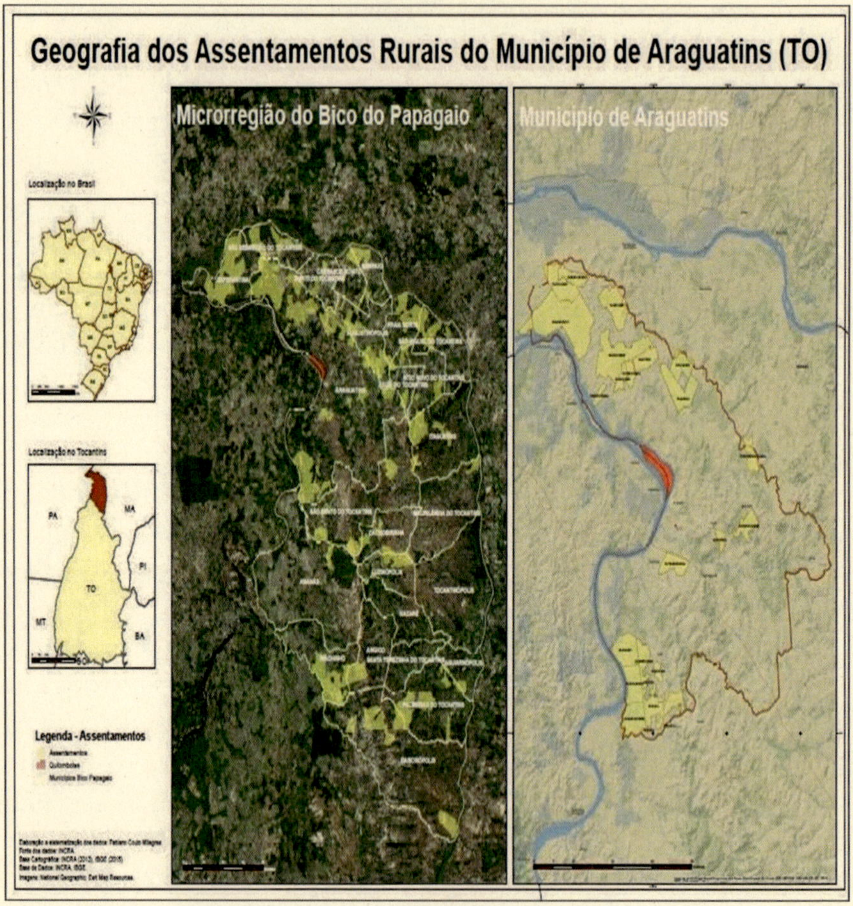

Fonte: Milagres (2018), a partir de dados do Incra

Verifica-se que os assentamentos são distribuídos de forma espaçada. Há uma concentração maior na Região Norte, com 11 assentamentos; quatro, na Região Central; e seis, na Região Sul. O território de Araguatins envolve um universo de 21 assentamentos, segundo dados do Incra (2021), compreendendo 13 municípios: São Bento, Araguatins, Esperantina, São Sebastião, Buriti, Carrasco Bonito, Sampaio, Praia Norte, Augustinópolis, Axixá, Sítio Novo, São Miguel e Itaguatins. São 1.382 famílias distribuídas nesses agrupamentos.

Na Tabela 4, está a relação dos assentamentos rurais da região de Araguatins reconhecidos pelo Incra, objeto deste livro.

Tabela 4 – Projeto de assentamentos (PA) de Araguatins/TO

| N.º | Assenta-mentos | Capaci-dade de Famílias | N° de Famílias | Área (ha) | Forma de obtenção | Data de criação |
|---|---|---|---|---|---|---|
| 01 | Santa Cruz II | 281 | 276 | 10.548.2049 | Desaprop. | 27/02/1989 |
| 02 | Trecho Seco | 30 | 25 | 801.9024 | Arrecada. | 08/03/1989 |
| 03 | Ouro Verde | 135 | 122 | 5.750.8256 | Compra | 30/11/1989 |
| 04 | Água Limpa | 23 | 23 | 764.3364 | Arrecada. | 10/01/1995 |
| 05 | Nova Vida | 14 | 11 | 469.1269 | Desaprop. | 23/02/1995 |
| 06 | Ronca | 92 | 81 | 3.702.8522 | Desaprop. | 23/02/1995 |
| 07 | São José | 86 | 86 | 3.110.1953 | Desaprop. | 29/12/1995 |
| 08 | Atanásio | 95 | 87 | 2.930.5349 | Compra | 02/07/1996 |
| 09 | Dona Eunice | 79 | 70 | 2.507.5448 | Compra | 02/07/1996 |
| 10 | Marcos Freire | 86 | 72 | 2.768.3972 | Compra | 02/07/1996 |
| 11 | Padre Josimo | 54 | 50 | 1.601.2725 | Compra | 02/07/1996 |
| 12 | Santa Helena | 22 | 22 | 555.6764 | Arrecada. | 24/12/1996 |
| 13 | Professora Djanira | 60 | 46 | 1.382.5982 | Desaprop. | 31/12/1996 |
| 14 | Mutirão | 65 | 58 | 1.640.2508 | Desaprop. | 31/12/1996 |
| 15 | Transaraguaia | 45 | 38 | 1.821.1393 | Desaprop. | 31/12/1996 |
| 16 | Rancho Alegre | 54 | 46 | 1.629.8646 | Desaprop. | 17/04/1997 |
| 17 | Maringá | 92 | 85 | 3.271.0761 | Desaprop. | 15/06/1998 |
| 18 | Petrônio | 20 | 18 | 618.2566 | Desaprop. | 19/06/1998 |
| 19 | Santa Helena II | 46 | 45 | 1.761.7000 | Desaprop. | 10/10/2006 |
| 20 | Palmares | 52 | 52 | 1.914.1655 | Desaprop. | 03/12/2007 |
| 21 | Nova União | 80 | 69 | 2.921.9058 | Desaprop. | 18/08/2009 |
| | **Total** | 1511 | 1382 | - | - | - |

Fonte: a autora, a partir de dados do Incra (2023)

O universo da pesquisa é de 1.382 famílias assentadas, com os respectivos nomes iniciados pela sigla (PA), que significa projeto de assentamento. A referida tabela também traz a quantidade de famílias que cada projeto comporta, o número de famílias assentadas, a área (ha) e a data da criação. O Incra distribuiu uma média de cinco alqueires para cada família, cerca de 25 hectares de terra agricultável. O primeiro projeto de assentamento (PA) criado foi o Santa Cruz II, em 1989, e o último Nova União, em 2009.

O ano que mais foram criados assentamentos nessa região foi 1996, oito assentamentos. Observa-se também que somente três assentamentos estão com a capacidade de famílias completa; existe, portanto, uma ociosidade de 129 lotes que poderiam estar ocupados e produzindo, ou foram dados outra destinação (compra).

Convém mencionar que os projetos de reforma agrária são classificados conforme fase de implementação. De acordo com o relatório do Incra de setembro de 2023, os assentamentos em fase de instalação são: Santa Helena II, Palmares, Nova União; os assentamentos em estruturação: Santa Cruz II, Trecho Seco, Água Limpa, Nova Vida, Ronca, Santa Helena, Prof.ª Djanira, Transaraguaia; os em fase de consolidação: Petrônio, Mutirão, Ouro Verde, São José, Atanásio, Dona Eunice, Marcos Freire, Padre Josimo, Rancho Alegre, Maringá. Verifica-se, também, que 13 assentamentos foram obtidos de desapropriação, cinco foram provenientes de compra e três de arrecadação (INCRA, 2023).

Diante da impossibilidade de realizar um levantamento do universo da população, 1382 famílias, utiliza-se a técnica de trabalhar com uma parcela desse universo, denominada amostra, que contém as características da população ou do universo (PARRA FILHO; SANTOS, 2001). Para Chemin (2020, p. 78), "a amostra é apenas uma parte da população de estudo, que deve procurar preencher duas exigências: a representatividade e a proporção". Já Marconi e Lakatos (2006) abordam a amostra como uma parcela favoravelmente selecionada do universo (população), como uma espécie de subconjunto do universo.

Para Spiegel (1993), uma forma de obter uma amostra que represente uma população finita é verificar se cada um dos elementos da população tem a mesma probabilidade de participar da amostra, que é então chamada de amostragem aleatória ou de amostragem probabilística. Essa amostra aleatória sistemática pode ser processada num sorteio ou em outro método equivalente. Assim, a escolha das famílias a serem entrevistadas dentro dos assentamentos foi realizada seguindo o critério de aleatoriedade sistemática. Utilizou-se como critério de seleção: a) três assentados de cada assentamento; b) titular da terra; b) localização acessível (os mais próximos da entrada do assentamento) c) disponibilidade. A pesquisa foi realizada nos 21 assentamentos. O objeto da pesquisa foi visto como uma unidade social, não restrito a uma unidade produtiva. O enfoque foi o primeiro nível de análise da multifuncionalidade da agricultura familiar dos quatro níveis existentes:

1. famílias rurais;
2. o território;
3. a sociedade;
4. políticas públicas.

Em cada assentamento, foram escolhidas três famílias assentadas de acordo com a disponibilidade e o interesse para participar da entrevista. Foram entrevistadas 63 famílias, correspondendo a 4,5% do universo de famílias assentadas pelo Incra, em Araguatins/TO, distribuídas entre as diferentes áreas existentes nos assentamentos selecionados. Estatisticamente, não é uma amostragem com grande representatividade; entretanto, foi uma maneira de viabilizar a execução da pesquisa de campo (entrevistas); um número maior de famílias demandaria mais custos e mais tempo. Reconhece-se, portanto, o limite do presente estudo.

Além das 63 famílias, foram entrevistados três jovens (duas mulheres e um homem) moradores dos assentamentos, pois há perguntas direcionados diretamente a esse público, que se justifica por estarem dispostos a responder e contribuir com a pesquisa: um representante do Incra (responsável pela superintendência de Araguatins), um representante do IFTO – campus Araguatins (professor e coordenador de extensão), o presidente do Sindicato dos Trabalhadores Rurais Agricultores e Agricultoras familiares de Araguatins e quatro presidentes de associações dos respectivos projetos de assentamento – Padre Josimo; Atanásio; Dona Eunice e Trecho Seco.

O próximo item traz a descrição da coleta de dados da pesquisa e a forma de análise.

### 4.4 Coleta dos dados

Marconi e Lakatos (2006) afirmam que a coleta de dados é a etapa de pesquisa em que se inicia a aplicação dos instrumentos elaborados e das técnicas selecionadas, a fim de efetuar a coleta das informações pretendidas. Cervo e Bervian (1996) argumentam que a coleta de dados é uma tarefa importante, ao envolver diversos passos, como a determinação da população a ser estudada, a elaboração do instrumento de coleta, a programação da coleta e os dados e a própria coleta. São utilizados como procedimentos técnicos de coleta de dados os seguintes instrumentais:

a. pesquisa bibliográfica, com contribuições publicadas, físicas e/ou digitais, de autores, entidades e de outras fontes sobre o tema;
b. pesquisa documental, com o uso de legislação, documentos, tabelas de órgãos oficiais, mapas etc.;
c. levantamento fotográfico, um recorte da realidade estudada, para entender a paisagem, o acesso, a habitabilidade;
d. observação direta, para entender a ação antrópica no meio ambiente;
e. entrevistas realizadas individualmente com os pesquisados, por meio de roteiro com perguntas.

Como opção metodológica, considerou-se o roteiro de perguntas para coletar as informações, pois ele abre a possibilidade de obter dados estatísticos e respostas singulares de cada pesquisado. As perguntas foram elaboradas a partir do referencial teórico a respeito da multifuncionalidade da agricultura e do desenvolvimento, pautado na concepção de Sen (2000, 2010), que não descarta o econômico do desenvolvimento, mas se concentra na tese da melhoria da qualidade de vida das pessoas e das liberdades de que desfruta. Assim, a pesquisa em questão tem o intuito de dar ênfase a quatro expressões da multifuncionalidade da agricultura familiar dos assentamentos rurais de Araguatins:

a. a reprodução socioeconômica das famílias rurais: renda para os membros, condições de permanência no campo para o jovem, tecnologias utilizadas, principais canais para a comercialização (por meio de entrevista);
b. a promoção da segurança alimentar das próprias famílias rurais e da sociedade (por meio de entrevista);
c. a manutenção do tecido social e cultural: legitimação e percepção de identidades sociais, promoção da integração social (por meio de entrevista);
d. a preservação da paisagem rural e dos recursos naturais: preservação da biodiversidade e práticas agroecológicas (observação direta como técnica é usada nesta pesquisa para registrar dados

referentes às características técnico-produtivas, paisagem rural onde as famílias produzem as suas culturas, bem como os locais da sua habitação – uso de técnicas para a conservação de solo, técnicas de conservação de solo, uso de agrotóxico, desmatamento e/ou queimada na área a cultivar).

Com base nas expressões da multifuncionalidade da agricultura supracitada, o roteiro de perguntas da entrevista com os assentados rurais foi constituído, totalizando 63 perguntas divididas em oito eixos temáticos:

1. caracterização dos assentados;
2. relações com a terra/trajetória familiar;
3. condições de infraestrutura dos assentamentos;
4. reprodução socioeconômica das famílias;
5. promoção da segurança da sociedade e das próprias famílias rurais;
6. manutenção do tecido social e cultural ("vivabilidade");
7. preservação da paisagem e paisagem rural;
8. presença de atores sociais, instituições e lideranças e suas ações.

A pesquisa de campo foi realizada em dezembro de 2020 e janeiro de 2021, dividida em duas fases.

**1ª fase**: a preliminar, que teve como escopo a aproximação com o objeto de estudo, conhecer *in loco* um dos lugares de venda da produção dos assentados (Feira Ecosol). Na oportunidade, foi realizado o teste do roteiro de perguntas com cinco assentados, para obter com exatidão o tempo estimado e para verificar se estavam adequados e de fácil entendimento os termos utilizados no *checklist* das perguntas. A escolha dos participantes ocorreu de forma aleatória, de acordo com a disponibilidade dos assentados feirantes.

A Feira da Economia Solidária e da Agricultura Familiar, a Ecosol, foi instituída em 22 de novembro de 2018, pelo Decreto n.º 208/2018, art. 1º, que dispõe sobre a sua finalidade:

> Art. 1º. [...].
> I – Incentivar as atividades rurais e urbanas, valorizando os produtos e o pequeno produtor de Araguatins, fixando o homem ao campo e oportunizando o pequeno produtor urbano;

> II – Proporcionar a comercialização de mercadorias e produtos hortifrutigranjeiros, agro industrializados e produtos resultantes da manipulação e transformação de matérias-primas e artesanatos produzidos em suas respectivas propriedades;
> III – Divulgar diversos produtos que são produzidos na área rural e urbana do município de Araguatins;
> IV – Incentivar a diversificação da propriedade rural e urbana;
> V – Melhorar a qualidade de vida na zona rural e urbana;
> VI – Oferecer alimentos de boa qualidade e segurança alimentar à população;
> VII – Agregar, através da comercialização, valores, aumentando a renda familiar, consequentemente proporcionando melhores condições de vida às famílias.

No dia 17 de abril de 2019, por meio da Portaria GAB/N.º 018/2019, o prefeito municipal de Araguatins, estado do Tocantins, instituiu a Comissão Organizadora da Feira da Economia Solidária e da Agricultura Familiar (Ecosol) do município de Araguatins. A feira funciona às quartas-feiras, no horário das 15 horas às 21 horas, no espaço em frente à rodoviária, na Avenida Araguaia. O interessado em comercializar na Feira deve provar a condição de produtor e assinar a declaração de conhecimento e concordância junto à Comissão de Organização da Feira e, após a aprovação, preencher a ficha cadastral de produtor feirante e apresentar uma relação de documentos solicitados (ARAGUATINS, 2019). Feito o teste, verificou-se que alguns termos utilizados nas perguntas não eram inteligíveis, sendo necessária a reformulação das questões, o que demandou mais tempo para a conclusão da entrevista. Foi necessário fazer ajustes no instrumento de coleta de dados.

**2ª fase**: a pesquisa de Campo. Após os ajustes no instrumento de coleta de dados (entrevista), foram dois os locais da pesquisa de campo: a Feira Ecosol e os 21 assentamentos rurais federais de Araguatins, nos meses de dezembro 2020 e janeiro de 2021. Foram escolhidas, de forma aleatória e assistemática, três famílias da relação dos assentamentos (Tabela 2), segundo os critérios de acessibilidade (casas mais próximas do início do assentamento) e a disponibilidade do titular da terra em participar da pesquisa. As entrevistas, com perguntas abertas, possibilitaram que os participantes se expressassem livremente. A entrevistadora primou por uma linguagem acessível e fez perguntas inteligíveis ao público-alvo, bem como deixou os assentados à vontade para suas justificativas e seus comentários, o que agregou conteúdo à investigação. Cada entrevista teve a duração de 45 minutos, período em que foi possível fazer o registro fotográfico e a observação direta.

Os entrevistados foram de diferentes gêneros e idades, todos maiores de 18 anos. No eixo temático de reprodução econômica das famílias (Apêndice C), foi abordada especificamente a permanência dos jovens no campo. Nesse caso, foi apropriado obter diretamente deles as respostas, sendo, portanto, entrevistados três jovens das famílias escolhidas, moradores dos assentamentos (Apêndice D). Outro grupo de entrevistados foram os atores presentes na região de Araguatins, que atuam ou já atuaram nos assentamentos, representantes das entidades: Ifto (Apêndice E), presidente de quatro associações dos projetos dos assentamentos (Apêndice F), Incra (Apêndice G), Sindicato dos Trabalhadores Rurais Agricultores e Agricultoras familiares de Araguatins/TO, com o intuito de entender sua atuação nos assentamentos, as dificuldades e as perspectivas.

### 4.5 Análise dos dados

A análise de dados "objetiva sumariar, classificar e codificar os dados e as informações coletadas, para buscar, por meio de raciocínios dedutivos, indutivos, comparativo ou outros, as respostas pretendidas para a pesquisa" (CHEMIN, 2020, p. 79). Considerando a natureza qualiquantitativa da pesquisa, decidiu-se utilizar o método da análise de conteúdo, entendido como "o conjunto de técnicas de análise das comunicações. Não se trata de um instrumento, mas de um leque de apetrechos" (BARDIN, 2016, p. 37). A análise de conteúdo, com base no autor mencionado, organiza-se em torno de três polos cronológicos:

1. pré-análise: fase de organização da pesquisa, quando é definido o *corpus* do material a ser analisado;
2. exploração do material: "esta fase, longa e fastidiosa, consiste essencialmente em operações de codificações, decomposição ou enumeração, em função de regras previamente formuladas" (BARDIN, 2016, p. 131);
3. tratamento dos resultados obtidos e sua interpretação: "os dados brutos são tratados de maneira a serem significativos (falantes) e válidos", tratados por meio de quantificação simples ou complexa (BARDIN, 2016, p. 131).

Nesse sentido, a análise de conteúdo permite o uso de dados coletados e armazenados em um banco de dados específico, neste caso, criado no programa Microsoft Excel, versão 2016. Após a verificação de erros e inconsistências, foi realizada uma análise descritiva estatística por meio de frequências relativas e absolutas das respostas dos entrevistados.

## 4.6 Aspectos éticos

O projeto de pesquisa deste livro foi encaminhado para avaliação do Comitê de Ética em Pesquisa da Univates (Coep), seguindo as diretrizes exigidas, e recebeu o parecer favorável de n.º 4.417.744, no dia 24 de novembro de 2020 (Apêndice A). No momento da coleta de dados, os entrevistados foram instruídos verbalmente quanto à natureza da pesquisa, a seus resultados e à sua não vinculação aos órgãos governamentais, bem como foi feita a leitura e a assinatura do Termo de Consentimento Livre e Esclarecido (TCLE) (Apêndice B) pelos participantes, sendo-lhes entregue uma cópia assinada pela pesquisadora. Também foi ressaltado que eles não seriam identificados pelos seus nomes, e os dados gerados durante o processo não seriam utilizados para outro fim que não o da pesquisa acadêmica. Todos assinaram de livre e espontânea vontade o TCLE. Há, portanto, o comprometimento da pesquisadora de não revelar a identidade dos participantes, ou seja, apenas apresentar de forma generalizada os resultados, em publicações e em eventos científicos.

Neste capítulo, apresentou-se o embasamento metodológico que sustenta a presente pesquisa. Foram detalhados os procedimentos de geração, organização e análise dos dados. No capítulo que segue, são apresentados os resultados da pesquisa.

5

# ANÁLISE E DISCUSSÃO DOS RESULTADOS

Este capítulo aborda inicialmente os resultados da pesquisa, em seguida, para atender aos objetivos, a análise se concentra na manifestação e na discussão das funções da multifuncionalidade da agricultura familiar e em sua relação com o desenvolvimento rural, descrevendo como essas funções se expressam e de que forma influenciam a promoção do desenvolvimento rural dos assentamentos rurais reconhecidos pelo Incra, no município de Araguatins/TO.

## 5.1 Caracterização dos agricultores assentados e sua relação com a terra

Este primeiro item do roteiro da entrevista traça o perfil dos titulares da terra (sexo, idade, escolaridade), a estrutura do núcleo familiar (número de pessoas) e da participação de todos no processo produtivo, assim como o tempo de assentados, bem como informações que esclarecessem sua origem e a atividade desenvolvida antes de serem assentados; a forma de conquista do lote; o significado da terra e como se identificam (trabalhador rural, camponês, agricultor familiar, lavrador, assentado). Outras questões suscitadas foram quanto à conquista do título definitivo: as perspectivas de permanecer na atividade; as vantagens percebidas por eles em relação à vida na cidade; e, por fim, como percebem a qualidade de vida no assentamento, o que os motiva e/ou desmotiva a permanecer como assentado.

O Gráfico 1, a seguir, agrupa informações (sexo, idade e escolaridade) dos agricultores assentados entrevistados. Utilizou-se um agrupamento distinto de intervalos na faixa etária para enfatizar os assentados que possuem idade superior a 70 anos.

Gráfico 1 – Caracterização dos assentados rurais de Araguatins

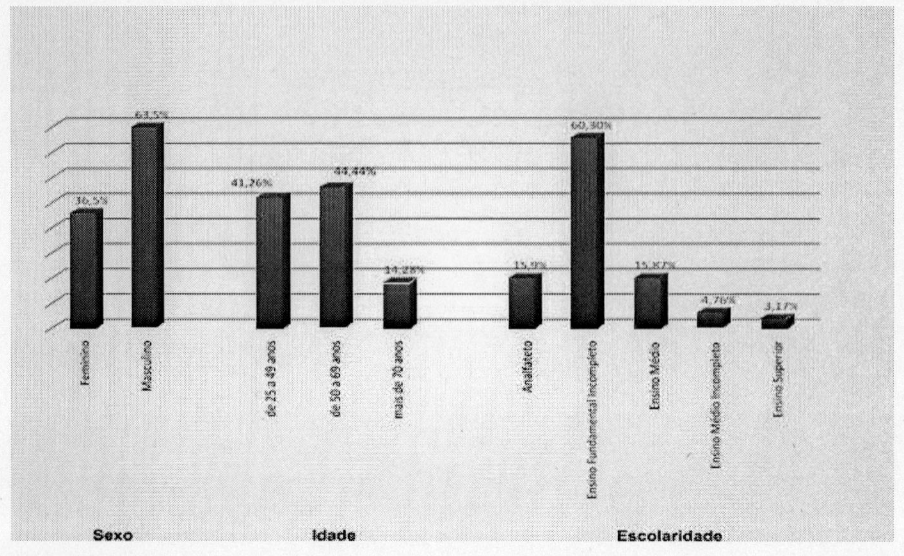


Fonte: a autora (2023)

Observa-se que 63,50% são do sexo masculino, enquanto a quantidade de mulheres que exercem a atividade rural é de 36,50%. Sen (2000) afirma que elas são agentes importantes no desenvolvimento e devem também usufruir as liberdades instrumentais, contribuindo, assim, para uma maior abrangência do desenvolvimento no seu entorno. Quanto à faixa etária dos entrevistados, percebe-se um perfil etário variado (jovens, adultos e idosos): 41,26% dos entrevistados tinham entre 25 e 49 anos; a maior porcentagem, 58,72 %, está com idade acima de 50 anos. Com o envelhecimento, há uma expressiva perda da força de trabalho. A questão do envelhecimento no âmbito rural é uma tendência, o que foi possível confirmar nos assentamentos rurais investigados, fato que anuncia uma possível ameaça à continuidade da atividade no futuro, caso diminua a presença dos mais jovens.

Maluf (2003, p. 146) corrobora ao afirmar que "o envelhecimento dos responsáveis pelas unidades familiares, com a saída dos jovens, reforça a já referida retração da atividade agrícola, que vem sendo parcialmente compensada pelas rendas de previdência rural". A aposentadoria para os agricultores idosos é um fator determinante e indispensável para a permanência nos assentamentos, proporcionando-lhes segurança financeira por terem dedicado suas vidas à atividade rural, contribuindo também com a sociedade local.

Para Buainain *et al.* (2003), esse processo de envelhecimento tem duas peculiaridades que são díspares: a princípio, com o envelhecimento, há o acúmulo de experiência, que pode denotar ampla capacidade de gestão, um fator positivo na adoção de práticas sustentáveis; em contrapartida, podem ter um horizonte de planejamento mais curto por conta da idade, refreando a construção de novos conhecimentos.

Quanto ao índice de escolaridade dos entrevistados, 60,30% afirmaram ter ensino fundamental incompleto; 15,90% são analfabetos, que relatam: *"Minha escola foi a enxada e a foice"*; 15,87 %, ensino médio completo; 4,76% cursaram ensino médio incompleto; 3,17%, ensino superior, sendo a formação em Pedagogia e em Engenharia Agronômica. Na perspectiva de Sen (2012), o nível de escolaridade tem estreita ligação com o desenvolvimento, intimamente relacionado com as escolhas dos agricultores familiares.

Nesse entendimento, Machado (2020, p. 30) disserta a respeito do desenvolvimento humano, considerando ser:

> [...] como um processo de desenvolvimento de escolhas humanas, vinculadas por alianças, direitos e deveres, opções e liberdades. Entre as escolhas mais importantes, considera-se a aprendizagem das pessoas, para garantir uma vida digna e saudável com acesso a recursos básicos.

Em outras palavras, o grau de educação relaciona-se com a pobreza – consequentemente, com a baixa qualidade de vida – e a restrita capacidade de fazer escolhas. O autor destaca ainda a função relevante da agricultura familiar, que prima pela função educativa, como parte de uma das suas funções públicas no processo de desenvolvimento multidimensional: "a casa e a unidade produtiva são espaços onde o processo de aprendizagem de crianças e jovens rurais e de formação de sua identidade pessoal desenvolve-se no âmbito da família rural" (MACHADO, 2020, p. 32).

Após a definição do perfil desses agricultores assentados, buscou-se entender a relação deles com a terra, desde a trajetória familiar até a posse da terra. A trajetória das famílias rurais entrevistadas é em torno da agricultura, uma atividade vinda dos pais e das mães, e, atualmente, exercem a mesma atividade.

Nesse sentido, a pesquisa evidencia que a composição da família nuclear (pai, mãe e filhos) é predominante. Todos os membros da família participam do processo produtivo, ou seja, a força de trabalho utilizada na produção é sempre da própria família, justificada pela ausência de condições para contratarem outras pessoas, o que encareceria ainda mais os custos de produção. A lida nas atividades agrícolas, portanto, não se restringe ao titular da terra, mas a todo o grupo familiar, independentemente da faixa etária, sendo uma maneira de alcançar a viabilidade econômica da atividade, por meio da exploração da força de trabalho familiar, sem excluir as crianças e os jovens.

O tempo de vivência dos entrevistados nos assentamentos é variado. Foram identificados assentados que residem nos lotes há apenas 60 dias, enquanto outros residem ali há 37 anos. Alguns dos entrevistados residem no local desde o seu nascimento e revelam: *"Nasci e me criei aqui, não me vejo morando na cidade [...]". "Não sei fazer outra coisa, aqui* é meu lugar". Para eles, o assentamento é muito mais do que um lugar de moradia, é lugar de viver. Ali vivem morando, trabalhando, produzindo, festejando, celebrando, estabelecendo laços, fazendo história.

No Gráfico 2, observa-se o tempo de vivência nos assentamentos rurais de Araguatins, sendo que a maioria, 61,90%, assentados há mais de 20 anos no local.

Gráfico 2 – Tempo de vivência nos assentamentos de Araguatins

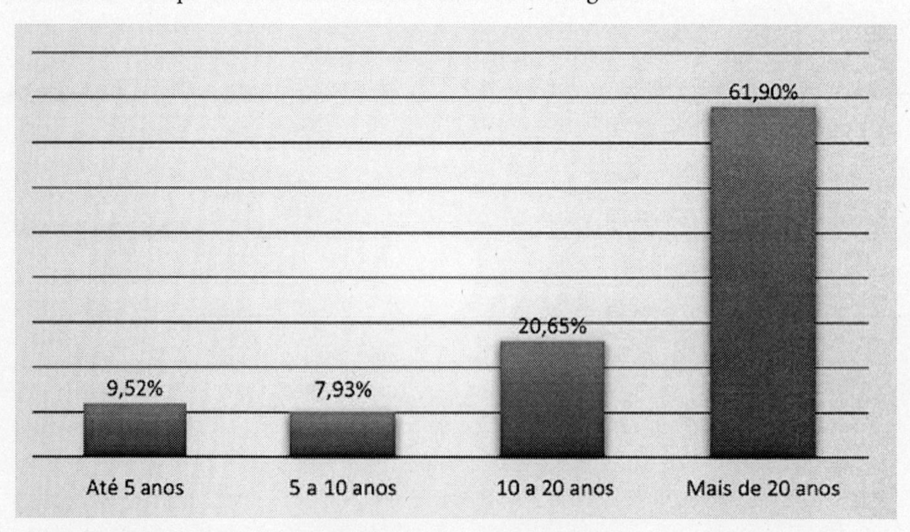


Fonte: a autora (2023)

Questionados a respeito do local de residência antes de serem assentados em Araguatins e da principal atividade familiar que desenvolviam, todos os entrevistados responderam que residiam em Araguatins e municípios vizinhos e que nunca desenvolveram outra atividade diferente da atual. Muitos já nasceram como assentados, outros trabalhavam como arrendatários em terras de terceiros, ou meeiros, e outros, ainda, trabalhavam na terra dos pais. O entendimento a respeito da trajetória de vida dos assentados é imprescindível para a elaboração de qualquer estratégia de desenvolvimento dos assentamentos, pois, por meio da história de suas origens, são identificados os saberes que cada família carrega consigo e que podem ser utilizados nas ações de desenvolvimento.

Quanto à forma de conquista da terra, Cardoso, Flexor e Maluf (2003) entendem que o acesso à terra, além de ser um direito econômico e social fundamental, é garantidor de parâmetros e referências sociais, contribuindo para estruturar os costumes e as tradições das famílias rurais no espaço de vivência dos assentamentos. A posse da propriedade da terra permitiu a conquista desses direitos, e os assentados passaram a exercer atividades agrícolas de fundamental importância para a manutenção do núcleo familiar e da renda monetária por meio da comercialização dos excedentes.

Não obstante as questões econômicas, há o surgimento de novos sujeitos sociais. Constata-se que a conquista da terra ocorreu por meio de quatro formas: 1) acampamento e seleção; 2) compra; 3) indicação; 4) sucessão, conforme ilustram os dados que seguem:

a. 60,33% dos entrevistados receberam a terra diretamente, pela seleção do Incra; alguns ficaram acampados: *"Fiquei acampado cinco anos antes de conseguir o lote, foi desapropriada a fazenda e eu entrei pra dentro da terra"; "Com dez meses de acampada nos deram a terra, foi muito rápido".*

b. Já 31,74% compraram (indenizaram) o direito à posse, embora não seja legalmente permitido, pois o lote recebido pelos assentados é vinculado ao Incra até que possuam a escritura da terra, [...] "sem portar a escritura do lote em seu nome, os beneficiários não poderão vender, alugar, doar, arrendar ou emprestar sua terra a terceiros" (BRASIL, 2020). A Instrução Normativa n.º 99 (2019) é clara e assevera, no art. 31, em seu inciso II, que essa proibição está muito evidente: "não ceder, a qualquer título, a posse ou a propriedade da parcela recebida, ainda que provisória e parcialmente, para uso ou exploração por terceiros." Contudo, verificou-se o contrário: há comercialização de lotes. Os entrevistados não verbalizam *"eu comprei"*, mas dizem *"eu indenizei"*, e os valores relatados variam entre R$ 7 mil a 130 mil.

c. A indicação representa 4,76% dos respondentes. São pessoas que trabalhavam na fazenda desapropriada e loteada e receberam um lote por indicação do proprietário da fazenda: *"eu já trabalhava há dez anos na fazenda que foi desapropriada e todos os funcionários receberam um pedaço de terra"*.

d. A sucessão corresponde a 3,17% dos entrevistados, ou seja, a terra é fruto de sucessão familiar.

A grande maioria, 88,80%, não tem o título definitivo da terra; apenas 11,20 % possuem a titularidade do lote. De acordo com a entrevista com o superintendente da regional do Incra de Araguatins, os assentamentos com o maior número de títulos definitivos são: Atanásio, Dona Eunice, Marcos Freire, Ouro Verde, Mutirão, Trecho Seco, Rancho Alegre, Maringá e Petrônio. A titularidade da terra, a última etapa para a conclusão da reforma agrária, de responsabilidade da União (Concessão de Uso/Título de Propriedade), é a garantia da família assentada de que a terra é de fato e de direito da família. É um patrimônio que pode, a partir de então, ser oferecido como instrumento de garantia para ter acesso a novas políticas de créditos.

Além disso, é herança, pois, por décadas, trabalharam com afinco na terra; é a liberdade, é o pertencimento de forma definitiva, é a identidade. Insta mencionar que os assentados pagam pela terra e pelos créditos contratados. A família assentada, para receber a titularidade, precisa cumprir alguns requisitos de acordo com o Incra (2021): a) um membro da família precisa estar dentro da relação de beneficiários; b) ter recebido o seu título provisório (CCU); muitas famílias ainda não receberam nem sequer o título provisório; c) o assentamento tem de estar também em ordem, ou seja, além de estar georreferenciado, deve ter recebido a documentação do Incra. Após essas etapas, o Incra faz a supervisão ocupacional e verifica a regularidade daquela família no enquadramento da lei. Cumpridos esses requisitos, é emitido o título de domínio, e a família oficialmente passa a ser a dona definitiva daquele lote.

Convém mencionar que o título de domínio é inegociável pelo prazo de 10 anos. Verifica-se que a grande maioria dos assentados entrevistados não possui esse título, o que impacta diretamente o desenvolvimento rural. Em que pesem as formas de conquista da terra terem sido de diferentes modos, bem como a grande maioria dos assentados não ter o título de propriedade, percebe-se uma profunda ligação afetiva dos assentados no que tange à representatividade da terra, pois, para os entrevistados, o acesso à terra ocasionou uma melhora em relação ao passado. Esses sentimentos são demonstrados no resumo das falas dos assentados, descritos na Figura 8.

Figura 8 – Resumo das falas dos assentados rurais a respeito da representatividade da terra

Fonte: a autora (2021)

Nos espaços rurais, as relações cotidianas e a ligação afetiva com a terra influenciam diretamente a identificação com a atividade e o reconhecimento de que são habitantes do meio rural. A valorização da terra e a identificação com ela também orientam e articulam estratégias produtivas e a reprodução socioeconômica: "A terra não é mero chão, mas a garantia de sobrevivência" (BAGLI, 2006, p. 164). Essa valorização da terra pelos assentados entrevistados é perfeitamente compreensível, pois o cultivo e a criação de animais possibilitam o sustento das famílias.

Para caracterizar a presença ou a ausência de uma identidade local dos entrevistados, que possibilitasse se autodenominarem como atores de um conjunto de atividades no espaço rural, foi-lhes perguntado se consideravam-se trabalhador rural, agricultor familiar, lavrador, assentado ou camponês. As respostas foram uniformes no sentido de todos os entrevistados se identificarem com a atividade, mas houve variação na descrição de como se enxergam na atividade: 69,80%, como lavrador; 17,50%, como trabalhador rural; 12,70%, como agricultor familiar; ninguém se identificou como camponês ou como assentado.

Todos afirmaram que desejam continuar na atividade e permanecer na área rural. Ressaltaram as inúmeras vantagens que a vida no campo oferece em relação à vida na cidade. Segundo a maioria das manifestações, o melhor da vida rural são estes aspectos: *"liberdade", "sossego", "tranquilidade"*, reiterando que *"permanecer no campo ainda é a melhor opção"; "tudo que a gente quer nós plantamos e criamos; na cidade a gente tem que comprar"; "não troco esse lugar por nada"; "aqui no campo é calmo e seguro e me dá renda"; "bom demais, melhor coisa do mundo"; "aqui a gente pode trabalhar, ter renda, sem estudo"; "lugar sadio"; "livre de agressão"; "livre de barulho"; "vive mais tranquilo; a vida é mais fácil"; "tem mais facilidade, tenho peixe, carne, sem precisar pagar"; "possibilidade de produzir meu próprio alimento"; "bom para criar os filhos da gente"; "a água é mais limpa, o cheiro da cidade não é agradável"*. Esses depoimentos apresentam uma expressiva identificação com as atividades que desenvolvem e uma significativa relação com o campo.

Ploeg (2016, p. 59) enxerga a agricultura: [...] "como a interação contínua e a transformação mútuas de pessoas e natureza. A humanidade usa a natureza e, dessa forma, transforma-a". "[...] a coprodução modela e remodela o social tanto o natural" (p. 60). Isso foi claramente expresso para o autor por um francês produtor de vinho e líder de cooperativa, quando questionado por que se autodenominava "camponês": *"Sou camponês porque vivo da terra"*, ou seja, a coprodução faz dele um camponês. Para Abramovay (1992, p. 59), o campesinato está longe de ser uma forma transitória, ocasional, fadada ao desaparecimento, "mais que um setor social, trata-se de um sistema econômico, sobre cuja existência é possível encontrar as leis da reprodução e do desenvolvimento". O autor diferencia o trabalhador assalariado do camponês, fazendo menção a Chayanov (1925), o qual denomina o camponês: "sujeito criando sua própria existência" (ABRAMOVAY, 1992, p. 59). A determinação do comportamento do camponês não está centrada nos interesses individuais dos componentes da família, mas na necessidade decorrentes da reprodução do conjunto familiar, envolve laços de tradição e sentimento. "[...] a referência social determinante da conduta estará numa pequena comunidade cuja reprodução material responde a um conjunto de regras onde as ligações pessoais (e por vezes- mas nem sempre- cerimoniais) são determinantes". (ABRAMOVAY, 1992, p. 115). As particularidades do campesinato podem ser explicadas: "São Sobretudo os laços comunitários locais, os vínculos de natureza personalizada e o caráter extraeconômico das próprias relações de dependência social, cultural que explicam as particularidades do campesinato" (ABRAMOVAY, 1992, p. 130). No entanto, o desenvolvimento da agricultura familiar contemporânea pode obrigar esse camponês a despojar de suas características, asfixiando-o, minando suas bases objetivas e simbólicas de sua reprodução social.

Existe uma estreita relação entre o campo e a cidade, que se complementam na vida dos assentados. Ou seja, os assentamentos mais distantes do município polo Araguatins e de Buriti/TO e São Bento/TO ficam localizados, em média, a 50 km, já os assentamentos mais próximos, a 2 km de distância. A ida às cidades ocorre por motivos diversos: compras, vendas, saúde, educação, lazer. Embora regularmente haja interação, a convivência é nos assentamentos: *"vou pela manhã para a cidade, meio-dia já fico agoniada para ir embora"*, relata uma entrevistada. É de fundamental importância essa articulação entre o rural e o urbano, havendo ganhos recíprocos, uma vez que a população do meio rural é, ao mesmo tempo, ofertante de produtos agropecuários e demandante de bens e serviços da cidade. Wanderley (1999) argumenta que as relações entre campo e cidade não anulam particularidades e não significam o fim do rural. Para a autora, as particularidades de cada um não são destruídas, mas se configuram como fontes de cooperação, de integração e de tensões e conflitos, ou seja, representam uma rede de relações baseadas em reciprocidades, em que as especificidades podem ser viabilizadas e reiteradas.

No que tange às condições de qualidade de vida nos assentamentos, foram buscadas informações por meio de questões que pudessem guiar em direção ao nível de satisfação dos agricultores com relação ao seu modo de vida no ambiente rural e entender o que os motiva e desmotiva a permanecerem no assentamento. No Quadro 18, são mostrados os fatores que os motivam e os que os desmotivam.

Quadro 18 – Motivação e desmotivação dos assentados rurais de Araguatins

| Motivação | Desmotivação |
|---|---|
| - gostam do lugar;<br>- modo de vida;<br>- autonomia da atividade;<br>- solidariedade das pessoas;<br>- liberdade;<br>- facilidade da vida no campo;<br>- ligação com a atividade agrícola;<br>- segurança;<br>- criação dos filhos no lugar. | - oscilação de preços de venda dos produtos;<br>- trabalho penoso da lavoura;<br>- ausência de mecanização;<br>- precariedade dos serviços públicos (estradas);<br>- falta de ligação afetiva dos filhos com a terra;<br>- ausência de assistência técnica;<br>- água de qualidade;<br>- qualidade do solo (pedras, alagados ou enfraquecidos);<br>- partida dos filhos para a cidade ou para outras áreas (solidão). |

Fonte: a autora (2021)

Mesmo considerando todas as dificuldades e os problemas existentes, é notório o nível de satisfação dos assentados com o modo de vida rural, conforme alguns declaram: *"Não tem nada de ruim aqui"; "lugar sadio para se viver"; "melhor viver aqui do que na rua"; "aqui eu tenho liberdade de escolha"; "a gente dorme de portas abertas, ninguém mexe em nada"; "para criar os filhos é bem melhor aqui"; "tudo é mais fácil".* As palavras mais verbalizadas foram "sossego", "liberdade" e "segurança". Sossego, pelo clima de paz que o contato com a natureza oferece; segurança, pois, de acordo com os depoimentos, em nenhum dos assentamentos investigados, houve relatos de violência de qualquer natureza; e a liberdade, por fazerem o próprio horário e terem autonomia para planejar e executar não só as atividades de produção, mas também as mais simples tarefas do cotidiano; para poderem produzir e criar o que têm vontade e comprarem apenas o mínimo necessário, um estilo de vida com o qual se identificam. Percebe-se que alguns fatores são indicativos de certa insatisfação, como as condições de infraestrutura dos assentamentos (assunto a ser abordado no próximo item), além de outros fatores que não estão no controle de nenhum agricultor, como as condições climáticas, que interferem na produção (excesso ou falta de chuva).

Contudo, alguns podem ser dirimidos com a ação do poder público, como a melhoria das estradas, o fornecimento de crédito, de assistência técnica e de condições de acesso à saúde. Para Araújo (2005, p. 141), as reflexões e ações dos assentados são marcadas pela "consciência da necessidade da presença e da ação do Estado, não apenas durante o processo de construção do assentamento, mas, sobretudo, nas etapas seguintes [...]". A autora argumenta que é necessário dar condições que viabilizem o processo produtivo e o "estabelecimento de políticas sociais relacionados à saúde, educação, transporte, comunicação etc." (ARAÚJO, 2005, p. 141).

O apoio direto aos agricultores familiares para entenderem as funções da agricultura – as quais perpassam o aspecto econômico – e o papel que exercem no processo de ocupação e dinamização do setor rural, para além da escolha dos recursos produtivos e da produção para autoconsumo e comercialização, mas como detentores da tradição, faz com que o ganho não seja apenas individual, mas coletivo: "O papel social dos agricultores também se torna primordial. Eles são garantidores da harmonia do mundo rural" (MACHADO, 2020, p. 37).

Dessa forma, esses agricultores passam a ter responsabilidades sociais e contribuem para o dinamismo da sociedade, afirmando a dupla dimensão – a material e a imaterial –, cuja diversidade atribuída à atividade agrícola está relacionada à percepção do papel social. Portanto, é necessário que usufruam de condições mínimas para apresentar todo o seu potencial.

## 5.2 Condições de infraestrutura do assentamento

A respeito das questões estruturais dos assentamentos, Leite *et al.* (2004) destacam que elas são fundamentais para a compreensão das relações entre o Estado e os assentados, as quais, quando não proporcionadas, se convertem em verdadeiros entraves para o seu desenvolvimento: "o exame das condições de vida dos assentados, com base em condições de habitação, acesso à energia elétrica, água, rede de esgotos, etc., constitui um bom indicador da situação socioeconômica dos assentados" (MEDEIROS; LEITE, 2004, p. 45).

O Incra é responsável pela implantação da infraestrutura básica necessária nos assentamentos de reforma agrária, realizada de forma direta ou em parceria com outros entes governamentais. A construção de redes de eletrificação rural é executada pelas concessionárias de energia elétrica.

> As prioridades são a demarcação de lotes, a construção e a recuperação de estradas vicinais e a implantação de sistemas de abastecimento de água. As obras podem ser executadas diretamente pelo Incra por meio de empresas licitadas ou por meio de parcerias com estados e municípios. (INCRA, 2021, s/p).

O intuito é criar as condições necessárias para o desenvolvimento sustentável dos assentamentos. "A realização dessas ações tem impacto no estímulo ao processo produtivo das comunidades que residem nos assentamentos e da população local do entorno" (INCRA, 2021, s/p). Dessa forma, a ausência de uma infraestrutura adequada nos assentamentos rurais impacta diretamente a qualidade de vida das famílias e, consequentemente, o desenvolvimento rural, pois poderá ocorrer a evasão dos assentados e o agravamento dos problemas ambientais. As famílias assentadas se organizam e decidem se querem morar em lotes produtivos ou em agrovilas, termos que convém diferenciar: "os lotes são unidades produtivas e os assentados moram em casas construídas dentro do lote ou em agrovilas" (INCRA, 2021, s/p).

> Embora a legislação procure preservar a autonomia dos assentados no curso de suas decisões, exigindo que estas sejam deliberadas em assembleia da associação, a inserção dos camponeses

> numa forma inédita de organização social, a falta de conhecimento da legislação, a organização coletiva deficiente e o despreparo "burocrático" dos assentados deixam espaço para que os "mediadores" – movimentos sociais, movimentos sindicais, setores da igreja, organizações não-governamentais (ONGs), agentes governamentais, etc. – possam induzir a sua decisão sobre estas questões (CANIELLO, DUQUE, 2006, p. 634).

A organização da moradia das famílias assentadas em Araguatins é de três formas: 1) agrovilas; 2) casa nos lotes produtivos; 3) agrovilas comunitárias (junção de assentamentos que compartilham a mesma área social. No Quadro 19, há a relação dos PAs e a forma organizativa.

Quadro 19 – Organização das famílias assentadas nos PAs de Araguatins

| **Organização das famílias nos assentamentos** | **Relação de projetos de assentamento (PAs)** |
|---|---|
| Agrovilas | Maringá, Palmares, Marcos Freire, Ouro Verde, Santa Cruz II, Petrônio, Trecho Seco, Prof.ª Djanira. |
| Casas nos lotes | Mutirão, Ronca, Nova Vida, Nova União, Santa Helena II, São José, Água Limpa, Rancho Alegre, Transaraguaia, Santa Helena I. |
| Junção de Agrovilas comunitárias (Vila Falcão) | Atanásio, D. Eunice, P. Josimo. |

Fonte: a autora (2021)

As agrovilas são casas construídas de forma aglomerada (bairro agrícola), distantes dos lotes produtivos, nas quais há o compartilhamento de áreas comuns: igrejas, escolas, postos de saúde, quadras poliesportivas. A distância entre os lotes produtivos e as casas nas agrovilas é, em média, cerca de 5 km. Vários entrevistados manifestaram sua insatisfação com o fato de morarem distantes do seu local de trabalho e citaram os prejuízos decorrentes dessa distância: *"Tinha 84 galinhas, não tenho mais nenhuma, não tem como criar galinhas morando distante do lote, preferia morar no meu lote"*. Essa fala corrobora o argumento dos autores Caniello e Duque (2006), para os quais o sistema de moradia em agrovilas é contraditório ao *ethos* camponês, "na medida em que estabelece um modelo urbano de relações sociais e dificulta o desenvolvimento do sistema produtivo característico do campesinato da região" (p. 639).

Acredita-se que foi por esse motivo que, em alguns assentamentos, como no PA Mutirão, foi constituída, no início do assentamento, a agrovila, que, atualmente, não existe mais, e os assentados moram nos próprios lotes produtivos, mas precisam deslocar-se para outras agrovilas de assentamentos próximos ou para o município de Araguatins, para serem atendidos, em caso de alguma necessidade, como saúde ou escola. Em outros assentamentos, como no Trecho Seco, criado com capacidade para 30 famílias, há apenas três moradores, enquanto o restante das casas está abandonado. Ressalta-se que a construção das agrovilas foi escolha dos próprios assentados. Entre os que não optaram por agrovilas, as respostas foram diversas: "É melhor para cuidarmos de uma galinha"; *"a gente já está no serviço 24h por dia"*; "é melhor cada um no seu lote"; *"Nós não quisemos agrovilas, porque nos lotes nós não ouve e nem escuta, cada qual no seu lote é melhor".*

Sob o ponto de vista das condições da habitação, afirma-se que assentamentos rurais de Araguatins/TO são heterogêneos, tendo em vista que alguns têm mais dificuldades, algumas moradias são precárias, isto é, telhado de palha e chão batido; já outras são construídas com tijolos (Figura 9). Verificou-se que os assentados residem em casas edificadas pelo Incra, com recursos oriundos do antigo Programa de Crédito Instalação, e, posteriormente, fizeram modificações e reformas por conta própria.

Figura 9 – Agrovila PA Maringá e casa PA Ronca, em Araguatins

Fonte: registro feito pela autora (2021)

Outros assentamentos são destaque na organização da agrovila, como a agrovila comunitária Vila Falcão, distante 40 km de Araguatins, que, antes de ser loteada, era uma fazenda denominada Complexo Santa Gertrudes e, atualmente, contempla os assentamentos Atanásio, Dona Eunice e Padre Josimo. Os assentados optaram por essa forma de organização por um motivo curioso: estava ocorrendo um surto de Malária *(Plasmodium)* no ano de 1997, e 360 assentados daquela localidade estavam acometidos por essa doença: *"a gente queria mesmo era uma casa em cada lote, que era bem melhor para nós, mas como estava dando malária em todo mundo aí optamos pela agrovila"*, relatou o vice-presidente da associação dessa agrovila. Foi instalado na agrovila um laboratório com a finalidade de realizar exames de diagnóstico do vírus da Malária (Figura 10). Sendo o resultado positivo, os assentados já recebiam os remédios para o tratamento, sem precisarem deslocar-se para Araguatins para cuidar da saúde. Funcionou por cinco anos e atualmente se encontra desativado.

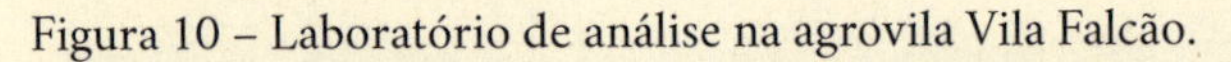

Figura 10 – Laboratório de análise na agrovila Vila Falcão.

Fonte: registro feito pela autora (2023)

O entrevistado relatou que a agrovila trouxe melhorias para a vida deles: *"veio colégio, postinho de saúde, algumas melhorias vieram"*. Apesar das melhorias apontadas por ele, preferia morar no seu lote de produção e justifica essa escolha com o seguinte argumento: *"A vantagem maior para nós que trabalha na roça é a casa lá na roça, porque você já amanhece o dia no trabalho, quem mora na agrovila se levantar e aparecer um companheiro e começar a conversar quando se espanta já é meio-dia e você não vai mais, perdeu o dia"*. É notória a satisfação de alguns assentados em residir na localidade: *"Aqui parece uma cidade, têm tudo que eu preciso, escola para todos os níveis, até faculdade têm"*. A assentada faz referência à extensão de uma faculdade de Imperatriz/

MA, que oferta curso de Pedagogia, com aulas presenciais em dois finais de semana por mês, conforme informação da entrevistada.

Constata-se que a estrutura de organização dos assentamentos rurais investigados também não é homogênea, pois, em alguns assentamentos, não foram capazes de se desenvolver dentro da estrutura que o Estado ofereceu no ato da instalação. As condições de infraestrutura dos assentamentos, na percepção dos assentados, são um fator objetivo que influencia diretamente na renda, na qualidade de vida, na autoestima, e que motiva ou desmotiva a permanência no campo. São considerados como "bloqueios" à plena expressão das funções da multifuncionalidade da agricultura familiar, ou seja, são aspectos indesejáveis e limitadores de uma maior dinâmica multifuncional da agricultura familiar.

Tabela 5 – Componentes básicos de infraestrutura nos assentamentos de Araguatins

| Componentes | Possui (%) | Não possui (%) |
|---|---|---|
| Energia elétrica | 100,00 | 0 |
| Água encanada | 79,30 | 20,64 |
| Escola no assentamento | 47,62 | 52,38 |
| Acesso a saúde | 41,26 | 58,74 |
| Transporte coletivo | 39,68 | 60,32 |
| Estradas de acesso satisfatórias | 9,52 | 90,47 |
| Rede de esgoto | | 100,00 |

Fonte: a autora (2021)

Quanto ao componente acesso à energia elétrica, constata-se que todas as 63 famílias rurais assentadas entrevistadas contam com energia elétrica, que é uma necessidade básica para a qualidade de vida e para o trabalho. Em contrapartida, nenhuma dessas famílias rurais possui rede de esgoto na casa. Para que haja boas condições de habitabilidade nos assentamentos rurais, a água é outro componente básico de infraestrutura, de extrema necessidade: 79,30% possuem água encanada; 20,64% não possuem. Vale ressaltar que não há tratamento de água, cuja origem é de poços artesianos. No âmbito da educação, mais da metade dos assentamentos, 52,38%, não é atendida por escolas nas agrovilas; já outros, 47,62%, dispõem de educação na própria agrovila. Em algumas, oferta-se o ensino fundamental até a 5ª série. A partir daí, se quiserem estudar, deverão deslocar-se até o município polo, que é Araguatins.

Em relação à saúde, os assentados são atendidos nas agrovilas pelo posto de saúde, que conta com serviços de atenção básica, nas modalidades Programa Saúde da Família (PSF). Alguns assentamentos, como o PA Maringá, eram assistidos por um médico; outros, como o da Vila Falcão, tinham uma enfermeira: "*Antes da pandemia tínhamos uma enfermeira padrão, agora não temos mais*". Contudo, até a coleta de dados (janeiro de 2021), nenhum assentamento tinha assistência médica. Os postos de saúde que existem contam apenas com estrutura física, sem profissionais capazes de prevenir, diagnosticar e curar doenças. Nos PA sem agrovilas, os assentados precisam deslocar-se até os municípios mais próximos e, esporadicamente, são visitados por agentes de saúde.

Observou-se em lócus a precariedade da infraestrutura viária, ou seja, estradas e pontes praticamente intrafegáveis, principalmente no inverno, quando as precipitações pluviométricas são intensas. Já no verão, há muita poeira, sendo um verdadeiro desafio para os transeuntes. Conforme registros fotográficos da autora (Figura 11), não há pavimentação nas estradas de acesso aos assentamentos, um problema que afeta a qualidade de vida dos assentados e dificulta a mobilidade, a comunicação, o escoamento da produção, o contato relacional com o urbano.

Figura 11 – Estrada de acesso ao PA Palmares - Araguatins/TO

Fonte: registro feito pela autora (2021)

Abramovay (1998. 1999) explica que as pessoas do meio rural necessitam interagir com o meio urbano do seu entorno, sendo fundamental a existência de condições de acesso. Com a melhoria dessas condições, a população rural tem disponibilidade maior de recursos de comunicação e de transporte, que possibilitam a ampliação das condições de acesso ao mercado (ofertante e demandante).

Um entrevistado relatou que perdeu a produção de bananas por falta de condições de escoamento. São diversos os problemas (como escoamento da produção, inviabilidade de compra de insumos, falta de mobilidade, entre outros) ocasionados pela ausência de investimentos públicos e pela falta de monitoramento do acesso a esses assentamentos, o que compromete o desempenho das funções da agricultura familiar, impedindo-os de serem autogestionários, autônomos e colaboradores do desenvolvimento. Esses aspectos (falta deles) são inerentes à atenção do poder público nos quesitos: saúde do agricultor, qualidade das águas e qualidade de acesso (estradas), além da comunicação e da troca de informação com os assentados rurais.

A ausência ou deficiência do Estado, percebidas de forma latente nesse quesito, ocasionam um verdadeiro isolamento das famílias assentadas. Essa condição é baseada nas informações prestadas pelos assentados e por meio de observação direta. Em geral, os serviços públicos de oferta de transporte coletivo, manutenção de estradas e pontes de acesso não existem ou são realizados de forma precária. Não há transporte público coletivo para o uso dos assentados. Considerando o interesse do Estado, eles não escoariam seus produtos agrícolas, nem teriam atendimento de urgência numa necessidade de saúde. O transporte coletivo fornecido pelo poder público é único e exclusivamente para os estudantes, que são levados para as escolas nos municípios próximos, no caso, Araguatins/TO, Buriti/TO, Augustinópolis/TO. Para o deslocamento, os assentados utilizam transporte coletivo particular (Van) ou transporte próprio; porém, uma minoria possui meio de transporte próprio, que, no caso, se trata de motocicletas.

Dos entrevistados, 90,47% demonstraram insatisfação com relação às estradas; os 9,52% que verbalizaram satisfação justificam em função da proximidade dos centros urbanos, distância de 2 km e por terem asfalto. Esses dados demonstram que os investimentos no quesito condições de infraestrutura do assentamento não são suficientes, o que impede o desenvolvimento desses assentamentos. De acordo com o Incra (2021, s/p), "cada lote em um assentamento é uma unidade da agricultura familiar em seu respectivo município e demanda benefícios de todas as esferas de governo", ou seja, escolas (municipal e estadual), estradas (federal, estadual e municipal), créditos (federal e estadual), assistência técnica (estadual e federal), saúde (estadual e municipal), entre outros.

Entretanto, o que se verifica é uma relação conflituosa com os poderes públicos municipais. De acordo com os entrevistados, os assentamentos rurais PA Prof.ª Djanira, localizado na divisa entre Araguatins/TO e Augustinópolis/TO, e o PA Ouro Verde, situado a 15 km do município de Buriti/TO e a 40 km de Araguatins, estão desassistidos, ainda que estejam próximos de outros municípios, mas distantes do município sede. É necessário ampliar as relações institucionais entre os três níveis de governo, bem como o acesso a créditos e infraestruturas sociais e produtivas. A ação do Estado é determinante para a promoção de um ambiente potencializador, mas a ausência desses assentamentos nos programas e projetos é perceptível, sendo as famílias excluídas da alocação de recursos e de serviços para a localidade.

Reforça-se que os componentes básicos de infraestrutura já mencionados são fatores objetivos que destacam as reais condições vivenciadas pelos assentados e que impactam diretamente a produção e a qualidade de vida. A solução – por serem fatores alheios ao esforço e à vontade individual – está na esfera governamental. Observam-se, nos assentamentos investigados, restrições nas condições de infraestrutura social, mormente, um travamento das políticas públicas no sentido de prover o desenvolvimento, fortalecendo as forças endógenas, seja por meio da geração de renda, seja da ocupação da força de trabalho.

A infraestrutura básica e social precária também é percebida em outros assentamentos rurais no Brasil. Guanziroli *et al.* (2001, p. 210) "chamam a atenção da precariedade das condições de infraestrutura nos assentamentos rurais, em particular, a falta de escolas, a irregularidade do atendimento médico básico, a má conservação das estradas, a inexistência de transporte e energia elétrica". Em sua pesquisa concernente à criação de assentamentos, Aletejano (2002) aponta que, de modo geral, não há estradas para o escoamento da produção (ou, se existem, estão em estado precário), falta assistência técnica, não existem escolas, tampouco postos de saúde, ou, se há, não funcionam. O autor conclui que os assentamentos rurais, desde a criação, não são acompanhados de ações que garantem às famílias condições de efetividade de produção, comercialização e aumento da qualidade de vida, pois as obras de infraestrutura necessárias – produtiva e social – não são realizadas na maior parte dos assentamentos criados.

A presente pesquisa corrobora, em parte, a ideia do autor supracitado, pois há assentamentos que possuem escola, postos de saúde (pelo menos a estrutura física), enquanto, em outros, se verifica uma ausência total de infraestrutura social. A presente pesquisa parte do pressuposto de que não adianta apenas assentar as famílias, mas é necessário dar continuidade às políticas de assistência, suporte às atividades e condições adequadas de vivência, proporcionando, pelo menos, o básico para uma produção de qualidade e o respectivo escoamento, bem como a construção de um novo modo de vida na terra, oportunizando a reprodução das famílias e a permanência no assentamento, fatores indispensáveis para o desenvolvimento rural. Assim, poderá haver um bom aproveitamento daquilo que os assentamentos rurais e a agricultura familiar podem oferecer, bem como a expressão das funções da sua multifuncionalidade.

## 5.3 Reprodução socioeconômica das famílias

A reprodução socioeconômica diz respeito às fontes geradoras de renda, condições dignas para a permanência das famílias nos assentamentos rurais, principalmente dos jovens, e a possibilidade de sucessão. A reprodução socioeconômica da agricultura familiar gera oportunidades para a dinamização da economia local, cujos benefícios perpassam a esfera familiar. No entanto, vários fatores interferem na continuidade ao longo das gerações: a proximidade campo *versus* cidade e a modernização da agricultura podem ser mudanças positivas quando há um sucessor, mas, negativas, quando não há. A análise das atividades econômicas das famílias pesquisadas foi realizada a partir dos seguintes pontos:

a. força de trabalho utilizada nas unidades;
b. principal atividade produtiva;
c. composição da renda (monoativas ou pluriativas);
d. estratégia de produção e comercialização;
e. jovens;
f. apoio creditício e técnico;
g. capacitações;
h. principais dificuldades da produção;
i. projetos de futuro dos agricultores familiares, individuais e coletivos.

A força de trabalho utilizada nos lotes produtivos provém majoritariamente da própria família, isto é, 93,65% da mão de obra é própria; praticamente todos os membros da família trabalham na produção, desde os mais jovens. Já 14,28% da mão de obra é contratada de forma eventual – são os diaristas. Nesse quesito, geração direta de emprego, observa-se que as atividades nos assentamentos contribuem mais para a geração de renda para as famílias rurais e menos para a abertura de postos de trabalho para outros trabalhadores rurais. Portanto, nesses assentamentos, a contribuição da agricultura familiar para a oferta de postos de trabalho de forma direta concentra-se somente no núcleo familiar, não alcançando outras famílias da região.

Com relação à principal atividade produtiva, verifica-se que as atividades desenvolvidas pelos assentados estão integradas na realidade produtiva regional. A atividade predominante é a agricultura, com uma produção bem diversificada: grãos (arroz, milho), sementes (feijão) e o plantio de hortaliças e de árvores frutíferas (acerola, limão, abacaxi, maracujá, bacuri, manga, açaí, cujo beneficiamento é feito em forma de polpa). O extrativismo vegetal (coco babaçu) é a atividade principal de parte dos assentados, devido à abundância da árvore nativa da região. Aproveita-se todo o fruto: a) da semente, são extraídos o óleo (utiliza-se a máquina para extração) e o azeite; utiliza-se a forrageira, sendo o processo mais manual; também é feito sabão; b) a massa – o descarte desse processo – é aproveitado para fabricar ração para os animais; c) da casca, é produzido o carvão. Essas atividades são desenvolvidas por mulheres e homens. Nesse tipo de atividade, percebe-se uma organização maior, como as associações das quebradeiras de coco babaçu.

Outra atividade é a pecuária (bovinos), que, para alguns, é a atividade principal; já para outros, é uma atividade complementar a criação de pequenos animais (suínos, aves). Dedicam-se também à apicultura e à pesca. Essa forma diversificada de produção percebida na região de Araguatins/TO é uma amostra da agricultura familiar praticada no Brasil. Buainain e Romeiro (2000) corroboram a ideia, destacando que, na agricultura familiar, se praticam, na maioria das vezes, sistemas complexos de produção, articulando várias culturas, transformações primárias e criações de animais para o consumo próprio e para o mercado. A composição da renda nos assentamentos investigados, isto é, a dimensão socioeconômica da multifuncionalidade, revelou que eles são basicamente monoativos (desenvolvem apenas uma atividade: a agricultura); contudo, algumas famílias rurais possuem outras entradas monetárias além das atividades agropecuárias, como aposentadoria ou pensão e transferência social do governo.

De acordo com os dados da Tabela 4, as famílias cuja renda provém apenas do setor agrícola representam 39,67%, sendo consideradas monoativas, ou em tempo integral. A renda advinda da agricultura faz-se presente em todas as combinações monetárias, incluindo, nessas entradas monetárias, rendas oriundas da venda esporádica de queijos artesanais, temperos, óleos, mel e beneficiamento de polpa de frutas.

Tabela 6 – Fonte de renda dos assentados rurais em Araguatins/TO

| Tipo de renda | % |
|---|---|
| Agrícola | 39,67 |
| Agrícola e aposentadoria | 25,40 |
| Agrícola e não agrícola | 19,05 |
| Agrícola e bolsa-família | 15,88 |

Fonte: a autora (2021)

Em relação às famílias que possuem outras fontes de renda além da renda agrícola (aposentadoria, outras atividades e bolsa família), os dados revelam um índice de 60,33%. Wanderley (1999) pondera que o trabalho não agrícola, na grande maioria dos casos, transfigura-se em uma necessidade estrutural, ou seja, a renda adquirida dessa maneira (forma de ocupação) é indispensável para a reprodução socioeconômica. A existência de diversas fontes de renda não significa que os assentados rurais possam ser considerados pluriativos, mas que há a combinação de renda agrícola e de transferência social, por meio do Programa Bolsa Família do governo federal e da aposentadoria rural, perfazendo um total de 41,28% dos respondentes da pesquisa. No caso específico da aposentadoria, a renda de transferência social é de suma importância para os produtores rurais idosos, pois a dedicação à produção é mínima, devido às limitações decorrentes da idade. As famílias pluriativas, 19,05%, são as que combinam atividade agrícola e não agrícola e agregam outras fontes de renda, como pedreiros, vigias, merendeiras, comerciantes (compra e venda de gado), dentre outras.

A produção agrícola para autoconsumo, identificada como contribuição da agricultura familiar em todos os assentamentos pesquisados, desempenha de forma eficaz a função de garantir a segurança alimentar das famílias assentadas: 36,50% das famílias rurais não comercializam a produção agrícola, e 63,50% a comercializam. Observa-se quão importante é a atividade para o autoconsumo familiar, além de ser fonte geradora de ocupação. Nesse sentido, "o acesso à terra e às atividades agrícolas nela desenvolvidas são elementos de garantia, entre outros, de habitação e alimentação" (MALUF, 2003, p. 138). Os dados da pesquisa revelam que, pelo menos, 60% da comida consumida pelas famílias assentadas é produzida dentro da propriedade, conforme a declaração de alguns entrevistados: *"Compro somente o café, antes até esse eu produzia, mas devido à plantação atrair cobras, deixei de plantar".* Já outros relataram que há dificuldades, tais como *"solo cansado"*; por isso, não conseguem plantar arroz e, consequentemente, precisam comprá-lo.

Para haver um incremento da renda na agricultura familiar, aposta-se na redução dos custos de produção combinada com o aumento da produção e/ou da produtividade e/ou o aumento do beneficiamento e da agroindustrialização. Para isso, é necessário investimento na capacitação dos agricultores assentados, uma vez que não bastam conhecimentos de produção; é importante também ter conhecimentos básicos de gestão, explorar novos nichos de mercado, como a crescente demanda por produtos agroecológicos. Enfim, é necessária a ampliação de estratégias de produção e de comercialização.

No que concerne às estratégias de produção e de comercialização, a maioria das famílias utiliza, como estratégia de produção, a diversificação de cultivos e culturas cultivadas de forma consorciada, o que é uma alternativa para facilitar o trabalho dos assentados no que tange à preparação do solo. Como não há nenhuma relação com técnicas modernas de produção, aumenta seu grau de autonomia para produzir alimentos que compõem a cesta básica alimentar, com destaque para milho, mandioca, hortaliças, feijão, frutas. Há também a criação de aves e a produção de ovos para o consumo próprio; a produção de árvores frutíferas; a produção de lenha utilizada como fonte de energia. Nessa linha de entendimento, "a opção por diversificar a produção de maneira a poder optar por comercializá-la ou consumi-la tem sido um dos mecanismos de estratégia de reprodução social das famílias camponesas, para enfrentar os momentos de maior ameaça" (CARNEIRO; MALUF, 2003, p. 101).

> [...] a diversificação da produção agrícola, a introdução de atividades mais lucrativas e, em alguns casos, mudanças tecnológicas refletiram na composição da receita dos assentados, afetando o comércio local, (...) com efeito sobre a capacidade de o assentamento se firmar politicamente como um interlocutor de peso no plano local/regional (MEDEIROS; LEITE, 2004, p. 37).

Uma estratégia de comercialização são as atividades rurais destinadas exclusivamente para a venda, vinculadas a contratos agroindustriais, como é o caso da produção de leite vendido para os laticínios da região, sendo esta a atividade mais rentável para os assentados, que recebem, em média, R$ 2,5 mil por mês. Esse apontamento corrobora a pesquisa da Região Norte, realizada por Guanziroli *et al.* (2001, p. 143): "a criação de gado é fundamental na estratégia de acumulação destes produtores, [...] o gado proporciona um rendimento estável e superior ao proporcionado pelas lavouras brancas (temporárias - arroz, milho, feijão)".

Devido à dificuldade de acesso, são utilizados resfriadores (Figura 12), localizados na entrada dos assentamentos. Os produtores armazenam diariamente os litros de leite, sendo anotados a quantidade e o nome do produtor, para posterior recebimento do respectivo valor.

Figura 12 – Resfriador de leite na estrada de acesso ao PA Ouro Verde

Fonte: registro feito pela autora (2021)

Porém, mesmo sendo a atividade que gera maior ganho monetário, os assentados produtores de leite enfrentam um problema: a precificação é ditada pelos compradores (empresas de laticínios); há, portanto, o retrato de um oligopsônio[12]. Na coleta de informações, verificou-se que estava ocorrendo uma mobilização desses produtores para estabelecer em conjunto o preço de venda, pois o valor imposto pelos laticínios estava insustentável.

[12] Tipo de estrutura de mercado em que poucas empresas, de grande porte, são compradoras de determinada matéria-prima, ou produto primário.

As grandes variações de preços são percebidas nas estações do verão para o inverno. Ressalta-se que a ordenha não é mecanizada, significando uma agricultura deficitária em termos de tecnologia e impacta negativamente a produtividade e, consequentemente, a renda, "forçando" os assentados a buscarem uma complementação da renda, tornando essas famílias rurais pluriativas. A teoria econômica explica que os parâmetros zootécnicos estão à mercê das leis de mercado e, por isso, sofrem ajustes com a variação do preço do produto e dos insumos. É um mercado caracterizado como imperfeito; os pequenos produtores vendem o leite a preço muito menor que a grande produção e compram os insumos por preços muito mais elevados. Destaca-se quem sem a remoção das imperfeições, somente os produtores que conseguirem ultrapassá-las modernizarão seus estabelecimentos.

A comercialização dos produtos nesses assentamentos ocorre imediatamente após a colheita, pois não há locais com infraestrutura para armazená-los; geralmente, são guardados nas próprias casas. Os canais de comercialização são diversos: feiras (Figura 13), venda direta ou por intermédio de atravessadores. Verifica-se uma gama de benefícios para os produtores e consumidores com a comercialização nas feiras: pagamento imediato, aumento dos rendimentos e escoamento frequente dos produtos. Os consumidores se beneficiam com as opções de escolha, o contato direto com o produtor, os alimentos frescos e de qualidade e com os preços mais acessíveis, já que não perpassam pelos atravessadores. Dessa forma, a comercialização nas feiras favorece a compra direta de bens produzidos pelos agricultores, fortalecendo sua permanência no campo.

Figura 13 – Local de comercialização da produção, Feira Ecosol, em Araguatins/TO

Fonte: registro feito pela autora (2021)

A Feira da Economia Solidária e da Agricultura Familiar (Ecosol) é uma referência. Funciona às quartas-feiras, no horário das 15 horas às 21 horas, no espaço em frente à rodoviária, na avenida Araguaia. O interessado em comercializar na feira deve provar a condição de produtor e assinar a declaração de conhecimento e concordância, junto à Comissão de Organização da feira. Após a aprovação, deve preencher a ficha cadastral de produtor feirante e apresentar uma relação de documentos solicitados (ARAGUATINS, 2019).

Como já foi mencionado na metodologia, a feira foi o local de aproximação entre a pesquisadora e os assentados, e parte das entrevistas ocorreu neste local. Observou-se que os assentados feirantes entrevistados eram mais jovens do que os entrevistados nos assentamentos. Dos entrevistados na feira Ecosol, 14,28 % eram idosos com mais de 70 anos. Este dado aponta a possível dificuldade dos mais velhos para levarem seus produtos para comercializar em Araguatins/TO, ficando essa oportunidade de negócio para os mais jovens. O transporte da produção para a comercialização na feira Ecosol para os que não dispõem de veículos é em condução coletiva privada, que cobra, em média, R$ 30 pelo serviço. O preço do transporte varia de acordo com a distância dos assentamentos.

Outra estratégia de produção e de comercialização para o incremento da renda é a criação de organizações. Para Turra, Santos e Colturato (2002, p. 8), a "associação é um sistema de organização inserido na sociedade e com ela interage e estabelece relações de trocas sociais, políticas, legais, tecnológicas, econômicas etc., influindo e sofrendo influências". O associativismo é um meio de fortalecimento da agricultura familiar e, em decorrência, passa a ser um indutor de desenvolvimento local. Dos entrevistados, 50,80% afirmaram que participam de associações nos assentamentos, e 49,20% não participam; entretanto, somente na agrovila comunitária Vila Falcão há estratégias de vendas da produção. A iniciativa de organização em cooperativas e associações é vista pelo governo com bons olhos: "[...] a condição falimentar atual das políticas públicas, essa parece ser uma maneira de se descomprometer financeira ou pelo menos parcialmente com esses grupos" (ALMEIDA, 2009, p. 161). A autora acrescenta que o escopo dessas iniciativas associativas busca, na realidade, "preencher um vazio deixado pelas políticas públicas" (p. 161). Corroborando essa ideia, Scopinho (2012, p. 57) argumenta que cooperar vai além de organizar cooperativas, "[...] ação organizada com base em valores mutualistas que se transformam em um importante recurso para superar as dificuldades decorrentes da insuficiência de políticas públicas [...]".

A participação em organizações indica que está ativo o tecido social, externando uma potencialidade dos assentamentos, o que abre possibilidades variadas para projetos que induzam ao desenvolvimento. Esses projetos podem ser estimulados por diversos atores sociais, que articulam em conjunto suas ações dentro do território, as quais servem de alavanca para transformações e inovações.

Bonnal, Cazella e Maluf (2008, p. 207) definem os projetos coletivos nos seguintes termos: "correspondem a arranjos de atores sociais e/ou institucionais em torno de objetivos e recursos compartilhados que intervêm sobre os territórios dados". Entretanto, esses autores alertam que "o jogo de atores, com seus conflitos e alianças políticas, condiciona a possibilidade dos projetos se concretizarem ou não" (BONNAL; CAZELLA; MALUF, 2008, p. 210). No bojo do processo organizativo das famílias, os projetos devem levar em consideração "elementos objetivos - nível de acumulação de capital, tipo de produto que é possível produzir, condições naturais no assentamento, existência de mercado consumidor", como também elementos subjetivos – "o grau de consciência política, a história das comunidades na luta pela terra, as formas de trabalho e de produção por elas desenvolvidas anteriormente" (CONCRAB, 1997 *apud* SCOPINHO, 2012, p. 58).

A renda familiar total é um requisito impactante na sustentabilidade econômica das famílias e, posteriormente, na sua modernização. Ademais, a função econômica é um dos pilares da multifuncionalidade da agricultura, ou seja, a viabilidade econômica é uma condição *sine qua non* para a consolidação dos assentamentos rurais: existe uma variação da renda bruta de R$ 400 mensais até valores de R$ 2,5 mil mensais; a maioria (dois terços dos entrevistados) oscila entre uma renda mensal de R$ 500 e R$ 900. Questionados se consideravam a renda suficiente para as necessidades da família, 53,97% afirmaram que sim, e 46,03% afirmaram que não. Contudo, todos, inclusive os que consideram ter uma renda baixa, têm garantida a subsistência familiar, não sendo constatadas evidências de fome e/ou de desnutrição.

De acordo com Buainain (2006), quando há insegurança na situação socioeconômica do agricultor familiar, pelas mais diversas razões, ele facilmente perde o entusiasmo e opta por não permanecer na situação em que se encontra e, na maioria das vezes, deixa de produzir no lote e o arrenda. Entretanto, percebe-se satisfação em função da autonomia na atividade e da tranquilidade para o exercício das atividades produtivas. Em momento algum, ressaltaram dificuldades com relação às condições de trabalho, considerando que o esforço físico é excessivo, e o retorno financeiro não é compensador. O baixo poder aquisitivo é uma das fontes de privação das liberdades dos indivíduos, conforme Sen (2012). A vida desses assentados pode ser limitada por vários fatores "externos", sendo um deles a ausência de oportunidades econômicas ou a sua limitação. Ao se promoverem condições para aumentar a produção e, consequentemente, a renda, alargam-se as liberdades desses assentados. Há, entretanto, o respeito à sua livre escolha para as oportunidades reais que os indivíduos têm para realizar, tendo a potencialidade para serem e fazerem o que julgarem de valor para suas vidas. Entende-se que as oportunidades econômicas influenciam o modo de vida desses assentados rurais e que os recursos materiais proporcionam a "liberdade". Quando se eliminam as privações de liberdade, abre-se o caminho do desenvolvimento.

Entretanto, mesmo que a renda dessas famílias rurais seja considerada satisfatória, não é possível uma relação automática entre as variáveis renda e alternativas humanas, pois há uma dependência da qualidade e da distribuição do crescimento econômico: "um vínculo entre o crescimento e as condições de vida humanas deve ser conscientemente reforçado através de políticas públicas deliberadas" (MACHADO, 2020, p. 31). O autor acrescenta que o "desenvolvimento humano inclui não apenas a economia, mas todos os aspectos da vida na sociedade; fatores sociais, políticos e culturais recebem a mesma atenção que fatores econômicos, inclui todos os aspectos do desenvolvimento" (MACHADO, 2020, p. 32). O aspecto econômico está ligado à qualidade de vida dos agricultores familiares, respeitando suas escolhas e suas diferenças espaciais, as particularidades do lugar a que pertencem. É necessário o reconhecimento da habilidade desses agricultores familiares de enfrentarem desafios, ao contornarem os obstáculos.

No que tange aos jovens, verificou-se que a falta de condições mínimas materiais pode impactar sua permanência no campo, afetando a sucessão dos lotes produtivos, uma vez que eles não vislumbram outra alternativa que não seja tentar a sorte nos centros urbanos, seguindo o exemplo de jovens que se mudaram para a cidade. Além das condições de trabalho e renda, a falta de opções de lazer é outro fator que desmotiva a permanência dos jovens no campo. Spanevello (2006) destaca a falta de opções de lazer como motivo importante para a migração dos jovens para a cidade. O atendimento de necessidades como lazer nos assentamentos rurais investigados é precário, tendo em vista que 73% dos entrevistados responderam que os jovens não possuem opções de lazer, e acrescentam: *"A diversão dos jovens é no peito da vaca"* (a respondente se utilizou de uma forma irônica, para afirmar que os jovens não têm diversão, apenas trabalho). Outros 27% declararam que os jovens possuem diversão e se referiram à prática do jogo coletivo de futebol. O campo de futebol, em alguns assentamentos, é improvisado, feito pelos próprios jovens; já em outros, há quadras poliesportivas (Figura 14).

Figura 14 – Campo de futebol improvisado no PA Marcos Freire e Quadra poliesportiva no PA Atanásio

Fonte: registro feito pela autora (2021)

O lazer não deve ser considerado apenas como momento de relaxamento, mas como um mecanismo para o desenvolvimento da capacidade transformadora, criativa e crítica, ultrapassando o bem-estar físico e mental do ser humano e estabelecendo diferentes perspectivas de relacionamento social. Observa-se que o lazer citado pelos entrevistados atinge somente o gênero masculino: "Há um viés de gênero na configuração das práticas de lazer entre os jovens estudados, de modo que se pode dizer que se o lazer dos homens é restrito, o das jovens mulheres é ainda mais" (WEISHEIMER, 2009, p. 211).

As mulheres são desfavorecidas no meio rural no quesito lazer. Para que os jovens permaneçam nas propriedades rurais, Spanevello, Drebes e Lago (2011, p. 2) apontam ser de suma importância o "acesso à terra, à educação e ao lazer, à autonomia dentro da propriedade, ao crédito e às políticas públicas de incentivo para a instalação como agricultor e o estímulo de instituições locais de fomento técnico e de extensão rural".

Para garantir a sobrevivência da agricultura familiar e evitar o êxodo rural, é necessário que os jovens dos assentamentos rurais estejam capacitados e motivados para dar continuidade às atividades da família. Maluf (2003, p. 146) destaca que "é preciso diferenciar as razões pelas quais os jovens decidem sair do campo (motivos e destinação) daquelas pelas quais decidem retornar (desejo de voltar e natureza do retorno)". As manifestações do responsável pela unidade familiar são insuficientes, sendo indispensável entrevistar diretamente os jovens. Em face disso, foram entrevistados três jovens (duas mulheres e um homem) com menos de 20 anos de idade. Constatou-se que, para eles, apesar das condições de trabalho e da vida difícil – que são os verdadeiros fatores de repulsão ao meio rural –, permanece o desejo de continuar na propriedade:

> *"Aqui a gente pode desenvolver o lucro da gente, pode ter vários tipos de trabalho, na cidade é só um, e têm que cumprir horário, aqui temos mais direitos. O povo da escola incentiva a gente ficar no campo"* (Entrevistada, 18 anos, PA Nova União).

> *"Antes de estudar na EFA (Escola Família Agrícola do Bico do Papagaio Padre Josimo) tinha o pensamento de mudar para a cidade, buscar melhorias. Começamos a trabalhar na terra, produzir em pequena escala em um pequeno pedaço de terra. Fiz uma comparação e vi que não precisava mudar para a cidade e que eu poderia atuar na apicultura, horticultura e na EFA. E os jovens que foram para a cidade não encontraram empregos e foram para a criminalidade e drogas, percebi que era melhor eu produzir e ficar na terra"* (Entrevistada, 19 anos, PA Ouro Verde).

> *"Tenho pouco estudo, consigo manter minha família trabalhando aqui, na roça, não tenho vontade de ir para cidade, eu gosto daqui"* (Entrevistado, 25 anos, PA Nova Vida).

Nota-se que o ingresso de uma das jovens na Escola Família Agrícola (EFA) foi indiscutivelmente decisivo para a mudança de pensamento e a vontade de permanecer no campo, fortalecendo a identidade rural e estabelecendo vínculos com o campo. A permanência desses jovens no campo é imprescindível para a sucessão da propriedade e a continuidade dos assentamentos rurais, pois eles serão os adultos que atuarão na gestão da produção e da terra. Convém destacar a diferença entre sucessão e herança: a sucessão se relaciona à reprodução social da unidade familiar; já a herança diz respeito à distribuição dos bens familiares, alcançando todos os filhos e demais herdeiros, se houver. Em outras palavras:

> Suceder significa substituir o titular de um direito, tomar o lugar de outrem, na gestão, no comando de determinado direito; ou seja, sucessão da agricultura familiar tem a ver com quem, após comprovar capacidade e habilidade, será o gerenciador, o gestor da continuidade das funções realizadas na propriedade, que pode ser um herdeiro ou um terceiro; já herdar se relaciona à transmissão de bens, direitos e obrigações em razão da morte do titular da propriedade. As duas situações podem, ou não, estar expressas numa mesma pessoa (CHEMIN; AHLERT, 2010, p. 70).

A continuidade dos assentamentos rurais perpassa pela análise dos jovens de sua visão de futuro. É um momento de conflitos internos que, ao final, levam a decidir por manter o modo de vida, dando continuidade à tradição cultural e produtiva, ou optam por outras atividades, encerrando todo um projeto de vida idealizado pelos pais. Para os pais, outros interesses, além da sucessão, são uma espécie de ruptura de um projeto de valorização da terra como meio de vida e conquista, não obstante, os jovens rurais assentados assemelham-se mais com a conquista da terra (simbologia) do que com a figura do profissional agropecuário (CASTRO, 2009).

Os dados da pesquisa evidenciam que os jovens percebem a importância da agricultura familiar, bem como entendem o quão concorrido é o mercado de trabalho na cidade e que há poucas oportunidades para quem não possui qualificação. Logo, assumir a gestão da propriedade da família é uma boa oportunidade. Os jovens entrevistados são motivados a permanecerem nos assentamentos pelo fato de trabalharem no que é seu, devido à acirrada concorrência no mercado de trabalho, ao conhecimento que possuem para realizar as atividades da propriedade, à flexibilidade de horários e à qualidade de vida.

Abramo (2005) assevera que uma autêntica política de desenvolvimento rural precisa abranger os jovens rurais que não sentem o desejo de serem agricultores, mas gostariam de permanecer no campo, por meio de uma educação de qualidade que abra novas oportunidades e atribuições para os jovens, a serem capacitados por meio de técnicas inovadoras e conscientes, em que os conhecimentos de contabilidade, de gestão e de estratégias comerciais são tão importantes quanto os de técnicas agronômicas, a fim de tornar o meio rural uma escolha de vida.

Para o aumento da produtividade e, consequentemente, da renda, o aperfeiçoamento da agricultura familiar perpassa por três variáveis: auxílio de créditos, assistência técnica e capacitações de seus membros. No Gráfico

3, verifica-se que a grande maioria dos produtores familiares, 68,25%, já foi contemplada com créditos governamentais (Pronaf, crédito de instalação, dentre outros), que viabilizaram a compra de máquinas, equipamentos e animais e construir benfeitorias, ou seja, os créditos melhoraram a estrutura produtiva, influenciaram positivamente na produtividade e incrementaram a renda. No entanto, 31,75% dos entrevistados nunca tiveram acesso.

Gráfico 3 – Acesso a crédito, assistência técnica e capacitação/cursos

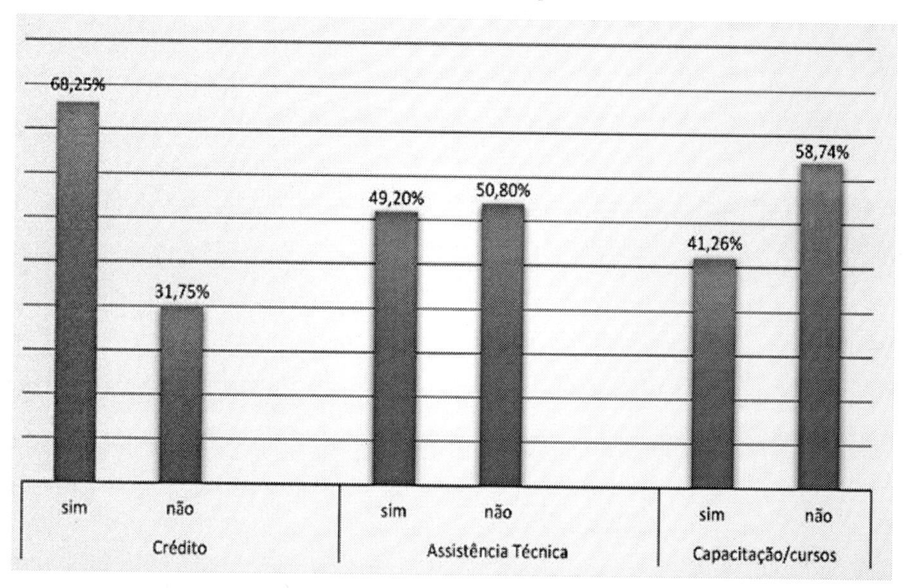


Fonte: a autora (2021)

Com relação à assistência técnica, ou seja, uma extensão rural na propriedade, 50,80% dos assentados entrevistados mencionaram que nunca tiveram assistência técnica. Esse benefício pode ser desenvolvido por diversos atores: órgãos governamentais ou por instituições de ensino com interesse no desenvolvimento, proporcionando aos assentados maior acesso às informações, dirimindo as dificuldades na produção, principalmente, no que concerne ao manejo de pragas. Os que afirmaram que, em algum momento, tiveram assistência técnica, citaram estas instituições: Adapec, Ifto, Senar, Ruraltins, Sebrae[13].

[13] Adapec é a Agência de Defesa Agropecuária, que orienta apicultores nos controles de pragas em apiários; Ifto se trata do Instituto Federal de Tocantins; Senar, Serviço Nacional de Aprendizagem Rural; Ruraltins, Instituto de Desenvolvimento Rural do Estado do Tocantins; Sebrae, que é o Serviço Brasileiro de Apoio às Micro e Pequenas Empresas.

Através da lente da análise multifuncional, notam-se as potencialidades nos assentamentos rurais investigados, as quais podem ser canalizadas para ações da extensão rural, por meio de visitas técnicas, cursos e capacitações aos assentados. No que tange à participação desses assentados em cursos e capacitações, 58,74% declararam que nunca participaram de alguma atividade nesse sentido, 41,26 % já participaram.

De acordo com a fala dos entrevistados, foi realizado um agrupamento das principais dificuldades enfrentadas por eles com relação à produção. Nesse sentido, 12,70% dos respondentes afirmaram não terem nenhuma dificuldade, conforme descrito na Tabela 7, a seguir.

Tabela 7 – Principais dificuldades apontadas pelos assentados de Araguatins/TO com relação à produção

| **Dificuldades** | % |
|---|---|
| Outras (pragas, solo) | 23,35 |
| Maquinário deficiente | 17,60 |
| Ausência de assistência técnica | 12,73 |
| Nenhuma | 12,70 |
| Estradas ruins | 9,52 |
| Limitação da idade | 7,95 |
| Armazenamento e escoamento | 6,35 |
| Ausência de créditos | 5,00 |
| Preço baixo/comercialização | 4,80 |

Fonte: a autora (2021)

Concordando com Scopinho (2012, p. 28), "na prática, os assentamentos enfrentam diferentes ordens de dificuldades". As citadas pelos respondentes são diversas e podem influenciar de tal forma que podem restringir e/ou impedir a reprodução socioeconômica dos núcleos familiares devido à "ausência de condições para que as famílias aperfeiçoem o processo produtivo e agreguem valor aos produtos agrícolas, devido a carências relacionadas à disponibilidade de área, suporte-técnico comercial e recursos financeiros" (MALUF, 2003, p. 137-138).

Foram citadas dificuldades relacionadas a pragas e ao solo, 23,35 %, sendo as pragas mais citadas: a mosca-branca (*Bemisia tabaci*), a *Paquinha*, Neocurtilla (*Gryllotalpa*), a bruzona (queima o arroz), o carrapato e as moscas.

A questão problemática do solo na visão dos respondentes: *"A minha terra é de pedra, não tenho como produzir direito". "A terra é fraca". "Minha terra é alagada, no inverno não produzo". "A produção nos dois primeiros anos era um absurdo, depois o solo enfraqueceu".* Essas dificuldades poderiam ser dirimidas com assistência técnica por meio da extensão rural. Constata-se uma discrepância nos resultados, pois 50,80% dos assentados entrevistados mencionaram que nunca tiveram assistência técnica, e somente 12,73% afirmaram que a dificuldade para produzir era devido à ausência de assistência técnica; entretanto, 23,50 % dos respondentes relataram que as principais dificuldades estão relacionadas às pragas e ao solo, que poderiam ser amenizadas e/ou resolvidas por meio da assistência técnica. Acredita-se que lhes faltam informações a respeito do que seja assistência técnica e como poderia ajudá-los.

Na produção da agricultura familiar, utilizam-se recursos permanentes e temporários. Os permanentes se referem ao maquinário, às construções, às ferramentas, entre outros. Já os recursos temporários (insumos) são a força de trabalho da família. Esses fatores de produção têm influência direta na produtividade e na renda. Muitos assentados não possuem o mínimo de ferramentas: *"Meus braços são meus equipamentos, não tenho maquinário".* Dos entrevistados, 17,60% apontaram como dificuldades na produção o maquinário deficiente: *"Só o trabalho braçal não ajuda mais, precisamos de máquinas para gradear a terra". "A terra cansou, se não for mecanizado, não produz". "A terra é de toco, preciso gradear".* Constatou-se que, na Vila Falcão, se pratica o uso coletivo de tratores, bem como o plantio coletivo em terras de propriedade da associação. Percebem-se, nesse caso, muitos elementos da agricultura tradicional. Todos os entrevistados mencionaram que não possuem máquinas e equipamentos adequados para a produção, ou seja, o trabalho é realizado quase exclusivamente com a mão de obra familiar e com equipamentos rudimentares.

Apesar de 58,72% estarem na idade acima de 50 anos, somente 7,95% destacaram a idade como um fator limitante da produção: *"Por causa da idade não tenho mais como plantar".* Outros citaram o medo das doenças, que impossibilitariam o trabalho. As estradas ruins é outra dificuldade destacada por 9,52% dos assentados. Nos aspectos diretamente relacionados à produção, as péssimas condições de trafegabilidade dificultam a mobilidade das famílias para a compra de insumos e o escoamento da produção. Armazenamento e escoamento foram citados por 6,35% dos respondentes. O escoamento está relacionado ao transporte coletivo, que inexiste, enquanto o armazenamento poderia ser solucionado por meio do crédito rural.

O crédito é de grande relevância para o desenvolvimento dos assentamentos. As diversas modalidades de crédito podem ser utilizadas para custeio e investimentos, o que pode promover um dinamismo na economia não só no assentamento, mas na economia local em geral, em virtude da compra de máquinas, equipamentos, insumos, utensílios etc., além de um maior aproveitamento do quadro natural, fortalecendo assim a produção. Apenas 5% dos respondentes entendem a importância desse recurso na produção e reclamam da sua ausência. Entretanto, assentados e presidentes das associações relatam que parte dos assentados já recebeu crédito rural, com condições especiais de pagamento; no entanto, ocorreu desvio de finalidade, ou seja, o crédito não foi investido na produção, o que gerou inadimplência e a descontinuidade do acesso a esse recurso. Verifica-se, portanto, a ausência de condições de gestão dos assentados e de um efetivo acompanhamento por parte da assistência técnica.

Dos assentados entrevistados, 4,80% citaram o preço baixo e a comercialização como uma dificuldade. Os custos devido às condições precárias dos transportes e das estradas atrelados à distância de muitos assentamentos até o local de comercialização, além da obrigatoriedade de comercializar a safra logo após a colheita por causa da ausência de locais adequados para o armazenamento da produção, são fatores que interferem no preço de venda e, consequentemente, na renda. Diante de tamanhas adversidades, como os agricultores assentados em Araguatins ainda subsistem? É possível afirmar que o fator motivador da permanência desses assentados é a afetividade nutrida pelo lugar, a atividade e a sociabilidade. Mesmo com dificuldades citadas, para a ampla maioria, a atual situação ainda é uma melhoria de outrora.

Schneider (2003) argumenta que os núcleos familiares subsistem em virtude de uma autonomia variável com relação ao capital e vão se reproduzindo nessas condições. Didaticamente, o autor elenca quatro elementos: família, base natural, propriedade dos meios de produção e inserção social e econômica, que explicam a agricultura familiar na sociedade capitalista:

a. a família: manutenção das dinâmicas camponesas de balanço entre produção e consumo do grupo doméstico, o uso da força de trabalho por critérios de parentesco, a racionalidade familiar e a cultura como ordem moral;

b. a base natural: tempo de trabalho menor que o tempo de produção e a característica do alimento não ser uma mercadoria qualquer, os riscos imponderáveis de produção;

c. a propriedade dos meios de produção: resulta em autonomia sobre a terra (administrativamente) e o controle sobre si (domínio e inovação sobre os instrumentos de trabalho);
d. a inserção social e econômica: a única esfera de influência direta e determinante do capitalismo, no qual ocorrem as interações com o mercado de produto e crédito, em que há a influência do progresso técnico e das instituições (Igrejas e ONGs) e do Estado (políticas) (SCHNEIDER, 2003).

Assim, a reprodução da agricultura familiar pode ser entendida como fruto de um processo de intercambiamento entre os indivíduos-membros com suas famílias e de ambos interagindo com o ambiente social no qual estão imersos. Isto é, não se trata apenas do resultado de um ato da vontade individual ou do coletivo familiar, tampouco de uma decorrência das pressões externas do sistema social. Apesar das dificuldades relatadas, o projeto de futuro "sonhos" dos assentados entrevistados é de permanência nos lotes. Nesse sentido, convém dividir perspectivas individuais e demandas coletivas, descritas no Quadro 20, a seguir.

Quadro 20 – Projetos de futuro dos assentados de Araguatins, individuais e coletivos

| | |
|---|---|
| Perspectivas individuais | - manter a propriedade da terra;<br>comprar mais terra;<br>- investir e aumentar a produção;<br>- garantir o futuro dos filhos;<br>- acessar o melhoramento genético;<br>- introduzir práticas de melhoramento do solo;<br>- conseguir a titularidade da terra;<br>- manter ou melhorar o nível de vida conquistado;<br>- mecanização;<br>- criar uma associação de quebradeiras de coco. |
| Demandas coletivas | melhoria do acesso (estradas). |

Fonte: a autora (2021)

Enquanto alguns têm como perspectiva de futuro *"comprar mais terras"*, outros entrevistados pretendem continuar com o mesmo padrão de vida: *"Meu projeto de futuro é manter a canoa remando"; "continuar trabalhando na terra até quando Deus permitir"; "enquanto for vivo, é ficar perto dos meus bichinhos"; "dando para comer está bom".*

Este questionamento a respeito dos seus projetos de futuro ajudou-os a recuperar a lembrança de sonhos – para alguns, uma surpresa, pois talvez nunca tivessem parado para projetar um futuro após a conquista da terra – presentes na construção do assentamento, como novo espaço de relação.

## 5.4 Promoção da segurança alimentar

A segurança alimentar é aceita como um bem público, definida pela FAO (2019) como condição para todos os seres humanos terem acesso econômico e físico a uma alimentação saudável, nutritiva e suficiente, a qualquer momento, que satisfaça suas necessidades básicas para uma vida ativa e saudável. A segurança alimentar nos assentamentos investigados atende em parte aos princípios da multifuncionalidade. Verificou-se que o processo produtivo fica sob o controle total dos agricultores, que decidem o que e como plantar, bem como as estratégias de comercialização. Assim, 63,50% comercializam o que produzem, e 36,50% dos agricultores produzem somente para o autoconsumo. Considera-se que a produção de alimentos destinada ao autoconsumo garante a segurança alimentar dos agricultores familiares, cujas características são a qualidade, a diversidade e a disponibilidade durante o ano inteiro. Os entrevistados têm a percepção de terem uma alimentação saudável: *"A gente planta o que a gente quer comer, os alimentos são livres de agrotóxicos e conservantes, é tudo muito saudável"*.

Nesse sentido, 77,70% dos respondentes consideram a produção satisfatória para o sustento da família; 22,30% acham que não é suficiente. Embora as famílias possuam lotes do mesmo tamanho, não usufruem da mesma segurança alimentar em relação ao próprio consumo, por não utilizarem aparatos tecnológicos que tornem a atividade produtiva, uma vez que as condições financeiras dos assentados não permitem a compra de equipamentos, máquinas e insumos de qualidade.

Questionados a respeito do receio de uma possível falta de alimentos para as necessidades do núcleo familiar, a grande maioria disse não ter esse receio. Os que confessaram ter medo de faltar alimentos para suas famílias apresentaram justificativas como: *"os grandes projetos estão falindo e os pequenos estão deixando de produzir, por isso tenho medo de faltar alimentos.*

No que se refere ao abastecimento alimentar para a sociedade, mais da metade dos assentados, 55,50%, afirmou que tem conhecimento da função social da agricultura e da sua contribuição com a produção para abastecer a sociedade de alimentos, o que evidencia o reconhecimento, por parte dos próprios agricultores, dessa função central da agricultura familiar. Salienta-se que, na dimensão segurança alimentar, apesar da diversidade de produção, praticamente ninguém pratica uma agricultura de base orgânica, o que impacta negativamente a qualidade dos alimentos.

## 5.5 Manutenção do tecido social e cultural

A cultura enaltece o conhecimento popular, que é acumulado ao longo de anos, perpassado por um processo de vivência no campo, pelo conhecimento do cotidiano, renovado e experimentado com o passar do tempo de forma artesanal. Este sexto eixo de questões da pesquisa relaciona-se ao melhoramento e à preservação das condições de vida dos assentados rurais, pela elaboração e pela legitimação de identidades sociais, e ao alcance da integração social. Buscaram-se informações que pudessem indicar o perfil sociocultural das famílias no território pesquisado, se é manifestada a relação de sociabilidade entre os assentados, se existe confiança mútua, camaradagem, troca de informações entre os assentados, como também entender se as famílias mantêm tradições culturais camponesas. Trata-se de identidade, de compreensão da agricultura para além da manutenção do emprego e renda, ou seja, o entendimento de pertencimento e da identidade de "ser agricultor".

Nessa linha de compreensão, a manutenção do tecido social nos espaços rurais tem por elemento configurante as relações de contato com os outros assentados, fundamentadas na solidariedade, sendo imprescindíveis os vínculos de sociabilidade, de confiança mútua e de interconhecimento, importantes para a manutenção dos assentamentos rurais. A identificação dos mediadores e dos interlocutores dos diferentes atores, bem como a participação política dos agricultores, seja nas organizações associativas direcionadas ao aumento da produtividade, seja nos movimentos sociais reivindicativos ou outros, igualmente são relevantes na manutenção do tecido social e cultural das famílias rurais.

A conquista da terra pelos assentados, além do alcance de direitos econômicos e sociais, permite que a vivência nos assentamentos rurais proporcione às famílias referências sociais para a manutenção de tradições e costumes. Machado (2020, p. 15) destaca "a dimensão cultural à medida que pode refletir, sob o pretexto da 'tradição', um verdadeiro acúmulo de conhecimentos e *know-how*, aperfeiçoado e selecionado ao longo dos anos". Quando a cultura é compartilhada em meio a um grupo social (um assentamento), pode influenciar no desenvolvimento de práticas econômicas e sociais. Ademais, a agricultura familiar é de suma importância na constituição da identidade do lugar, no sentido de pertencimento.

Além do significado econômico para as famílias rurais, também favorece a solidariedade. Essas contribuições permitem manter o tecido social e cultural do rural. As tradições camponesas, que são as tradições sociais, a representação rural (como festas religiosas, comidas típicas, festas juninas, folclóricas, costumes e tradição familiar), são significados passados para outras gerações, para que o campo não perca suas características culturais. A manutenção da ruralidade é uma das funções da agricultura; é um bem imaterial. Nessa perspectiva, um dos questionamentos aos entrevistados tratava dos hábitos e costumes das famílias que continuam sendo mantidos. E a resposta foi: a tradição religiosa. Percebeu-se que a grande maioria desconhecia o significado de cultura, sendo necessário exemplificá-lo para que fosse entendido. Contudo, verificou-se nas falas dos entrevistados que não consideram a cultura como, de fato, importante.

No Gráfico 4, é retratado o percentual de famílias que preservam alguma tradição e as que não preservam: 52,38% afirmam que mantêm tradições culturais, a grande maioria relacionada a festas religiosas – reza de terço, festejo de Nossa Senhora de Fátima, Festa de Santo Antônio, Festejo de Santa Paulina, Festejo de São José Trabalhador; 47,62 % não mantêm tradições culturais, o que é corroborado por falas como: "*A gente não liga pra isso não*";

Gráfico 4 – A família e/ou comunidade mantêm tradições culturais

52,38%
47,62%
Sim
Não

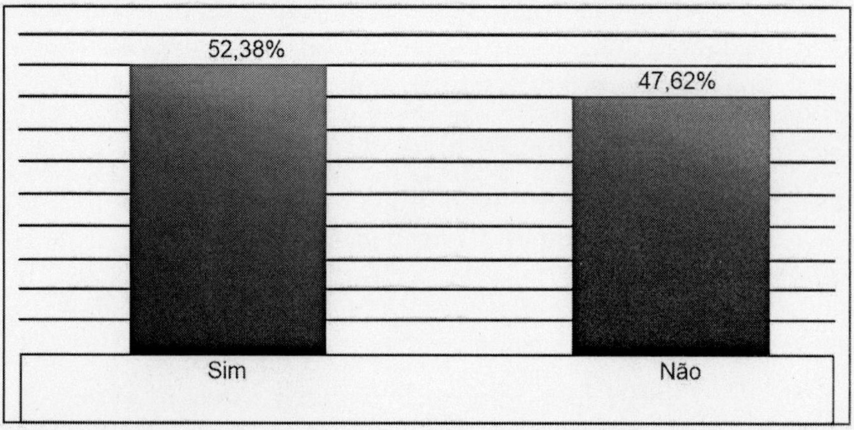

Fonte: a autora (2021)

Além disso, há outros eventos, como almoço familiar, aniversário do assentamento e campeonato da pesca do piau (há a formação de grupos de pesca; o critério da equipe vencedora é a maior quantidade de peixe pescado da espécie piau acima de 13 cm). A produção de artesanatos (objetos, doces, queijos, cachaça) é uma alternativa de renda e de valorização da identidade local, que gera a manutenção do tecido social e cultural e permite a conservação e o consumo de determinado gênero na época de entressafra. "É um patrimônio cultural associado a um modo de vida rural, além da função econômica de agregação de valor e da função sociocultural de reabilitar um saber-fazer específico [...]" (GAVIOLI, 2011, p. 466). Dos assentados entrevistados, 84,30% disseram que não produzem artesanato, e 12,70% declararam que produzem queijo e rapadura (doce feito com a cana-de-açúcar).

A criação dos assentamentos de Araguatins ocorreu em datas distintas, a partir de 1989 até 2009, conforme o Incra (2019). O conjunto de indagações apontou que as comunidades rurais estão muito integradas umas às outras, e os assentados mantêm forte relação de sociabilidade, havendo confiança mútua, camaradagem, troca de informações, conforme denotam as falas a seguir: *"Nunca tive problema com ninguém aqui". "Gosto da amizade que temos aqui, na cidade ninguém empresta e nem dá nada para ninguém". "Meu marido quebrou a perna, os assentados fizeram uma reunião e vieram colher o arroz e não cobraram nada". "Aqui nós compartilhamos, mato uma novilha e distribuo entre as famílias, e depois eles fazem o mesmo".* Pelas falas, percebe-se que há confiança e reciprocidade, praticadas diariamente, ou seja, vivem em uma comunidade, o que fortalece o tecido social e é um fator primordial para o desenvolvimento das famílias.

Bauman (2003, p. 7) apresenta o termo comunidade como um lugar "cálido, um lugar confortável e aconchegante. É como um teto sob o qual abrigamos da chuva pesada, como uma lareira diante da qual esquentamos as mãos num dia gelado". É assim o sentimento dos assentados rurais entrevistados; sentem-se seguros sabendo que podem contar com o auxílio se necessitarem. O autor ainda complementa: "numa comunidade podemos contar com a boa vontade dos outros. Se tropeçarmos e cairmos, os outros nos ajudarão a ficar de pé outra vez. Ninguém vai rir de nós, nem ridicularizar nossa falta de jeito e alegrar-se com nossa desgraça" (BAUMAN, 2003, p. 8). A força do tecido social e cultural é percebida no envolvimento dos assentados em grupos sociais. Bauman (2003, p. 8) ainda faz o seguinte questionamento: "quem não gostaria de viver entre pessoas amigáveis e bem intencionadas nas quais pudesse confiar e de cujas palavras e atos pudesse se apoiar?".

Verificou-se que as agrovilas possibilitam o fortalecimento do tecido social, por meio da convivência pela proximidade das casas e dos locais de socialização. Já nos assentamentos onde não há agrovilas, os assentados vivem praticamente isolados nos lotes, o que dificulta a sociabilidade. Destaca-se que, como espaço de integração e de sociabilidade, foram citadas as igrejas: 33,30% dos assentados frequentam algum templo religioso dentro do assentamento (Figura 15).

Figura 15 – Igreja no PA Ouro Verde e no PA Atanásio

Fonte: registro feito pela autora (2021)

São denominadas instituições "não produtivas", de acordo com Sauer (2005), mas de fundamental importância na interação social e na sustentabilidade dos assentamentos rurais, especialmente quando unem e encadeiam força política e social, metamorfoseando o próprio assentamento – ou os seus mecanismos internos – em ator – e/ou interlocutor – local e regional. Fazem parte também as escolas, os centros comunitários e de lazer e os grupos de trabalho, que, ao integrarem uma rede social em virtude das relações de auxílio mútuo, são uma forma de manutenção da cultura.

## 5.6 Preservação dos recursos naturais e da paisagem rural

A referida questão teve como base a forma de utilização dos recursos naturais, considerando a relação entre a agricultura praticada pelos assentados no território, ou seja, formas de manejo e de conservação de recursos, como solo, água, fauna e flora. A finalidade é identificar a compreensão dos assentados com relação ao ambiente em que estão inseridos, com o intuito de verificar se há preservação da biodiversidade, bem como a percepção das mudanças na paisagem rural, como a redução na proporção de florestas e a predominância das lavouras e o uso destinado à pecuária, a fim de desassociar esse uso dos recursos de uma imagem de natureza intocável. Leva também em consideração o enfoque do conceito de multifuncionalidade da agricultura, pois as famílias assentadas são percebidas como uma unidade social, e não somente como uma unidade de produção.

Percebem-se, no Gráfico 5, conflitos entre a preservação do ambiente e as práticas agrícolas (tradicionais).

Gráfico 5 – Prática de preservação da natureza pelos assentados de Araguatins/TO

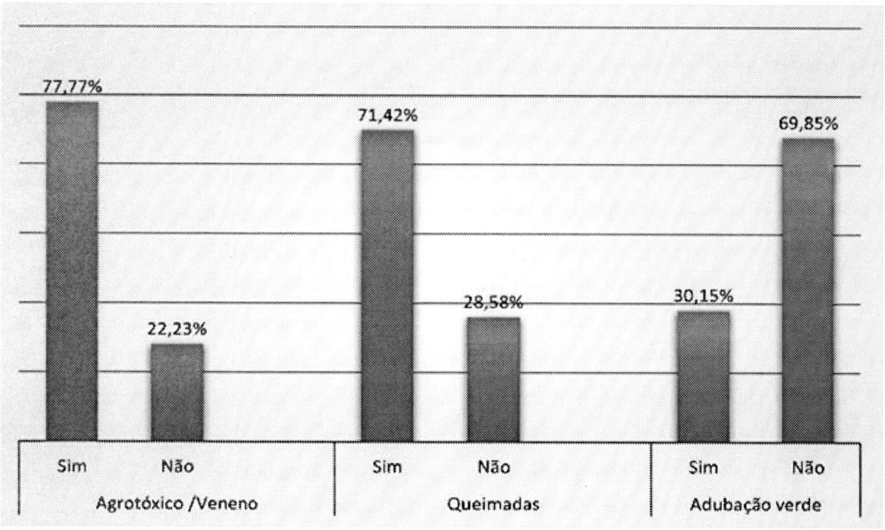

Fonte: a autora (2021)

Enquanto 84,12% dos assentados afirmam que ajudam a cuidar da natureza, 77,77% declararam usar veneno; entretanto, demonstraram saber que o ato prejudica o meio ambiente e a própria saúde: *"Se eu pudesse capinar, não usava veneno"*. Ainda, 71,42% já utilizaram a queimada como estratégia produtiva. A maioria justifica a necessidade do uso do fogo, por não possuir maquinário para preparar a terra; logo, o desmatamento foi necessário para que as famílias pudessem produzir: *"Não tenho trator, o jeito é queimar"*. Também, 15,88% reconheceram que a forma como produzem não ajuda a preservar a natureza.

Por outro lado, 22,23% dos assentados não utilizam agrotóxico e/ou veneno nas suas produções, e 28,58% não praticam queimadas. As práticas agrícolas utilizadas não condizem com o discurso: *"Não tem como não usar veneno, o solo é muito fértil e não dou conta de acabar com as pragas"*. O amplo uso de produtos químicos na plantação contamina a água, o ar, o solo, como também prejudica a saúde do próprio agricultor familiar. A utilização em larga escala de produtos químicos é contra os padrões de uma alimentação saudável, distanciando a produção dos assentados da função ambiental na agricultura.

Além disso, a ausência de tratamentos de dejetos humanos (nenhuma família possui rede de esgoto) e a forma de moradia impactam na preservação. Não foi objeto de estudo a questão do descarte do lixo doméstico, entretanto, em alguns lotes produtivos, foi identificado o uso do fogo, causando poluição na forma de fumaça, acarretando a emissão de vários gases tóxicos, afetando a saúde das famílias, provocando riscos de incêndios, podendo causar mortes de animais e a destruição da vegetação; portanto, o ato, embora pareça natural e cotidiano, não é inofensivo.

Os recursos naturais, nos quais a agricultura está assentada, deveriam ser para a humanidade os mais importantes, pois o estabelecimento do desenvolvimento humano equilibrado e permanente depende da estabilidade e sustentabilidade da fertilidade do solo; é nele que se encontra a base da existência da fauna, água, microrganismos e flora, enfim para a sobrevivência do próprio homem (OZIEN,1993). "A sustentabilidade é em termos ecológicos, tudo que a Terra faz para que um sistema não decaía e se arruíne [...]. O sentido ativo enfatiza a ação deita de fora para conservar, manter, proteger, nutrir, alimentar, fazer prosperar, subsistir, viver" (BOFF, 2016, p. 34).

Elementos como o uso indiscriminado de venenos, a utilização de queimadas e o pouco cuidado com o aspecto paisagístico impedem o desenvolvimento dessa função atribuída à agricultura, que é, por si, um instrumento de preservação ambiental, em função da pequena e diversificada produção. Boff (2016, p. 34) enfatiza a sustentabilidade, seja do universo, seja de ecossistemas, seja da Terra ou de comunidades e sociedades inteiras: "que continuem vivas e se conservem bem. Somente se conservarão bem se mantiverem equilíbrio interno e se conseguirem se autorreproduzir. Então subsistem ao longo do tempo".

A produção agroecológica seria uma alternativa no assentamento, pois, pela presença de elementos da agricultura tradicional, se poderia até imaginar uma transição agroecológica, uma produção racional no uso dos recursos naturais. Nesse aspecto, 69,85% nunca utilizaram e não esboçaram desejo de praticar uma produção limpa, adotando técnicas que visem à qualidade diferenciada dos produtos que comercializam. Contudo, se utilizassem técnicas agroecológicas, seria por motivos de saúde, não por razões econômicas ou filosóficas. Os outros entrevistados, 30,15% das famílias analisadas, já realizaram uma agricultura de base orgânica, ou seja, já utilizaram, pelo menos uma vez, plantio direto, rotação de cultura, adubação verde ou terraceamento. Observa-se que os agricultores familiares utilizam a coleta de frutas, tais como o babaçu (Figura 16), para uso na alimentação e na comercialização. Como já mencionado, compreende-se a coleta como um elo e uma forma de preservação da biodiversidade do ambiente, sendo uma estratégia que pode ser potencializada por meio da valorização e do compartilhamento.

Figura 16 – Paisagem de acesso ao PA Trecho Seco

Fonte: registro feito pela autora (2021)

Entende-se que a paisagem é algo criado e não dado, sendo o resultado da materialização das relações sociais, modificadas de acordo com o tempo e a cultura, em que o modo de relação com o ambiente tece as paisagens (BER-

QUE, 1994). Quanto à contribuição com a paisagem, em geral, os assentados demonstram pouco cuidado com o aspecto paisagístico e muito mais com o aproveitamento dos espaços para a produção. Observa-se um menor grau de percepção no tocante à paisagem rural. Ou seja, não foi percebida uma preocupação com o aspecto estético, somente com a produção. Todos mencionaram a ação antrópica, justificando que o desmatamento foi necessário para que as famílias pudessem produzir. Outros afirmaram que, quando ocuparam o espaço, já havia ocorrido o desmatamento: *"Aqui era tudo mata, mudou muito"*.

Em alguns dos lotes de produção dos assentados, há áreas de reserva legal (áreas sem cultivo, que preservam a biodiversidade e a beleza da paisagem de natureza intocáveis), o que é uma riqueza inestimável. A próxima imagem (Figura 17) ilustra parte dessa natureza quase intocável, pois há a estrada de acesso ao assentamento PA Água Limpa. A ação antrópica se resume somente ao ato de fazer o acesso.

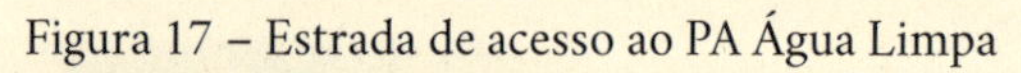

Figura 17 – Estrada de acesso ao PA Água Limpa

Fonte: registro feito pela autora (2021)

Essa preservação, para alguns, é necessária: *"Temos que ter as ervas na beira do córrego, os bichos gostam, nós também"*. Outros preservam as nascentes: *"Tenho um brejo que eu quero proteger, o gado bebe na nascente"*. Entretanto, outros não pensam da mesma forma: *"Tenho 20% de reserva legal, não derrubei porque não deu tempo, agora não posso mais por causa da fiscalização".* Outros, ainda, afirmam que não havia muitas áreas com natureza intocada: *"Aqui era uma fazenda, já tinha sido desmatado, quando cheguei era tudo pasto".* Uma parcela de 84,12% dos assentados identificou os solos como sendo de boa qualidade; 15,88% percebem o solo como sendo de má qualidade; porém, a prática rotineira do plantio convencional ocasiona a perda de fertilidade do solo, comprometendo o meio ambiente e, futuramente, até mesmo a produção.

Portanto, a função ambiental de preservação dos recursos naturais e de sustentabilidade dos agroecossistemas revelou-se, em grande parte, ausente e deficitária. Elementos como o uso indiscriminado de venenos, a utilização de queimadas e o pouco cuidado com o aspecto paisagístico impedem o desenvolvimento dessa função atribuída à agricultura, que é, por si, um instrumento de preservação ambiental, em função da pequena e diversificada produção. Para o alcance total dessa função, são necessárias práticas imbuídas de preservação ambiental, ou seja, uma produção harmônica com o meio ambiente. Para concretizar a função de preservação do ambiente, deve ser desenvolvida uma agricultura de baixo impacto ambiental – a assistência técnica e a capacitação seriam alternativas para a conscientização desses assentados e, por iniciativa própria, haver um equilíbrio nas dimensões econômicas e ambientais –, além de uma produção de base orgânica, ou seja, a agricultura alternativa.

Para esse alcance, é de fundamental importância o engajamento de instituições para dar esse suporte aos assentados, para que haja uma conscientização coletiva, quiçá, a transformação em um sujeito ecológico, que "põe em evidência não apenas um modo individual de ser, mas, sobretudo, a possibilidade de um mundo transformado, compatível com esse ideal, que fomenta esperanças de viver melhor, de felicidade, de justiça e bem-estar" (CARVALHO, 2008, p. 69). Em outras palavras, ações que os influenciem na maneira de pensar e de agir em prol da natureza, um elo entre atores e assentados; por isso, a pesquisa também focou a identificação dos atores locais, suas ações no desenvolvimento rural, tema a ser tratado no próximo item.

## 5.7 Atores sociais: lideranças e instituições de Araguatins

O objetivo deste tópico é apresentar os atores locais: agentes econômicos e sociais, políticos, seus objetivos e que tipo de atividades desempenham em Araguatins, entender, pelo escopo de cada instituição, a contribuição para o desenvolvimento rural e, por fim, apresentar a percepção dos assentados entrevistados com relação a essas instituições, no atendimento de suas necessidades.

Schneider e Gazolla (2011, p. 12) argumentam que:

> [...] ser ator não é um atributo inerente, mas uma condição social que se conquista por meio de relações e interações sociais [...] são sujeitos sociais ativos, dotados de capacidades de agência, o que lhes permite agir e reagir em face de situações adversas ou de um contexto hostil.

Os pesquisadores Long e Ploeg (2011), cujo enfoque das pesquisas é a agricultura, o campesinato e o desenvolvimento rural, criticam o modelo central do desenvolvimento: a teoria da modernização e a teoria marxista estruturalista, pelo fato de reduzirem a autonomia dos indivíduos. Para os estudiosos, os indivíduos são sujeitos ativos, participantes de uma mudança social, ou seja, os atores sociais não são categorias vazias:

> [...] os atores sociais não são vistos meramente como categorias sociais vazias (baseada em classe ou em outros critérios de classificação) ou recipientes passivos de intervenção, mas, sim, como participantes ativos que processam informações e utilizam estratégias nas suas várias relações com vários atores locais, assim como com instituições e pessoas externas (LONG; PLOEG, 2011, p. 24).

Conforme esses pesquisadores, os atores sociais possuem capacidade intrínseca de agente, desenvolvida em procedimentos de interação: "a capacidade de agente (e o poder) dependem crucialmente da emergência de uma rede de atores [...]; o agente efetivo requer a geração de estratégias de uma rede de relações sociais e a canalização de itens específicos" (LONG; PLOEG, 2011, p. 26).

Por sua vez, Scopinho (2012, p. 133) assevera que a participação de diferentes agentes sociais no processo de planejamento, implementação e gestão de projetos de assentamento promovem diferentes tipos de encontros, "nem sempre produtivos e harmônicos, como bem aponta a literatura, entre o saber técnico e o popular, entre o rural e o urbano, entre o trabalho individual e o coletivo, entre outros". Identificar e conhecer as representações sociais dos trabalhadores assentados, "entendidas como [...] estrutura de mediação entre o sujeito-outro e o sujeito-objeto, que se realiza por meio de um [...] trabalho de ação comunicativa [...]" (JOVE-CHELOVITCH, 2004, p. 22).

É imprescindível para conhecer as condições de como os encontros comunicativos acontecem (ou não), a percepção dos assentados, as motivações subjetivas que sustentam as barreiras entre os diferentes universos conceituais de cada agente. Nesse sentido, considera-se a importância dos atores sociais e de suas atuações em Araguatins, bem como das instituições e da infraestrutura educacional disponível no município, que podem influenciar, com suas ações, os assentamentos rurais.

No Quadro 21, a seguir, apresentam-se as três organizações do município: 1) a política; 2) a econômica; 3) e a social, e as respectivas instituições, de acordo com a finalidade.

Quadro 21 – Atores políticos, econômicos e sociais presentes em Araguatins

| Organizações | Representantes das Organizações e Instituições em Araguatins |
|---|---|
| Políticas | Prefeitura Municipal de Araguatins/TO / Secretaria De Agricultura e Abastecimento |
| | O Conselho Municipal de Desenvolvimento Rural Sustentável - CMDRS |
| Econômicas | A Agência de Defesa Agropecuária – Adapec |
| | Instituto Nacional de Colonização e Reforma Agrária – Incra |
| | Instituto de Desenvolvimento Rural do Estado do Tocantins – Ruraltins |
| Educacionais e Sociais | Serviço Nacional de Aprendizagem Rural – Senar |
| | Serviço Brasileiro de Apoio às Micro e Pequenas Empresas- Sebrae. |
| | Instituto Federal de Educação, Ciência e Tecnologia do Tocantins –IFTO; |
| | Sindicato dos Trabalhadores e Trabalhadoras Rurais de Araguatins Agricultores e Agricultoras Familiares de Araguatins/TO e Associações dos Projetos de Assentamentos. |

Fonte: a autora (2021)

a. As organizações políticas:

A Prefeitura Municipal de Araguatins/TO, por meio da Secretaria de Agricultura e Abastecimento, propôs, em abril de 2017, o Plano Municipal de Desenvolvimento Rural Sustentável. O público-alvo são produtores rurais e assentados localizados na região de Araguatins/TO, que se dedicam à agricultura familiar. O objetivo geral é "promover a produção, tecnificar o agricultor, garantir condições de desenvolvimento de atividades agrícolas, promover o beneficiamento, a transformação e a comercialização da produção" (ARAGUATINS, 2021, p. 1). "Ao invés de políticas macroeconômicas relativas ao processo de acumulação, historicamente tem cabido aos municípios implementar e (quase sempre conceber) políticas sociais direcionadas a melhorar as condições de vida das populações locais" (ARAÚJO, 2005, p. 228).

O Conselho Municipal de Desenvolvimento Rural Sustentável (CMDRS) foi instituído em 17 de março de 2017, por meio da Lei n.º 614/97, como um órgão colegiado de caráter permanente, sendo consultivo, deliberativo e fiscalizador. O art. 2º dispõe sobre sua competência:

> I – Promover o entrosamento entre as entidades desenvolvidas pelo Executivo municipal, órgãos, entidades públicas e privadas, voltadas para o desenvolvimento rural do Município;
> II – Apreciar o Plano Municipal de Desenvolvimento Rural-PMDR- e emitir parecer conclusivo atestando a sua viabilidade técnico-financeira, a legitimidade das ações propostas em relação às demandas formuladas pelos agricultores e recomendando sua execução;
> III – exercer vigilância sobre a execução das ações previstas no PMDR;
> IV – Sugerir ao Executivo Municipal, órgãos, entidades públicas e privadas que atuam no Município, ações que contribuam para o aumento da produção agropecuária e para a geração de emprego e renda no meio rural;
> V – Sugerir políticas e diretrizes para as ações do Executivo municipal, no que concerne à produção, à preservação do meio ambiente, ao fornecimento agropecuário e à organização dos agricultores e à regularidade do abastecimento alimentar do município;
> VI – Assegurar a participação efetiva dos segmentos promotores e beneficentes das atividades agropecuárias desenvolvidas no município;
> VII – promover articulações e a compatibilização entre as políticas Municipais Estaduais e Federais, voltadas para o desenvolvimento rural;
> VIII – acompanhar e avaliar a execução do PMDR (ARAGUATINS, CMDRS, 2021 p. 1).

É constituído por representantes do poder público municipal, conselhos municipais relacionados à área rural, comunidades beneficiárias, organizações não governamentais, sindicatos de empregadores e trabalhadores e empresas de assistência técnica oficial e privada. O mandato dos membros é de dois anos.

b. As organizações econômicas:

A Agência de Defesa Agropecuária (Adapec) é uma autarquia com autonomia técnica, administrativa e financeira, diretamente vinculada à Secretaria Estadual da Agricultura Agropecuária do Tocantins, criada em 10 de dezembro de 1998, cujo escopo é planejar, coordenar e executar a Política Estadual de Defesa, com a finalidade de promover a vigilância, a normatização, a fiscalização, a inspeção e a execução de atividades ligadas à defesa animal e vegetal. É referência em sanidade animal e vegetal no país. Sua missão é promover a defesa da agropecuária, contribuindo para o desenvolvimento sustentável do agronegócio e a melhoria da qualidade de vida da sociedade tocantinense, enquanto a visão é ser reconhecida como uma Instituição de Excelência em Defesa da Agropecuária (ADAPEC, 2019).

O Instituto Nacional de Colonização e Reforma Agrária (Incra), criado pelo Decreto n.º 1.110, de 9 de julho de 1970, é uma autarquia federal, cuja missão prioritária é executar a reforma agrária e realizar o ordenamento fundiário nacional. Atualmente, o Incra está implantado em todo o território nacional, por meio de 30 superintendências regionais (INCRA, 2019).

De acordo com o entrevistado responsável pela superintendência regional de Araguatins, os assentamentos de Araguatins/TO estão em primeiro lugar no Brasil em número de assentamentos. Essa regional responde por 88 assentamentos, em 13 municípios do Bico do Papagaio. De Araguatins, totalizam 32 assentamentos, 23 do Incra e nove do Crédito Fundiário (programa do governo do estado do Tocantins semelhante ao programa do Banco da Terra). A diferença desses grupos é que, nos assentamentos do Incra, há acompanhamento e os assentados não precisam pagar o valor da terra no ato da constituição do assentamento, o que ocorre somente na titulação, sendo o valor irrisório. Já o Crédito Fundiário é um financiamento de fases para as famílias que formam associações para comprarem as terras, mas o Estado não é avalista, apenas indica as famílias a serem financiadas pelo Banco do Brasil. Segundo esse responsável pelo órgão do Incra a respeito dos assentamentos:

> *Não há como falar dos assentamentos sem nos reportarmos um pouco à história* [...] à morte do padre Josimo, década de 80 e 82, ocasionado por conflitos no *PA Santa Cruz e no PA Ouro Verde, com muitas mortes; a partir de 1996, as coisas foram trabalhadas pacificamente. Eu mesmo sou assentado da reforma agrária há 23 anos.*

Em 1986, houve a criação do Programa Nacional de Reforma Agrária (PNRA) para a redistribuição de terras entre os camponeses que não possuíam lotes. A seleção de beneficiários da reforma agrária era feita da seguinte maneira: as pessoas interessadas se cadastravam, e a escolha era feita por meio de pontuações que levavam em consideração critérios como maior número de filhos, vulnerabilidade social (menor renda) e mais tempo de associado. Dessa forma, foram surgindo os novos projetos de assentamento (PA).

O governo adquire as terras para a reforma agrária por intermédio de desapropriação de uma fazenda, que, do ponto de vista econômico, é improdutiva, ou por meio de negociações com o produtor que queira vender sua terra. Já o Incra fica responsável por vistoriar e dividir a terra em novos lotes para serem distribuídos entre os chamados "sem-terra", que formam o Movimento dos Sem Terra (MST). Após a desapropriação das áreas, as famílias recebem um fomento R$ 7,8 mil para custear as despesas da família assentada por 180 dias; um crédito habitação de R$ 32 mil por família, além da estrutura topográfica de divisão de lotes das famílias, de reponsabilidade do Incra, conforme relatou o entrevistado.

Segundo o responsável pelo órgão do Incra, os assentados definem se querem trabalhar nas parcelas ou se querem agrovilas. Após o assentamento das famílias, o Incra tem 180 dias para entregar o Contrato de Concessão de Uso (CCU) por cinco anos (todas as famílias assentadas de Araguatins já receberam); depois, é emitida uma segunda concessão, para mais cinco anos. Com 10 anos e um dia, teria de ser emitido o título definitivo, ser pago o título no valor, em média, de R$ 1,5 mil, que é o que requer o termo de quitação, e, na sequência, o requerimento.

O primeiro assentamento criado pelo governo federal por intermédio do Incra foi o assentamento Santa Cruz II, com um total de 379 famílias. Além de ser o pioneiro na reforma agrária, é o projeto que abriga mais beneficiários[14]. A regional do Incra de Araguatins é responsável, atualmente, por 88 projetos de assentamento, em 13 municípios do Bico do Papagaio: São Bento, Araguatins, Esperantina, São Sebastião do Buriti, Carrasco Bonito, Sampaio, Praia Norte, Augustinópolis, Axixá, Sítio Novo, São Miguel e Itaguatins. As ações, atualmente, se restringem à regularização fundiária – *"representa a dignidade das famílias"*, destaca o responsável pela superintendência regional de Araguatins do Incra –, ou seja, o levantamento de cada família, período de assentamento e se a situação da família

[14] Desses beneficiários, 43 já receberam o título (SIPRA, 2018). Sistema de Informações de Projetos de Reforma Agrária (Sipra).

é regular (reconhecida pelo Incra), ou não. O entrevistado menciona que, de cada 10 famílias, em média, três a quatro estão ocupando o espaço nos assentamentos sem comunicação ao Incra.

Os parceiros do Incra são: Prefeitura via Secretaria Municipal de Agricultura e Conselho de Agricultura (CMDRS), este criado em 1997, por meio do qual foram conseguidas várias conquistas: "É importante ter atores que tenham o pensamento de desenvolvimento" – reforça o responsável pela superintendência regional do Incra. Como exemplo de resultado, cita-se a parceria com o Instituto Federal de Tocantins (Ifto), de 2001 a 2004, com a distribuição de mais de 200 mil mudas para os assentados e a Semana Tecnológica, envolvendo vários atores: escolas, Senar, Sebrae, Incra, Prefeitura, parcerias com Prefeituras do Bico do Papagaio.

O Instituto de Desenvolvimento Rural do Estado do Tocantins (Ruraltins) foi criado pela Lei n.º 20, de 21 de abril de 1989, como uma autarquia vinculada à Secretaria de Estado da Agricultura, Pecuária e do Desenvolvimento Agrário, cuja missão é "contribuir de forma participativa para o desenvolvimento rural sustentável, centrado no fortalecimento da agricultura familiar, por meio de processos educativos que assegurem a construção do pleno exercício da cidadania e a melhoria da qualidade de vida" (RURALTINS, 2019, s/p).

É o órgão oficial de assistência técnica e extensão rural do Estado, responsável pela prestação desses serviços ao público da agricultura familiar e pelo apoio ao desenvolvimento do setor agropecuário do Estado. O público-alvo dos beneficiários dos serviços de assistência técnica e extensão rural são os(as) produtores(as) rurais e suas famílias, preferencialmente, os agricultores de base familiar, entre eles, os assentados da reforma agrária, os quilombolas, os pescadores artesanais, os extrativistas e os povos indígenas. O Ruraltins, com suas Unidades Locais de Execução de Serviços (Ules), têm atuação e abrangência em todos os municípios tocantinenses. Essas unidades locais são coordenadas e supervisionadas por sete escritórios regionais, localizados nas cidades de Araguatins, Araguaína, Miracema do Tocantins, Paraíso do Tocantins, Porto Nacional, Gurupi e Taguatinga. O escritório central, sede da administração geral do órgão, está localizado em Palmas, capital do Estado.

O Serviço Nacional de Aprendizagem Rural (Senar) é uma entidade de direito privado, paraestatal, vinculada à Confederação da Agricultura e Pecuária do Brasil (CNA), mantida pela classe patronal rural e administrada por um Conselho Deliberativo tripartite, integrante do chamado Sistema S. Foi criado pela Lei n.º 8.315, de 23/12/1991, com a função de cumprir a missão estabelecida pelo seu Conselho Deliberativo, composto por representantes do governo federal e das classes trabalhadora e patronal rural. O objetivo é contribuir para a profissionalização, a integração na sociedade, a melhoria da qualidade de vida e o pleno exercício da cidadania: "Despertar a população do campo com oferta de ações de Formação Profissional Rural, Atividades de Promoção Social, Ensino Técnico de Nível Médio, presencial e a distância, e com um modelo inovador de Assistência Técnica e Gerencial" (CNA, 2019, s/p). O Senar tem como missão propiciar educação profissional, assistência técnica e atividades de promoção social, contribuindo para um cenário de crescente desenvolvimento da produção sustentável, da competitividade e de avanços sociais no campo. Trata-se de ações executivas, por meio da realização direta de atividades de formação profissional, de assistência técnica e de promoção social, em especial:

> a. ações de formação profissional rural, que promovam a qualificação e o aumento da renda do trabalhador, por meio de cursos de formação inicial e continuada nas áreas de agricultura, pecuária, silvicultura, aquicultura, extrativismo, agroindústria, atividades de apoio agrossilvipastoril e atividades relativas à prestação de serviços;
> b. ações de assistência técnica com ênfase na gestão, nas áreas de agricultura, pecuária, silvicultura, aquicultura, extrativismo, agroindústria, atividades de apoio agrossilvipastoril e atividades relativas à prestação de serviços;
> c. ações de promoção social voltadas para a saúde, alimentação e nutrição, artesanato, organização comunitária, cultura, esporte e lazer, educação e apoio às comunidades rurais (CNA, 2019, s/p).

A maioria dos eventos realizados pelo Senar é financiada por recursos provenientes da contribuição compulsória de produtores rurais, tanto sobre a comercialização de produtos agrossilvipastoris, quanto sobre a folha de pagamento da empresa rural. Desses recursos, 80% retornam ao produtor em forma de treinamentos e cursos de formação profissional, assistência técnica e ações de promoção social. As atividades também podem ser subsidiadas por parcerias e convênios firmados com outras instituições privadas e/ou governamentais (CNA, 2019).

O Serviço Brasileiro de Apoio às Micro e Pequenas Empresas (Sebrae), que existe como instituição desde 1972, é um serviço social autônomo, instituído por escritura pública sob a forma de entidade associativa de direito privado, sem fins lucrativos. De acordo com o seu Estatuto e a Resolução CDN n.º 372/2021, última alteração do Estatuto no art. 5º, o Sebrae objetiva:

> [...] fomentar o desenvolvimento sustentável, a competitividade e o aperfeiçoamento técnico das microempresas e das empresas de pequeno porte industriais, comerciais, agrícolas e de serviços, notadamente nos campos da economia, administração, finanças e legislação; facilitar o acesso ao crédito, a capitalização e o fortalecimento do mercado secundário de títulos de capitalização daquelas empresas; promover o desenvolvimento da ciência, da tecnologia, do meio ambiente, da capacitação gerencial e da assistência social; promover a educação, a cultura empreendedora e a disseminação de conhecimento sobre o empreendedorismo, em consonância com as políticas nacionais de desenvolvimento.

Atua por meio de programas de capacitação, facilita acesso ao crédito e estimula a inovação e o associativismo, promove feiras e rodadas de negócios, com foco no fortalecimento do empreendedorismo e na aceleração do processo de formalização da economia por meio de parcerias com os setores público e privado.

> O Sebrae é agente de capacitação e de promoção do desenvolvimento, mas não é uma instituição financeira; por isso, não empresta dinheiro. Articula (junto aos bancos, cooperativas de crédito e instituições de microcrédito), a criação de produtos financeiros adequados às necessidades do segmento. Também orienta os empreendedores para que o acesso ao crédito seja, de fato, um instrumento de melhoria do negócio (SEBRAE, 2021, s/p).

Além da sede nacional em Brasília, responsável pelo direcionamento estratégico do sistema e por definir diretrizes e prioridades de atuação, a instituição conta com pontos de atendimento nas 27 unidades da federação, onde são oferecidos cursos, seminários, consultorias e assistência técnica para pequenos negócios de todos os setores. As unidades estaduais desenvolvem ações de acordo com a realidade regional e as diretrizes nacionais (SEBRAE, 2021, s/p). O Sebrae tem como associados:

> I – a Associação Brasileira dos SEBRAE Estaduais – ABASE;
> II – a Associação Nacional de Pesquisa, Desenvolvimento e Engenharia das Empresas Inovadoras – ANPEI;

> III – a Associação Nacional das Entidades Promotoras de Empreendimentos de Tecnologias Avançadas – ANPROTEC;
> IV – a Confederação das Associações Comerciais e Empresariais do Brasil – CACB;
> V – a Confederação da Agricultura e Pecuária do Brasil – CNA;
> VI – a Confederação Nacional do Comércio de Bens, Serviços e Turismo – CNC;
> VII – a Confederação Nacional da Indústria – CNI;
> VIII – a Associação Brasileira de Instituições Financeiras de Desenvolvimento – ABDE;
> IX – o Banco do Brasil S/A;
> X – o Banco Nacional de Desenvolvimento Econômico e Social – BNDES;
> XI – a Caixa Econômica Federal – CEF;
> XII – a Financiadora de Estudos e Projetos – FINEP; XIII - a União, através do Ministério da Economia;
> XIV – a Confederação Nacional das Microempresas e Empresas de Pequeno Porte – COMICRO;
> XV – a Confederação Nacional das Micro e Pequenas Empresas e dos Empreendedores Individuais – CONAMPE (RESOLUÇÃO CDN N.º 372/2021, p. 6).

O Sebrae atua no território de Araguatins, no Tocantins, desde junho de 1989, como Centro de Apoio Gerencial (Ceag). Iniciou os atendimentos na cidade de Miracema do Tocantins, sede provisória do estado. No Tocantins, o Sebrae dividiu geograficamente o Estado em quatro regiões estratégicas, para ampliar sua atuação. Estão instaladas, além da sede, nove unidades operacionais de atendimento, nas seguintes cidades: Araguatins, Araguaína, Colinas, Guaraí, Paraíso, Palmas, Porto Nacional, Gurupi, Dianópolis, além de um posto de atendimento em Araguaçu. Conta com uma estrutura operacional composta pelos seguintes órgãos: Conselho Deliberativo Estadual, Conselho Fiscal e Diretoria Executiva.

c. As organizações educacionais/sociais:

O Instituto Federal de Educação, Ciência e Tecnologia do Tocantins (Ifto) foi criado pela Lei n.º 11.892/2008, que instituiu a Rede Federal de Educação Profissional, Científica e Tecnológica. Ele é resultante da integração da Escola Técnica Federal de Palmas (ETF) e da Escola Agrotécnica Federal de Araguatins (Eafa), com a missão de "proporcionar desenvolvimento educacional, científico e tecnológico no Estado do Tocantins, por meio de formação pessoal e qualificação profissional" (IFTO, 2023, s/p). Já sua visão é "ser referência no ensino, pesquisa e extensão, com ênfase na inovação tecnológica de produtos e serviços, proporcionando o desenvolvimento regional sustentável" (IFTO, 2023, s/p).

É uma instituição de educação superior, básica e profissional, pluricurricular e multicampi (reitoria, campus, campus avançado e polos de educação a distância), a especialidade é a oferta de educação profissional e tecnológica nas diferentes modalidades de ensino, conjugando conhecimentos técnicos e tecnológicos com as suas práticas pedagógicas/andragógicas.

Portanto, o Ifto tem como função social ofertar educação profissional nos diversos níveis e modalidades, aliando a teoria com a prática no ensino e promovendo a integração e a verticalização da educação básica com a educação profissional e a educação superior. Os cursos oferecidos pelo campus Araguatins são: cursos técnicos integrados presenciais em Agropecuária e Redes de Computadores, técnico subsequente em Agropecuária e Redes de Computadores, cursos de graduação presenciais: bacharelado em Agronomia, licenciatura em Ciências Biológicas e licenciatura em Computação e Medicina Veterinária, além da especialização (*lato sensu*) em desenvolvimento de sistemas computacionais, ensino de ciências da natureza e matemática e desenvolvimento agropecuário sustentável (IFTO, 2023, s/p).

Em virtude do número expressivo de assentamentos rurais, o Ifto – campus Araguatins é requisitado pelos órgãos públicos e até por agricultores familiares a prestar orientações nas atividades rurais. Verificou-se, assim, a necessidade de criar um curso de bacharelado em Engenharia Agronômica, voltado para a área de Ciências Agrárias, com o intuito de formar profissionais críticos e capacitados com conhecimentos técnico-científicos para a promoção do desenvolvimento econômico da agropecuária da microrregião do Bico do Papagaio.

A extensão do campus Araguatins do Ifto visa a atender as demandas voltadas para a comunidade extracampos, que garantam a integração das atividades de extensão com as ações de pesquisa e ensino. A coordenação de extensão do campus conta com o programa de bolsas de extensão, aprovado pela Resolução do Conselho Superior n.º 16, de 5 de março de 2012 (IFTO, 2019).

Foi realizada uma pesquisa documental, com o intuito de fazer um levantamento da quantidade de projetos de pesquisa e extensão na área de conhecimento de Ciências Agrárias, desenvolvidos no período de 2010 a 2017, da subárea de conhecimento dos projetos de pesquisa, do número de alunos contemplados com bolsas, da quantidade de projetos de pesquisa e extensão e dos assentamentos beneficiados. De acordo com os dados coletados, constatou-se que, dos 32 projetos de extensão executados, 17 foram implementados em assentamentos, e o restante dentro do município. O mais beneficiado foi o projeto de assentamento Maringá, com seis projetos implementados, seguido pelo PA Transaraguaia e pelo PA Boa Sorte, ambos com quatro projetos, e os PA Natal, Rancho Alegre e Transamazônica, com um projeto cada; nos demais assentamentos, não foi identificada a implementação de projetos (DIAS; FERREIRA; SIMONETTI, 2018).

Também se constatou que a maioria dos projetos foi implementada em assentamentos próximos ao município de Araguatins, em função da proximidade do campus do Ifto. A indisponibilidade de recursos, o difícil acesso, a falta de transporte ou a própria falta de interesse dos extensionistas em atender essas comunidades mais distantes são fatores que podem ter contribuído para o fato de outros assentamentos não terem sido contemplados. Vale ressaltar que cabem estudos mais aprofundados para melhor compreender os fatores que motivaram a escolha desses assentamentos. Outra questão que pode ser levantada é se os demais assentamentos recebem alguma assistência técnica e/ou extensão rural, fazendo uma análise comparativa do desenvolvimento econômico e social dos assentamentos que recebem algum tipo de assistência e dos que não recebem, sua potencialidade produtiva e os fatores que interferem na produtividade, a fim de colher informações para futuros projetos de extensão do Ifto, que atendam de fato as reais demandas voltadas para a comunidade extracampos.

Na entrevista, o representante do Ifto (professor e atuante em prol do desenvolvimento rural) relatou que, devido a questões políticas (conflitos) por parte da gestão municipal, houve a demissão do secretário de agricultura, bem como o não reconhecimento do CMDRS. Ou seja, as entidades se afastaram por causa de um impasse político, conforme relatos colhidos na entrevista: *"isso foi muito ruim para o agricultor familiar"; "eu não vejo um desenvolvimento rural se não tiver uma participação das associações e entidades e a gestão pública municipal, não tem outro caminho; "Embora esteja ocorrendo esses problemas sérios tanto na gestão municipal e na política nacional de incentivo a agricultura familiar, nós estamos trabalhando, apesar de desejarmos fazer mais" (Ifto, Senar, Ruraltins, Sebrae).*

Sindicato dos Trabalhadores e Trabalhadoras Rurais de Araguatins Agricultores e Agricultoras Familiares de Araguatins/TO e Associações dos PAs, fundado em 17 de outubro de 1987, é a representação sindical dos trabalhadores rurais, agricultores familiares ativos ou aposentados, proprietários ou não, que exerçam suas atividades no meio rural, individualmente ou sob regime de economia familiar, nos termos do Decreto-Lei 1166/1971, numa área inferior ou igual a dois módulos rurais.

O entrevistado, representante do sindicato, relatou que, atualmente, a entidade conta com 9.035 associados. A contribuição é 2% do salário-mínimo vigente: *"a gente tem esse número de associados, mas não quer dizer que é todo mundo em dia, são poucos em dia"*. Além dessa dificuldade financeira, cita oposições políticas do governo e dificuldades em comercializar produtos agrícolas. Entretanto, verbalizou várias conquistas: sede própria, participação na criação de nove assentamentos (PA Atanásio, PA D. Eunice, PA Padre Josimo, PA Marcos Freire, PA Maringá, PA Mutirão, PA Rancho Alegre, PA Petrônio, PA Djanira), INSS digital, emissão da DAP, participação na criação da feira Ecosol, amparo ao idoso no valor de R$1,1 mil, em caso de morte, para a família do sindicalizado, com o intuito de contribuir com as despesas fúnebres, fruto de uma parceria com a Federação dos Trabalhadores na Agricultura do Estado do Tocantins (Fetaet), que coordena os sindicatos do Tocantins. Questionado a respeito das parcerias e ações conjuntas com outros atores, comentou: *"A gente trabalha aqui, somamos forças com Ruraltins, Sebrae, Senar são parceiros nossos"*.

> *Por exemplo, cursos, a gente divulga e ver qual assentamento que está mais preparado e quer receber aquele curso, isso com o SENAR e a gente vai e agenda com o pessoal do SENAR, vê se tem profissional disponível e a gente articula com o SENAR, que entra com o professor e as outras coisas têm que ser ou dos participantes ou de parcerias com outras entidades* (Entrevistado do Sindicato).

As associações dos assentamentos foram criadas em todos os assentamentos por uma exigência do Incra, uma vez que várias decisões deveriam ser tomadas em assembleias. É uma forma de mediação entre os interesses, o querer dos assentados e as possibilidades do Estado, um meio para fortalecer suas reivindicações. Além disso, as associações são úteis para a compra de insumos em conjunto, uso de maquinários de forma compartilhada, organização de documentação para obter o título da terra, para a aposentadoria, para obter créditos bancários e comercializar a produção. A contrapartida dos assentados é uma mensalidade cujo valor varia de assentamento para assentamento, entre R$ 5 e R$ 10. Algumas apenas dividem os impostos para manter o Cadastro Nacional da Pessoa Jurídica (CNPJ) da Associação.

Esse valor é usado para custear viagens dos presidentes das associações em busca de recursos, para a manutenção dos equipamentos, como tratores, entre outros usos.

Scopinho (2012, p. 237) menciona que "criar uma associação é uma forma de institucionalizar as relações sociais. Participar de uma associação implica também assumir responsabilidades e deveres econômicos, jurídicos, legais, entre outros". Foram verificadas duas realidades presentes nos assentamentos investigados: nos assentamentos onde a associação é ativa, a produção é desenvolvida, e as reivindicações são atendidas. Por outro lado, há as que constam somente no papel; constata-se muita precariedade e uma desmotivação generalizada nas falas dos agricultores assentados.

Quanto às respostas referentes à identificação de alguma liderança nos assentamentos, 58,73% indicaram o presidente da associação: *"A Associação nos ajuda".* Suas ações se resumem em buscar informações, recursos para a reforma das casas, compra de máquinas agrícolas para o uso coletivo, resolver questões a respeito da titularidade da terra, aposentadoria, comercialização, projetos e, até mesmo, assistência aos agricultores acometidos com alguma doença. Já 41,27% dos respondentes não identificaram alguma liderança nos assentamentos, ou seja, não se sentem representados. Relataram ainda que, no assentamento, havia uma associação, mas foi desativada, por motivos diversos: *"Somos 20 famílias,* nove *já receberam o título definitivo, os outros estão para receber, por isso a Associação quase não atua mais",* relata um assentado, ressaltando que a função da associação era para conseguirem o documento de titulação da terra.

Nas entrevistas, os presidentes de quatro assentamentos contaram sobre as dificuldades enfrentadas no cargo. A primeira é a participação efetiva dos assentados: *"Tem pessoas que têm cinco lotes e não moram no assentamento, daqui a 10 anos não tem mais assentamento".* Sobre a contrapartida financeira de contribuição: *"Temos dificuldade para a regularização dos lotes". "São muitas as ações da Associação: área comunitária, trator com valor de horas reduzido, orientação, busca de benefícios, auxílio na venda".* Por outro lado, também citaram projetos inovadores: unidade demonstrativa de produção com o intuito de motivar os produtores e trabalhar também com os jovens, além da compra de insumos em conjunto. Nas associações mais ativas, a participação dos assentados manifesta-se por meio de assembleias, realizadas mensalmente, nas quais são feitas prestações de contas e discutidas e aprovadas pelo grupo propostas de novas atividades.

No tocante à ligação desses "atores sociais", por meio de seus trabalhos e ações voltadas aos agricultores familiares do território, as respostas foram bem específicas, dentro da área de cada atividade desenvolvida por essas entidades e/ou atores. A percepção dos assentados entrevistados em relação à identificação de alguma instituição que auxilie no atendimento de suas necessidades, como na capacitação técnica e na comercialização, e se já solicitaram ajuda para alguma instituição presente na região e se foram atendidos: 58,73% disseram que sim, citando os seguintes atores: Adapec, Ifto, Ruraltins, Senar e Associação do Assentamento; 41,26% não identificaram alguma instituição que, em algum momento, lhes tivesse atendido.

Com o intuito de investigar a liberdade política dos entrevistados, foram questionados se gostariam de ser uma liderança no assentamento, se achavam que tinham características de um líder e se tinham liberdade política, caso quisessem tornar-se uma liderança. A grande maioria, 90,47% dos respondentes, afirmou não ter características de liderança, bem como não manifestou o desejo de serem líderes; 9,53% disseram que gostariam de ser líderes, mas argumentaram não terem aptidão para tal tarefa, nem interesse, alegando falta de tempo para tal função e/ou dificuldades a serem enfrentadas no cargo. No entanto, caso optassem por serem líderes, teriam oportunidade, o que demonstra a liberdade política na entidade.

Portanto, há importantes atores em Araguatins, com possibilidades de interferir na realidade dos assentamentos rurais. Alguns, de certa forma, já desenvolveram ações pontuais e raras ações em conjunto. Os atores sociais e suas relações num espaço são desenvolvidos e aperfeiçoados por leituras e análises unas, setoriais. Se não desenvolverem ações em conjunto, pode ocorrer a fragmentação do espaço. O que une esses atores são os objetivos relacionados ao desenvolvimento e à melhoria de aspectos dos assentamentos. A elaboração de estratégias separadamente promove um alcance menor de benefícios, vistos como descontínuos em determinados pontos, e não em redes. Ações que realmente podem transformar, com visíveis mudanças, são as que geram vínculos, são indissociáveis e em compartilhamento.

O desenvolvimento rural pode ser entendido como um arranjo de estímulos internos e externos à região, combinando, de forma simultânea, os aspectos econômico e social. Para que ocorra, vai depender da capacidade de mobilização e de articulação de um número muito maior de atores dentro de um espaço. Quando se amplia a capacidade de decisão de determinada população, são potencializadas as chances de desenvolvimento, conforme destacado por Sen (2010). Os atores em prol do desenvolvimento deverão analisar em conjunto formas de diálogo e de interação, unir as capacidades de fazer, construir soluções, encontrar novas maneiras de interferir, de forma sempre consensuada, nos assentamentos, tornando o próprio agricultor um ator social com capacidade para modificar a realidade econômica e social.

Para Machado (2020, p. 37), os agricultores têm um papel social primordial, pois "eles são garantidores da harmonia do mundo rural. Eles também são atores do planejamento espacial". Os atores presentes no território de Araguatins/TO (sociais, políticas e econômicas) possuem ferramentas e conhecimentos para fazerem uma verdadeira transformação no sentido do desenvolvimento, contudo os esforços precisam ser concentrados. A pesquisa não avaliou com profundidade o que obsta essa união, o trabalho articulado e em rede, entretanto, pelas entrevistas, se percebe que os conflitos político-partidários limitam ações em conjunto.

Assim, o pacto para transpor o discurso do desenvolvimento rural depende de investimentos na articulação dos atores para a participação de todos os sujeitos envolvidos nos programas e projetos dos assentamentos, pois as influências externas impactam diretamente as estratégias de produção e de reprodução dos assentados. Essa articulação influencia diretamente a manifestação das funções da multifuncionalidade nos assentamentos e pode ser instrumento para o alcance do desenvolvimento, sendo esse o tópico a ser tratado na sequência.

## 5.8 Manifestação das funções da multifuncionalidade e sua relação com o desenvolvimento nos assentamentos rurais de Araguatins

A multifuncionalidade da agricultura familiar é uma estratégia do desenvolvimento rural, cuja abordagem considera desde a natureza do processo produtivo atrelado aos impactos ambientais até a ocupação do espaço rural e a dinâmica social das famílias. Entretanto, depende das características de cada região. Para Maluf (2003), essa noção teria de ser capaz de unificar diferentes demandas, em relação às famílias rurais e ao mundo rural, os modos de vida em todos os aspectos, não somente no aspecto econômico. A promoção da multifuncionalidade também deve ser atrelada ao estímulo da produção de alimentos, levando em conta a qualidade dos produtos. A noção de multifuncionalidade permite uma articulação entre a agricultura e o desenvolvimento local, ou seja, o rural não é mais lócus somente da atividade agrícola, mas também se espera a produção de bens públicos, tais como a paisagem, a manutenção das tradições culturais e a formação de um capital social e o meio ambiente preservado.

> Na esfera privada, os produtos agrícolas vendidos constituem a renda agrícola que sustenta diretamente a reprodução econômica e social do núcleo familiar, enquanto na esfera pública o caráter multifuncional da agricultura familiar dá lugar à produção de bens públicos relacionados à segurança alimentar, preservação dos recursos naturais e da paisagem e manutenção do tecido social e cultural. Por sua vez, os bens públicos constituem os principais ingredientes a partir dos quais se elaboram normas locais, entendidas como um conjunto de regras, acordos implícitos ou explícitos e conhecimentos compartilhados por uma parte significativa da população local (BONNAL; CAZELLA; MALUF, 2008, p. 196).

Todavia, há formas de agricultura não multifuncionais, que influenciam apenas o aspecto econômico, sem produzir bens públicos. O reconhecimento da multifuncionalidade e a inserção nas políticas públicas, havendo a conciliação do econômico com o imaterial, reflete na dinâmica do desenvolvimento rural.

Conforme Laurent (2000, p. 432), "a contribuição dos empreendimentos agrícolas são: a) manutenção e criação de empregos; b) produção de bens para o mercado (podendo ter efeitos de jusante a montante); c) manutenção do emprego rural; d) integração social (manutenção de redes de relações sociais)". A agricultura familiar se imbrica na multifuncionalidade e no desenvolvimento, por produzir em menor escala produtiva, de forma tradicional, isto é, com ínfima inovação tecnológica. No entanto, ela é mais próxima e articulada com o meio ambiente e, por conseguinte, mais passível a comutações e a políticas de interesse. A agricultura familiar promove a integração socioespacial dos agricultores, mas necessita de políticas públicas para o desenvolvimento das atividades.

É necessário, além da participação do poder público, o engajamento dos próprios produtores, como asseveram Ploeg e Marsden (2008), no quesito desenvolvimento rural, o qual se baseia em ações dependentes de processos endógenos de mudança suscitados pelas comunidades. Transformações são necessárias à diversificação dos processos produtivos, devendo ser utilizada pelos agricultores para garantir espaços no mercado e enfrentar o crescente controle por parte dos impérios alimentares, o que pode ser alcançado a partir do capital social formado pelos agricultores familiares. Sobre essa pluriatividade da produção das famílias rurais, Carneiro (2009, p. 184) explica que "essa noção induz a uma visão mais integradora na análise do papel da agricultura e da participação das famílias rurais na sociedade local".

A junção, portanto, dessas dimensões analíticas da intervenção territorializada da agricultura familiar permite afirmar que seu caráter multifuncional pode ser concebido "como um conjunto de ideias capaz de reorientar as políticas agrícolas e a agricultura em direção a outro modelo de desenvolvimento" (GAVIOLI; COSTA, 2011, p. 452). A multifuncionalidade é o elo entre a atividade agrícola e a produção social no assentamento; propicia o reconhecimento e a valorização simultânea da contribuição social quantitativa e da ocupação e utilização da terra pela agricultura familiar (Figura 18).

> A noção de multifuncionalidade da agricultura permite uma abordagem articuladora entre a agricultura e o desenvolvimento local, ao estabelecer uma ponte entre a atividade agrícola e o assentamento e também ao realçar seu papel na manutenção do emprego nas zonas rurais (MALUF, 2003, p. 150).

Figura 18 – Noção da multifuncionalidade da agricultura familiar

Fonte: a autora, a partir de Maluf (2003, p. 150)

O reconhecimento da noção de multifuncionalidade da agricultura familiar concede a valorização da agricultura familiar, construindo uma ponte entre o território e a atividade agrícola. Trata-se, então, de reconhecer a articulação da agricultura com o desenvolvimento local, notadamente considerando seu papel na manutenção de empregos na zona rural. De modo geral, verifica-se a falta de coordenação, de ação conjunta das iniciativas dos atores locais, de lideranças e de instituições. Nesse sentido, percebe-se o caráter intersetorial da multifuncionalidade, por meio da qual há o fortalecimento da dimensão essencial da relação entre agricultura familiar e assentamento, ou seja, o rural percebido como além de espaço de produção agrícola, mas como um macroorganismo social, complexo e entrelaçado ao território, por meio das relações de trabalho, produção e consumo:

> A multifuncionalidade agrícola é favorável ao desenvolvimento local, o fato é que a diversidade de atividades e funções torna o sistema econômico e as interações entre os atores sociais muito mais complexos. No entanto, qualquer política de desenvolvimento pode ser multifuncional e regulamentada pela organização comunitária. Além disso, a apropriação coletiva dos lucros geridos pelas atividades econômicas pode ser reinvestida na própria região, diversificar as atividades econômicas e garantir uma maior multifuncionalidade do espaço regional (MACHADO, 2020, p. 15).

A investigação nos assentamentos rurais de Araguatins proporcionou perceber as circunstâncias que obstam o desenvolvimento das múltiplas funções atribuídas à agricultura, ou seja, a ausência de condições para a ascensão social, proporcionando acesso à água encanada, à educação, à saúde, a estradas de qualidade, entre outros benefícios, a fim de alcançar melhorias de bem-estar social. A infraestrutura social deveria estar presente desde o início dos assentamentos, para alcançar a consolidação de forma geral, e não isoladamente. No que tange à manifestação das funções da multifuncionalidade no território, elas se diferenciam pouco entre os 21 assentamentos pesquisados. Galvão e Vareta (2010) ressaltam que o espaço rural é multifuncional quando a função alimentar não é a única, mas há outras funções que fazem parte. Verificou-se que a agricultura é parcialmente multifuncional, pois algumas funções estão mais presentes do que outras, conforme resumido no Quadro 22, na sequência:

Quadro 22 – Síntese da realidade dos assentamentos rurais de Araguatins e a presença das funções da multifuncionalidade da agricultura

| Aspectos da multifuncionalidade | Manifestação | Análise Descritiva |
|---|---|---|
| Função Econômica | Parcialmente | Renda proporcionada aos agricultores familiares, entretanto se verifica a insuficiência da renda de grande parte dos assentados. |

| Aspectos da multi-funcionali-dade | Manifesta-ção | Análise Descritiva |
|---|---|---|
| Segurança Alimentar | Parcialmente | Garante a segurança alimentar das famílias, porém a garantia de qualidade de alimentos (livres de agrotóxicos) não ocorre na maioria das vezes. |
| Função Ambiental | Ausente | Presença de reserva legal e possibilidade de produção com base orgânica, mas se verificou que o despertar dos agricultores familiares para a preservação está ausente. |
| Tecido Social e Cultural | Parcialmente | Há sociabilidade entre os assentados de forma individual, entretanto não há participação em grande escala em grupos sociais e em atividades que contribuam para a manutenção cultural. |

Fonte: a autora (2023)

Alguns aspectos sobre cada uma das funções da multifuncionalidade da agricultura:

a. A função econômica da multifuncionalidade está parcialmente presente nos assentamentos, tendo em vista a variação de renda, pois a maioria não alcança um salário-mínimo (mesmo assim, em face das rendas mais baixas, afirma-se que é uma alternativa à fome e à miséria), devido à ausência de condições materiais e objetivas de exploração de recursos naturais e de organização do trabalho que poderiam gerar aumento da renda por meio da produtividade da terra e do trabalho.

b. A função da segurança alimentar da multifuncionalidade diz respeito "à função da agricultura de promover a segurança alimentar nos dois sentidos usuais dessa noção, quais sejam, o da disponibilidade e acesso aos alimentos e o de qualidade dos mesmos" (MALUF, 2003, p. 142). Dessa forma, numa análise mais analítica, verifica-se que o autoconsumo tem peso maior que a mercantilização nos assentamentos, pois a renda com a venda não é considerada suficiente. A produção para consumo próprio traz segurança alimentar para a própria família e garante a empregabilidade, ou seja, a ocupação dos agricultores familiares.

c. A função ambiental da multifuncionalidade considera a relação existente entre a agricultura praticada pelos agricultores familiares e o espaço (assentamentos). Avaliando esse aspecto, constatou-se que a função ambiental está ausente, pois há uso indiscriminado de venenos, utilização de queimadas e pouco cuidado com o aspecto paisagístico. Nesse sentido, a reprodutibilidade agroecológica é uma dimensão referente ao uso adequado dos recursos naturais, ligada diretamente à relação dos assentados com o ambiente, com conhecimentos técnicos e a filosofia de vida do desenvolvimento sustentável. Para Arovuori e Kola (2006), os elementos da multifuncionalidade da agricultura estão relacionados às condições do território. Ou seja, é difícil encontrar medidas comuns capazes de fortalecer eficientemente a multifuncionalidade em territórios com diferentes condições agroecológicas.

d. A função da multifuncionalidade no aspecto da manutenção do tecido social e cultural está presente de forma parcial, entretanto o aspecto cultural (herança cultural e manutenção de costumes) não é expressivo como a sociabilidade (relações com parentes e vizinhos), ou seja, o aspecto tecido social. Praticamente a metade dos entrevistados afirmou não manter nenhuma prática cultural, entretanto há um capital social, a sociabilidade, que é um dos elementos do tecido sociocultural. Por isso, verifica-se que atende em parte aos princípios da multifuncionalidade.

Partindo da premissa de que o desenvolvimento rural não é sinônimo de modernização agrícola, tampouco de urbanização do campo, entende-se que ele se relaciona com os processos e as ações que contribuem para a melhoria das condições objetivas de reprodução social das populações rurais, como também influencia as relações das populações e do espaço rural com os demais processos de mudança econômico-ambiental, técnico-tecnológica, sociocultural, político-institucional, ético-moral, numa gama ampla de relações com toda a sociedade. Fazendo uma análise de perspectiva multifatorial, baseada nos estudos de Guanziroli (1998), a investigação se concentrou em analisar 10 fatores: 1) quadro natural; 2) origem dos assentados; 3) organização produtiva; 4) entorno socioeconômico; 5) infraestrutura básica e os serviços sociais; 6) sistemas de produção; 7) nível de organização e as estruturas produtivas; 8) crédito rural; 9) assistência técnica; 10) organização política e relações institucionais. De acordo com as entrevistas, foi possível apontar características dos assentamentos rurais a partir destes fatores:

Quadro 23 – Análise multifatorial dos assentamentos rurais de Araguatins

| Fatores | Característica dos fatores nos PAs |
|---|---|
| Quadro natural | Há disponibilidade de água; solos de fertilidade média à boa para alguns;<br>- limites do quadro natural: há queixas de limitações no quadro natural; os assentados apontam que a terra já está fraca, que há áreas alagadas e terra de tocos. |
| Origem dos assentados | - Tradição na atividade rural;<br>- houve mobilização para a conquista da terra, mas não para a maioria. |
| Organização produtiva | - praticamente inexistente; encontrada apenas na Vila Falcão. |
| Entorno socioeconômico | - Difícil acesso aos municípios, para a grande maioria dos assentamentos;<br>- economia agrícola local pouco dinâmica, com poucas/ausência de agroindústrias e inexistência/sem ligação com mercados consumidores próximos. |
| Infraestrutura básica e os serviços sociais | - Precário acesso aos serviços de saúde;<br>- para alguns assentados, uma habitação precária;<br>- falta constância da assistência técnica;<br>- ausência de transporte coletivo;<br>- o desenvolvimento heterogêneo entre os assentados, ampliando as diferenças internas. |
| Sistemas de produção | - Produção majoritária voltada para a subsistência familiar;<br>- baixa integração com o mercado local;<br>- baixa produção e baixa produtividade. |
| Nível de organização e as estruturas produtivas | - Crescimento econômico heterogêneo entre as famílias assentadas;<br>- diminuição de custos e racionalização do uso de máquinas e instalações com o uso coletivo encontrado na Vila Falcão. |
| Crédito rural | - Tiveram acesso a quase todas as modalidades de crédito da RA e de alguns programas estaduais;<br>- aplicação inadequada do crédito;<br>- alta inadimplência. |
| Assistência técnica | - A maioria não teve acesso à AT; quando existiu, ficou restrita aos projetos de créditos;<br>- pouco comprometimento dos assentados (interesse) e das instituições. |

| Fatores | Característica dos fatores nos PAs |
|---|---|
| Organização política e relações institucionais | - Pouca integração a movimentos sociais;<br>- associações locais de representação pouco atuantes e com problemas de gestão interna (conflitos). |

Fonte: a autora (2023)

Medeiros e Leite (2004, p. 19) asseveram que os assentamentos "são espacialmente dispersos, muitas vezes, sem nenhuma infraestrutura viária [...], sendo o apoio financeiro e a assistência técnica, sanitária e educacional, em geral, muito deficientes". A realidade dos assentamentos investigados não é diferente do mencionado pelos autores. Nesse sentido, para a multifuncionalidade se manifestar inteiramente com todas as funções, devem ser ampliadas as capacidades (humanas, políticas, culturais, técnicas), pois os assentamentos rurais são um meio de impactar as pessoas que lá vivem em o seu entorno, pois ele, por si só, já é um aparato de fixação do homem no campo e de aditamento econômico. "Os impactos dos assentamentos, como resultado de mudanças de curto, médio e longo prazo, fazem sentir-se tanto na vida dos assentados e do assentamento como também e fundamentalmente para fora deles" (MEDEIROS; LEITE, 2004, p. 24).

Em que pesem questões como a ausência de infraestrutura adequada e políticas de desenvolvimento rurais que favoreçam a introdução de inovações que permitam a transição para um modelo de desenvolvimento mais coerente com o ideal de sustentabilidade, esses bloqueios limitam a capacidade de mudanças que os assentamentos atrelados à multifuncionalidade podem promover.

Portanto, segundo evidências da pesquisa de campo, a implantação dos assentamentos de Araguatins oportunizou, a uma população de baixa escolaridade, reconhecimento social e político pelos demais setores sociais, sustento no próprio lote, possibilidade de reprodução familiar, acesso ao crédito para produção, acesso à moradia, saúde, escola. Embora para alguns de forma precária, a vida desses agricultores assentados foi modificada para melhor em comparação à situação anterior à posse da terra.

Percebe-se um espaço em que não são manifestadas de forma integral todas as funções da multifuncionalidade da agricultura familiar. Segundo o agrupamento do Ministério da Agricultura, Pecuária e do Abastecimento (Mapa), de acordo com seu estágio de desenvolvimento tecnológico e perfil socioeconômico, é o tipo de agricultura periférica, constituída por estabelecimentos rurais geralmente inadequados em infraestrutura, cuja integração produtiva à economia depende fortemente de programas de crédito, de pesquisa, de assistência técnica e de extensão rural, de comercialização, entre outros. Porém, há potencial para o desenvolvimento expressivo de todas as funções, aproveitando ao máximo a potencialidade da agricultura familiar, para as famílias, a sociedade e o meio ambiente.

Machado (2020, p. 27) assevera que é possível a passagem de uma agricultura produtivista para uma agricultura multifuncional, que "consistiria em uma gestão setorial da agricultura para a gestão multifuncional e territorial. A agricultura multifuncional procuraria um desenvolvimento endógeno que visasse ressaltar a identidade do território". O alcance do "sucesso" dessa política seria decorrente da dinâmica interna da região. Para isso, faz-se necessária uma ampla articulação entre todos os atores presentes nesse espaço (apoio institucional), gerando uma sinergia entre eles e um aproveitamento das potencialidades: quadro natural (bons solos); entorno com bom mercado consumidor; sistema de produção (atividades produtivas implantadas). Também importa o fortalecimento dos elementos potencializadores: a infraestrutura produtiva (animais, máquinas, implementos e instalações), por meio do crédito; o acesso a mercados consumidores e o escoamento da produção; o acesso aos serviços de saúde e educação; a minimização de alguns limites do quadro natural; a incorporação de novas tecnologias pelos assentados; a organização produtiva dos assentados; organização política (associações locais de representação fortes e atuantes).

No bojo de qualquer planejamento para a promoção do desenvolvimento nesses assentamentos pesquisados, é necessário pensar nas diferenças e especificidades locais. É a heterogenia entre os assentados, mesmo estando na mesma localidade. Para alguns, o problema é a fertilidade da terra; para outros, a titularidade; para outros, a questão de infraestrutura e educação do campo; para outros, o acesso à tecnologia, a preservação e a conservação ambiental. Dirimir esses elementos que impedem o alcance do desenvolvimento e o fortalecimento dos elementos potencializadores é um benefício para a vida dos assentados, o assentamento e a região.

O resgate das capacitações de Nussbaum (2000) é útil, pois, embora seja um enfoque teórico, conceitual, tem por escopo o desenvolvimento das pessoas e elevar a qualidade de vida, contribuindo, dessa forma, no exercício de pensar em modos distintos de minimizar as desigualdades e injustiças. Como é adaptável a quaisquer tipos de sociedade, é salutar fazer uso como referência e, com base nisso, ampliar a teoria e pensar em alternativas de desenvolvimento dos assentamentos rurais federais de Araguatins, em que pese não poder dissociar o âmbito econômico, pessoal, político, social e ambiental. Antes de iniciar planos de ação, é fundamental a ampliação da análise, pensar no assentado rural de maneira holística, não apenas como um produtor rural, ou beneficiário de uma política pública como a reforma agrária, mas como um ser dotado de emoções, sentido, pois não é apenas a renda que elevará a sua qualidade de vida. Sugere-se, então, que as estratégias sejam elaboradas baseando-se no seguinte agrupamento:

a. âmbito econômico: possibilitar uma equidade material, ou criar meios para esse alcance, e que as atividades laborais sejam dignas, oportunizando aos assentados e capacitando-os de fazerem as suas próprias escolhas, tanto no presente como no futuro;
b. âmbito de desenvolvimento pessoal: aqui se faz necessário incluir emoções, sentidos, imaginação, pensamento, bem como liberdade de os assentados poderem usar a própria mente como desejarem, no aspecto religioso, artístico, político, sem qualquer tipo de impedimento, e para isso é necessária uma educação de campo adequada e que tenha estímulos. Outro aspecto a ser considerado é o lazer, o que Nusbauam (2000) denominou de "capacidade para jogar" no tempo de lazer, para que possam usufruir de opções direcionados aos jovens, idosos e mulheres;
c. âmbito da "vivabilidade": possibilitar aos assentados um cuidado adequado da saúde, do seu bem-estar, e isso também inclui alimentação adequada e dispor de um lugar apropriado para viver; que cada pessoa possa usufruir da segurança necessária para poder viver de forma plena e poder percorrer o curso normal até o fim da vida;
d. âmbito sociopolítico e cultural: fortalecimento do tecido social, instigando e mostrando interesse pelos outros assentados; o entrosamento entre os pares; o estímulo à parceria, à ajuda mútua, à manutenção cultural, bem como fomentar o debate participativo, a associação, o direito à participação política e o encontro de estratégias para saneamento das dificuldades diagnosticadas;
e. âmbito ambiental: a observância do ambiente, nos aspectos de preservação e do cuidado paisagístico, o despertar da consciência dos indivíduos para uma relação harmoniosa no contato com a fauna, a flora e outras formas de vidas.

No que tange à interferência em prol da melhoria das condições de trabalho e de vida dos assentados, o pensamento é remetido logo ao Estado, cuja função é indiscutivelmente necessária – em que pese somente destacar a sua premente ausência e a diferença positiva de suas ações nos assentamentos soa uma obviedade –, a sensação obtida com a investigação, sobretudo com a realidade de abandono encontrada, é que o Estado não fará além do que já fez. É necessário apontar outras vias para que haja o alcance das expressões de todas as funções da multifuncionalidade. Em observância a isso, a ação e o interesse de outros atores são indispensáveis. Ações pontuais nos assentamentos menos desenvolvidos, iniciando com o diagnóstico das necessidades mais urgentes e estimular o despertar dos assentados, ao mesmo tempo, buscando o fortalecimento e a disseminação da economia solidária, por meio das associações e cooperativas, e o engajamento de lideranças. Após ações específicas, cabe o arregimento de mais atores cujo escopo é ampliar as capacidades (humanas, políticas, culturais e técnicas), ter plano estratégico único, macro, e, a partir desse, tenham vertentes com especificações para as diferenças dos assentamentos. Isso só será possível com o desenvolvimento da governança e com o envolvimento de todos os assentamentos, pois o compartilhamento, a troca de informações e experiências são úteis para o desenvolvimento de ações que sejam articuladas, considerando a preservação do ambiente e a dignidade da pessoa.

Os dados empíricos encontrados são fonte valiosa para se pensar além do que já foi discutido por outros autores. Um dos dados pujantes é a relação dos assentados com a terra, ou seja, mesmo vivendo em condições precárias, a satisfação com a atividade rural é destacada, o contato com a terra e o prazer proporcionado intitulando a terra como: mãe, professora, amiga entre outros. Nessa observação, apresento outra função da multifuncionalidade da agricultura que identifiquei, a função de afeição, que é o sentimento gerado por produzirem, por estarem em contato com a terra. Regozijo capaz de anular, em parte, as mazelas vividas, tornando-os felizes, fixando os homens e as mulheres no campo.

Elementos como mundo vivido, sentidos, memórias, tecido cultural, grupos sociais, relações do cotidiano, as ferramentas como símbolos (foice, enxada, arado), a terra em si, o ofício de produzir seu próprio alimento, têm influência em todo o sentimento do agricultor com a terra. Como expõe Schultz (1979, p. 72): "O mundo da vida cotidiana significará o mundo intersubjetivo que existia muito antes do nosso nascimento, vivenciado e interpretado por outros, nossos predecessores, como um mundo organizado. Ele agora se dá à nossa experiência e interpretação [...] funcionam como um código de referência".

Essa quinta função da multifuncionalidade da agricultura familiar, função afetiva, é um avanço no sentido conceitual. A reflexão e essa identificação partiram da análise e do que entendo de bem-estar e felicidade, antes da investigação dos assentados, totalmente modificados com a realidade encontrada. "[...] a noção de mundo vivido sugere essencialmente as dimensões pré-reflexivas e tomadas como certas, da experiência, os significados não questionados e determinantes do comportamento." (BUTTIMER, 1982, p. 172).

Mundo e meio ambiente, de acordo com a autora supracitada, têm sido interpretados como meio no qual os sujeitos criam seus projetos de vida, mundo que se aloca acontecimentos e fatos, um mundo passivo. Ao ver em alguns assentamentos condições de habitação precárias, ausência de um conforto mínimo, reverberou em mim pensamentos que esses assentados rurais não tivessem nenhum ímpeto de continuar na localidade e, se houvesse qualquer possibilidade de mudança de vida, aceitariam sem hesitar.

No entanto, a quinta função da multifuncionalidade da agricultura familiar, a afetiva, tem influência direta na sensação de bem-estar dos assentados em residir e produzir nos assentamentos rurais de Araguatins.

Portanto, o desenvolvimento rural pode surgir nos assentamentos rurais investigados como uma redefinição de identidades, de práticas, de estratégias, de redes e de inter-relações, que repousam num tecido de sociabilidade pujante, mas em um repertório cultural marginalizado, quando operacionalizado no nível individual do agregado familiar agrícola. Há possibilidades latentes que podem ser operacionadas mais fortemente, se houver a presença do Estado, mas a ausência deste não inviabiliza as possibilidades de articulações em pequena escala, mas de mudanças importantes almejando sempre a qualidade de vida dos assentados de Araguatins.

# 6

# CONSIDERAÇÕES FINAIS

Este livro se propôs a abordar aspectos da multifuncionalidade da agricultura familiar como elemento central para o desenvolvimento dos assentamentos rurais, que cria uma valorização e é articuladora entre a atividade agrícola, o espaço (assentamentos) e as famílias rurais. O estudo se fundamentou nas variáveis desenvolvimento rural, multifuncionalidade da agricultura e assentamentos rurais, pautando a problemática: como se dá o desenvolvimento no território dos assentamentos rurais federais no município de Araguatins/TO e em que medida as funções da multifuncionalidade da agricultura familiar apresentam-se? As possíveis respostas para o problema de pesquisa foram confirmadas em parte:

a. A primeira hipótese: apresenta um desenvolvimento rural baseado na agricultura familiar de autoconsumo, combinado com agricultura comercial e com a diversificação da produção, por meio de conhecimentos agrícolas tradicionais; o uso de tecnologias é reduzido e de forma compartilhada; promove a dinamização do ambiente econômico local em pequena escala, mas não proporciona o aumento da qualidade de vida, mas propicia a permanência das famílias rurais no campo, devido à sua identificação com este, promovendo, assim, por enquanto, a continuação da atividade.

b. A segunda hipótese: a multifuncionalidade da agricultura familiar nos assentamentos gera externalidades positivas promove a segurança alimentar, a reprodução socioeconômica das famílias, contribuindo, assim, para o desenvolvimento rural. Comparando os resultados com a literatura, a hipótese foi confirmada parcialmente, pois há a geração de externalidade positiva nos assentamentos investigados, porém não garante o desenvolvimento rural.

c. A terceira hipótese: a ausência da manifestação de algumas das funções da multifuncionalidade da agricultura familiar foi confirmada, porque não há a manifestação de todas as funções da multifuncionalidade da agricultura familiar nos 21 assentamentos

> investigados, com uma amostra de 63 famílias rurais, acarretando, assim, obstáculos para o alcance desse tipo de desenvolvimento. Há de se considerar que a manutenção do tecido social e cultural e a preservação dos recursos naturais e da paisagem rural afetam o alcance do desenvolvimento rural.

Conclui-se que o perfil das atividades produtivas nesses assentamentos apresenta diversos tipos de exploração animal e vegetal, com alguns canais de comercialização. Há semelhanças e assimetrias em vários aspectos no que tange à infraestrutura (agrovilas), à paisagem (em alguns há a predominância de reservas legais, o clima é perceptivelmente diferente), à renda (algumas atividades como produção de leite são mais rentáveis), às carências materiais e de produção (maquinário, assistência técnica, sementes melhoradas) e à acessibilidade (sendo a maioria de difícil acesso). Apesar dos investimentos realizados nas áreas dos assentamentos, é notória sua insuficiência. Apesar de alguns assentamentos possuírem unidades físicas (posto de saúde e escolas), o problema real está no seu funcionamento. O que é unânime entre os entrevistados é a união entre as famílias e a representatividade da terra, bem como a satisfação com o modo de vida e a vontade de continuar na atividade.

Compreende-se a complexidade da reforma agrária desde as suas origens e que não se deve reduzi-la a uma política (re)distributiva de terras, porém se deve ancorar no seu escopo uma política pública importante na promoção da cidadania, pois desconcentra e promove a democratização da estrutura fundiária do país, com o intuito de dar condições de moradia e de produção no âmbito familiar e de geração de renda no campo, combatendo, assim, a fome e a pobreza. No entanto, para o cumprimento desses objetivos, é necessário, depois de assentar as famílias rurais, dar subsídios para o alcance do desenvolvimento dos assentamentos. As políticas públicas se tornam indispensáveis para assegurar a sua continuidade dos assentamentos. Verificou-se que esse objetivo não se concretiza de forma eficiente nos assentamentos investigados. São necessárias ações específicas, de acordo com a realidade de cada assentamento, para o integral aproveitamento do potencial desses e dirimir os entraves que obstam o desenvolvimento rural, pois somente a instalação dos assentamentos não é suficiente; é necessário proporcionar condições para a consolidação e o desenvolvimento rural.

A análise de Kageyama (2008) a respeito do desenvolvimento rural foi útil para entender o nível de desenvolvimento nos assentamentos pesquisados, analisados a partir de quatro dimensões, percebidas da seguinte forma:

1. Dimensão econômica: as condições estruturais são precárias, e o desempenho econômico no lócus é comprometido; por isso, afeta variáveis como renda, diversificação da produção e produtividade. Entretanto, 53,97% afirmaram que estão satisfeitos com a renda, e 46,03% não estão. Nenhum entrevistado relatou condição de fome e/ou desnutrição.
2. Dimensão sociocultural: a qualidade de vida dos assentados, expressa a partir de variáveis que se relacionam com educação, saúde e assistência social, está presente em alguns assentamentos, mas não de forma satisfatória, pois ainda não foram capazes de promover uma melhoria na qualidade de vida. Nota-se que a "boa vida" dos assentados está relacionada com a quinta função da multifuncionalidade, identificada nesta pesquisa, a afetividade que eles têm com a terra.
3. Dimensão político-institucional: as políticas direcionadas ao desenvolvimento dos assentamentos não são percebidas pelos assentados.
4. Dimensão ambiental: quanto às questões de sustentabilidade do ambiente, observadas a partir das variáveis utilização dos recursos naturais e utilização de agrotóxicos, verifica-se que a conservação dos recursos naturais não é ampla e significativa, e não utilizam tecnologias apropriadas, o que compromete a viabilidade econômica e social.

Cabe destacar que, apesar das precariedades enfrentadas pelos assentados nas dimensões econômica, sociocultural e político institucional, que reverberam na execução das atividades produtivas, comprometem a renda e refletem-se no âmbito social, percebe-se a satisfação com o espaço de moradia e uma identificação arraigada com o rural, ou seja, aparentam estar felizes com a maneira como vivem e se socializam com seus semelhantes, não manifestando possibilidades de mudança de lugar.

Os estudos de Sen (2010) contribuíram com a discussão e a análise do tipo de desenvolvimento existente: no que tange ao desenvolvimento humano, percebe-se que há privações de infraestrutura (condições dos assentamentos: estradas, saúde, escolas), os assentados entrevistados estão expostos a doenças relacionadas à ausência de saneamento básico e à inviabilidade de um rápido atendimento aos serviços de saúde, pois, devido à sua localização, terão de percorrer longas distância para o atendimento médico. Mesmo havendo acesso completo às séries do ensino fundamental, há privações econômicas (rendimento agrícola abaixo do limite de reprodução). Por outro lado, há liberdades sociais e políticas; a sociabilidade é latente, sendo um dos elementos do patrimônio cultural; já a liberdade política pode ser percebida na acessibilidade e na aceitação de se tornar um líder. As liberdades, importantes por si mesmas, também representam um caminho para o desenvolvimento rural.

As contribuições analisadas aqui para a função de reconstrução dos espaços da agricultura familiar deverão contar com incentivos para projetos voltados para a melhoria do seu desempenho, respeitando seus valores tradicionais. As políticas públicas de desenvolvimento rural entendidas neste trabalho não são identificadas apenas com o crescimento econômico, mas vistas como um processo que envolve múltiplas dimensões, tais como: a econômica, a sociocultural, a política e a ambiental, que devem ser colocadas em prática por meio de projetos inovadores, com instrumentos eficazes de intervenção, direcionados à perspectiva da sustentabilidade da agricultura familiar; à gestão da agricultura familiar; à capacitação a respeito de técnicas de produção (principalmente manejo de pragas), potencializando o desenvolvimento endógeno e autônomo desses assentamentos.

A análise de Schneider (2004) contribui no sentido do que deve ser feito, articulado, nos assentamentos de Araguatins, combinando ações em duas frentes: o aspecto econômico (aumento do nível e estabilidade da renda familiar) e o aspecto social (obtenção de um nível de vida socialmente aceitável), como também promover a reconfiguração (reformados e recombinados) dos recursos rurais, no caso, terra, mão de obra, natureza, ecossistemas, animais, plantas, artesanato, redes, parceiros de mercado e relações cidade-campo, não apenas acrescentando "coisas novas" às situações já estabelecidas, mas reformando realidades emergentes e historicamente enraizadas que reaparecem. Os agrupamentos humanos são capazes de conduzir essa diversidade das espécies (biodiversidade), dos solos e dos ecossistemas em que vivem, encontrada no espaço investigado. O autor acrescenta que esse é o futuro do mundo rural, sendo, portanto, necessário entender a diversidade dos meios, os modos como os indivíduos lidam com as adversidades e os condicionantes nos contextos em que vivem.

Partindo da contribuição de Navarro (2001), a condução para a estratégia nos assentamentos investigados, como norte para o desenvolvimento rural, para que seja preestabelecida, com metas definidas e metodologias de implementação, a lógica operacional é o Estado nacional – ou seus níveis subnacionais –, pois é a única esfera da sociedade com legitimidade política assegurada para propor (e impor) mecanismos amplos e deliberados no sentido da mudança social, passando, prioritariamente, pela construção de processos de democracia e de participação popular.

A questão da participação popular é indispensável, pois, de acordo com Sen (2010), quem promove o desenvolvimento são os indivíduos, e não os programas estatais. O Estado deve propiciar mais oportunidades de escolha e decisões substantivas para os indivíduos, que, então, podem e devem atuar de modo responsável. Vale ressaltar que há uma interdependência entre liberdade e responsabilidade. Os assentados entrevistados, embora para alguns seja mais difícil devido à baixa escolaridade, são capazes de fazer suas próprias escolhas.

Nessa linha, enfatiza Conterato (2008, p. 45), "a outorga ao agricultor familiar de realizar com base nos recursos disponíveis as escolhas que melhor lhe convierem é uma das principais, senão a principal ferramenta de construção do desenvolvimento rural". As oportunidades de escolha não são um dever único e exclusivo do Estado. As instituições não governamentais, educacionais, instituições políticas e educacionais/sociais e a mídia deverão agir de forma conjunta, pensando no comprometimento social com liberdade individual. No território investigado, os atores Senar, Sebrae, Ifto, Ruraltins, associações e sindicatos têm esse papel.

Conterato (2008) também contribui no sentido de apresentar o desenvolvimento rural como um processo multinível, ou seja, do global para o individual, e de relações entre agricultura e sociedade. Nos níveis intermediários (locais e regionais), deve ser construído como um novo modelo para o setor agrícola, com vigilância constante para as sinergias entre ecossistemas locais e regionais. O terceiro nível é o do indivíduo, com destaque para as novas possibilidades de alocação do trabalho familiar. É multifacetado, porque apresenta novas práticas: administração da paisagem, conservação da natureza, agroturismo, produção de especialidades regionais, entre outras, em que as propriedades possam assumir novos papéis e estabelecer novas relações sociais com as empresas e com os setores urbanos. É também um processo multiator, pois se compõe de uma gama de instituições envolvidas, dependendo de múltiplos atores e das redes entre esses atores.

O desafio é a consolidação de um desenvolvimento rural sustentável e libertatório, com o estabelecimento de consentimento mútuo dos atores, com interesse no desenvolvimento e com ações coordenadas em conjunto, tomando como ponto de partida o enfoque na agroecologia, pois é uma alternativa para inserir esses assentamentos na rota da sustentabilidade.

Esse trabalho se baseia no entendimento de que o desenvolvimento rural é aquele que se refere a áreas rurais com o escopo de melhorar a qualidade de vida da sua população, perpassando por processos de aprimoramento dos próprios recursos e pela participação de atores locais. Esse entendimento é corroborado por Ellis (1999), ao associar o desenvolvimento rural aos processos de redução da pobreza rural, por meio de estratégias de sobrevivência, aumentando as oportunidades e, nesse caso, o potencial dos assentados rurais. Compreende também que o desenvolvimento rural é um conjunto de práticas cujo escopo é a diminuição da vulnerabilidade das famílias, reorientando as ações para a interdependência dos agricultores em relação aos agentes externos, resultando na autonomia nos procedimentos decisórios e no fortalecimento de ações e estratégias.

Se não são manifestadas todas as funções da multifuncionalidade e, consequentemente, não ocorreu o desenvolvimento rural esperado desde a implantação dos assentamentos, a investigação permite dizer que é possível a elaboração de uma "ação prática" para o futuro, qual seja, implantar uma estratégia de desenvolvimento rural para um período vindouro, um desenvolvimento que seja ancorado no tempo (trajetória de longo prazo), no espaço (o território e seus recursos) e nas estruturas sociais presentes em cada assentamento.

Para o alcance desse objetivo, faz-se necessária a ampliação das capacidades desses assentados com maior acesso a recursos, simbólicos (conhecimento, informações) e materiais (bens e serviços), recursos para trabalho (créditos e maquinário); para serviços, por meio de políticas públicas (acessibilidade, transportes, saúde e educação), em conjunto com os atores locais presentes no espaço. Isso tudo é necessário para que os assentados possam ter qualidade de vida, de fato; não apenas o agrado de viver em contato com a natureza, mas também o benefício da melhoria das condições de vida no assentamento, após a obtenção da terra. Insta fomentar a abordagem participatória, cujo intuito é propiciar condições aos atores para que sejam ativos e participantes dos processos na definição e análise de problemas sociais e ambientais. Dessa forma, a reforma agrária alcançará o propósito de atingir uma política com efetividade, com resultados altamente positivos e com perspectivas de alcance do desenvolvimento rural almejado.

Ao final desta jornada, vale mencionar dois sentimentos: o primeiro é o de dever cumprido por contribuir de forma acadêmica para a reflexão sobre o tema e suscitar olhares para a existência e a importância dos assentamentos rurais e assentados de Araguatins e municípios vizinhos. O segundo é o que poderia ter sido feito, ou seja, explorado com mais profundidade: questões como a abordagem relativa aos gêneros, à juventude rural e aos idosos, a utilização de alguma metodologia de avaliação da renda, da riqueza e da sustentabilidade, bem como a investigação com todos os atores presentes no território, que podem influenciar na manifestação das funções da multifuncionalidade da agricultura familiar, percebendo suas visões com relação aos assentamentos. Reconhece-se a limitação do recurso metodológico utilizado, a entrevista e o número expressivo de perguntas favorecendo respostas curtas e superficiais. Por ora, é preciso encerrar o estudo, mas ficam as sugestões para a continuidade das investigações.

No cômputo geral, entende-se que este esforço de pesquisa acadêmica permitiu o entendimento em escala micro (famílias), das forças e fraquezas dos assentamentos investigados, sendo possíveis várias leituras da sua relação com a multifuncionalidade e o desenvolvimento. Nesse sentido, mencionam-se os impactos dos assentamentos nas famílias assentadas, no mercado, na sociedade, como um verdadeiro fio condutor desde a produção em pequena escala até a organização em comunidade, a política, o mercado consumidor e o rastro ambiental. Trabalhos futuros podem aprofundar o desenvolvimento a partir de outro enfoque, a fim de contribuir com a discussão teórica e, quiçá, soluções e meios para esse alcance.

# REFERÊNCIAS


ABRAMO, Helena W. Condição juvenil no Brasil contemporâneo. *In:* ABRAMO, Helena W.; BRANCO, Pedro P. M. (org.). **Retratos da juventude:** análises de uma pesquisa nacional. São Paulo: Fundação Perseu Abramo, 2005. p. 37-72.

ABRAMOVAY, Ricardo. **Funções e medidas da ruralidade no desenvolvimento contemporâneo.** Rio de Janeiro: IPEA, 2000a. (Texto para Discussão, 702).

ABRAMOVAY, Ricardo. O capital social dos territórios: repensando o desenvolvimento rural. **Revista Economia Aplicada**, São Paulo, v. 4, n. 2, p. 379-397, abr./jun. 2000b. Disponível em: file:///C:/Users/USUARIO/Downloads/Artigo_O_capital_social_e_o_Desenvolvimento_Territorial_Ricardo_Abramovay%20 (3).pdf. Acesso em: 29 nov. 2019.

ABRAMOVAY, Ricardo. Agricultura familiar e desenvolvimento territorial. **Reforma Agrária** - Revista da Associação Brasileira de Reforma Agrária, Brasília, DF, v. 28, n. 1, 2, 3 e 29, jan./dez. 1998, jan./ago. 1999. Disponível em: https://wp.ufpel.edu.br/ppgdtsa/files/2014/10/Texto-Abramovay-R.-Agricultura-familiar-e- desenvolvimento-territorial.pdf. Acesso em: 10 fev. 2021.

ABRAMOVAY, Ricardo. **Bases para a formulação da política brasileira de desenvolvimento rural:** agricultura familiar e desenvolvimento territorial. Brasília, DF: IPEA, 1998. 25 p. (Convênio FIPE/IPEA). Relatório final.

ACCARINI, José H. **Economia Rural e Desenvolvimento**: reflexões sobre o caso brasileiro. Rio de Janeiro: Petrópolis, 1987.

AGÊNCIA DE DEFESA AGROPECUÁRIA DO ESTADO DO TOCANTINS - ADAPEC. **Quem Somos**. Palmas, TO, 2019. Disponível em: https://adapec.to.gov.br/. Acesso em: 21 nov. 2019.

ALBUQUERQUE JR., Durval M. **A invenção do Nordeste e outras artes**. Recife, PE: Fundação Joaquim Nabuco e Ed. Massangana; São Paulo: Cortez, 1999.

ALENTEJANO, Paulo R. R. Luta por terra e reforma agrária no Rio de Janeiro. **Revista Fluminense de Geografia**, Niterói, RJ, v. 1, n. 1, p. 109-124, 2002.

ALMEIDA, Rutiléia L. **A formação regional do Bico do Papagaio:** regionalização e polarização. 2010. Dissertação (Mestrado em Geografia Regional) – Universidade

Federal de Goiás, Gôiania, GO, 2010. Disponível em: http://repositorio.bc.ufg.br/tede/handle/tede/5062. Acesso em: 29 dez. 2020.

ALMEIDA, Jalcione (org.). **Políticas públicas e desenvolvimento rural:** percepções e perspectivas no Brasil e em Moçambique. Porto Alegre: UFRGS, Programa de Pós-Graduação em Desenvolvimento Rural, 2009. [E-book]. Disponível em: http://www.ufrgs.br/temas/download/ebooks/01_ebook_PGDR.pdf. Acesso em: 21 nov. 2019.

ALMEIDA, Mauro W. B. Redescobrindo a família rural. **Revista Brasileira de Ciências Sociais**, São Paulo, v. 1, n. 1, p. 66-82, jun. 1986.

ALTAFIN, Iara. Reflexões sobre o conceito de agricultura familiar. *In:* CURSO REGIONAL DE FORMAÇÃO POLÍTICO-SINDICAL DA REGIÃO NORDESTE, 3., 2007, Brasília, DF. **Anais** [...]. Brasília, DF: Contag, 2007. Disponível em: http://www.enfoc.org.br/system/arquivos/documentos/70/f1282reflexoes-sobre-o-conceito-de- agricultura-familiar---iara-altafin---2007.pdf. Acesso em: 21 out. 2020.

ALTIERI, Miguel A. Agroecologia: um novo paradigma de pesquisa e desenvolvimento para a agricultura mundial. **Agricultura, Ecossistemas e Meio Ambiente,** [*s. l.*], v. 27, n. 1-4, p. 37-46, nov. 1989. Disponível em: https://www.sciencedirect.com/science/article/abs/pii/0167880989900704. Acesso em: 21 out. 2020.

ALTIERI, Miguel A. **Agroecologia:** a dinâmica produtiva da agricultura sustentável. 4. ed. Porto Alegre: UFRGS, 2004.

ALTIERI, Miguel A.; LETOURNEAU, Débora K.; DAVIS, James R. Developing sustainable agroecosystems. **BioScience**, Califórnia, EUA, v. 33, p. 45-49, 1983. Disponível em: http://agroeco.org/wp-content/uploads/2010/12/Bioscience-devSustAg.pdf. Acesso em: 21 nov. 2019.

ALVES, Eliseu. Conquista de mercados internacionais e segurança alimentar: desafios tecnológicos de Angola. *In:* SAMBERRY, Zacarias (ed.). **Investigação agrária em Angola:** desafios e propostas. Embrapa, DF: Embrapa Informação Tecnológica, 2011. v. 1, cap. 5, p. 61-75. Disponível em: https://ainfo.cnptia.embrapa.br/digital/bitstream/ item/81436/1/conquista-de- mercados-internacionais.pdf. Acesso em: 21 nov. 2019.

ANDRADE, Manuel C. **Espaço, polarização e desenvolvimento:** uma introdução à economia regional. 5. ed. São Paulo: Atlas, 1987.

ARAGUATINS (TO). Prefeitura Municipal de Araguatins. **Portaria GAB/Nº 018/2019, de 17 de abril de 2019**. Institui a Comissão Organizadora da Feira da Economia Solidária e da Agricultura Familiar (ECOSOL) do Município de Araguatins-TO. Disponível em: https://www.araguatins.to.gov.br/. Acesso em: 21 nov. 2019.

ARAGUATINS (TO). **Conselho Municipal de Desenvolvimento Rural Sustentável (CMDRS)**. 2021. Disponível em: https://www.araguatins.to.gov.br/. Acesso em: 21 jun. 2021.

ARAÚJO, Severina Garcia de. **Assentamentos rurais:** trajetórias dos trabalhadores assentados e cultura política. Natal/RN: EDUFRN, 2005.

ÁREA de Proteção Ambiental Lago de Santa Isabel no Bico é extinta. **Folha do Bico**, Araguaína, TO, 18 nov. 2018. Disponível em: https://www.folhadobico.com.br/area-de- protecao- ambiental-lago-de-santa-isabel-no-bico-e-extinta/. Acesso em: 30 nov. 2019.

AROVOURI, Kyösti; KOLA, Jukka. Multifunctional Policy Measures: Farmers' Choice. *In:* AMERICAN AGRICULTURAL ECONOMICS ASSOCIATION ANNUAL MEETING, 2006, Long Beach, California. **Anais** [...]. Califórnia, 2006. Disponível em: Multifunctional Policy.pdf. Acesso em: 11 fev. 2021.

ASSIS, Renato L. de. Desenvolvimento rural sustentável no Brasil: perspectivas a partir da integração de ações públicas e privadas com base na agroecologia. **Economia Aplicada**, Ribeirão Preto, SP, v. 10, n. 1, jan./mar. 2006. Disponível em: https://www.scielo.br/scielo.php?script=sci_arttext&pid=S1413-80502006000100005. Acesso em: 15 fev. 2021.

ASSOCIAÇÃO BRASILEIRA DE PRODUTORES DE FLORESTAS PLANTADAS - ABRAF. 2013. Disponível em: http://www.bibliotecaflorestal.ufv.br/handle/123456789/3887. Acesso em: 15 fev. 2021.

BAGLI, Priscilla. **Rural e urbano nos municípios de Presidente Prudente, Álvares Machado e Mirante do Paranapanema:** dos mitos pretéritos às recentes transformações. 2006. 207 f. Dissertação (Mestrado em Geografia) – Faculdade de Ciências e Tecnologia, Universidade Estadual Paulista, Presidente Prudente, São Paulo, 2006. Disponível em: http://www2.fct.unesp.br/nera/ltd/priscilla.pdf. Acesso em: jan. 2021.

BANCO CENTRAL DO BRASIL - BACEN. **Anuário Estatístico do Crédito Rural**. Brasília, DF, 2010. Disponível em: http://www.bcb.gov.br/?RELRURAL. Acesso em: 19 fev. 2019.

BAUMAN, Zygmunt. **Modernidade líquida**. Tradução de Plínio Dentzien. Rio de Janeiro: Zahar, 2001.

BAUMAN, Zygmunt. **Comunidade:** a busca por segurança no mundo atual. Tradução de Plínio Dentzien. Rio de Janeiro: Zahar, 2003.

BECK, Ulrick; GIDDENS, Anthony; SCOTT, Lash. **Modernização reflexiva:** política, tradição e estética na ordem moderna. 2. ed. São Paulo: Unesp, 2012.

BERALDO, Keile A. **Dimensões do Desenvolvimento Rural:** Uma análise dos PROINFS no Território Bico do Papagaio do Tocantins. 2016. 190f. Tese (Doutorado em Desenvolvimento Rural) - Faculdade de Ciências Econômicas, Universidade Federal do Rio Grande do Sul, Porto Alegre, 2016. Disponível em: https://lume.ufrgs.br/handle/10183/149321. Acesso em: 10 fev. 2021.

BERGAMASCO, Sonia M. P.; NORDER, Luís A. C. **O que são assentamentos rurais**. São Paulo: Brasiliense, 1996. (Coleção Primeiros Passos, 301).

BERGAMASCO, Sonia M. P. A realidade dos assentamentos rurais por detrás dos números. **Estudos Avançados**, São Paulo, v. 11, n. 31, set./dez. 1997. Disponível em: http://www.scielo.br/scielo.php?script=sci_arttext&pid=S0103-40141997000300003. Acesso em: 21 nov. 2019.

BERGAMASCO, Sonia M. P.; NORDER, Luís A. **A alternativa dos assentamentos rurais:** organização social, trabalho e política. São Paulo: Terceira Margem, 2003.

BERQUE, Augustin. Introduction. *In:* BERQUE, Augustin; CONAN, Michel; DONADIEU, Pierre; LASSUS, Bernard; ROGER, Alain (org.). **Cinq propositions pour une théorie du paysage**. Tradução de Maria Clara Collasius Malta. Paris: Editions Champ Vallon, 1994. p. 1-20.

BITTENCOURT, Gilson. Agricultura familiar e agronegócio: questões para pesquisa. *In:* LIMA, Dalmo M. de A.; WILKINSON, John (org.). **Inovações das tradições da agricultura familiar**. Brasília: CNPq, 2002.

BOFF, Leonardo. **Sustentabilidade:** o que é, o que não é. 5. ed. rev. e ampl. Petrópolis, RJ: Vozes, 2016.

BOISIER, Sergio. El desarrollo territorial a partir de la construccion de capital sinergetico. **Revista Brasileira de Estudos Urbanos e Regionais**, São Paulo, n. 2, mar. 2000. Disponível em: https://rbeur.anpur.org.br/rbeur/article/view/36. Acesso em: 21 nov. 2019.

BONNAL, Philippe; CAZELLA, Ademir A.; MALUF, Renato S. Multifuncionalidade da agricultura e desenvolvimento territorial: avanços e desafios para a conjunção de enfoques. **Estudos Sociedade e Agricultura**, Rio de Janeiro, v. 16, n. 2, p. 185-227, 2008. Disponível em: https://revistaesa.com/ojs/index.php/esa/article/view/302. Acesso em: 21 nov. 2019.

BOUDEVILLE, Jacques R. **Os espaços econômicos**. Tradução de Heloysa de Lima Dantas. São Paulo: Difusão Europeia do Livro, 1973.

BOZZANO, Horácio. **Territorios possibles:** processos, lugares y actores. 3. ed. Buenos Aires, Argentina: Lumiere, 2007.

BUTTIMER. Anne. Aprendendo o dinamismo do mundo vivido. *In:* CHRISTOFOLETTI, A. (org.). **Perspectivas da Geografia**. São Paulo: Difel, 1985. p. 165-193.

BRANDENBURG, Alfio. **Agricultura familiar***:* ONGs e desenvolvimento sustentável. Curitiba, PR: UFPR, 1999.

BRASIL. [Constituição (1988)]. **Constituição da República Federativa do Brasil de 1988**. Brasília, DF: Presidência da República, [2021]. Disponível em: http://www.planalto.gov.br/ccivil_03/constituicao/constituicao.htm. Acesso em: 26 jan. 2022.

BRASIL. Presidência da República. Casa Civil. **Lei nº 11.326, de 26 de julho de 2006**. Estabelece as diretrizes para a formulação da Política Nacional da Agricultura Familiar e Empreendimentos Familiares Rurais. Brasília, DF, [2011]. Disponível em: http://www.planalto.gov.br/ccivil_03/_ato2004-2006/2006/lei/l11326.htm. Acesso em: 26 jan. 2022.

BRASIL. Presidência da República. **Lei nº 13.465, de 11 de julho de 2017**. Dispõe sobre a regularização fundiária rural e urbana, sobre a liquidação de créditos concedidos aos assentados da reforma agrária e sobre a regularização fundiária no âmbito da Amazônia Legal; institui mecanismos para aprimorar a eficiência dos procedimentos de alienação de imóveis da União [...]. Brasília, DF, [2021]. Disponível em: http://www.planalto.gov.br/ccivil_03/_ato2015-2018/2017/lei/l13465.htm. Acesso em: 26 jan. 2022.

BRUE, Stanley. **História do Pensamento Econômico**. São Paulo: Thomson Pioneira, 2005.

BRUMER, Anita; SPANEVELLO, Rosani M. **Jovens agricultores da Região Sul do Brasil**. Porto Alegre: UFRGS; Chapecó: Fetraf-Sul/CUT, 2008. 13 p. Relatório de Pesquisa.

BUAINAIN, Antônio M.; ROMEIRO, Ademar. **A agricultura familiar no Brasil:** agricultura familiar e sistemas de produção. Projeto UTF/BRA/051/BRA, mar. 2000. Disponível em: http://www.incra.gov.br/fao. Acesso em: 23 nov. 2019.

BUAINAIN, Antônio M.; ROMEIRO, Ademar R.; GUANZIROLI, Carlos. Agricultura Familiar e o Novo Mundo Rural. **Sociologias**, Porto Alegre, ano 5, n. 10, jul./dez. 2003, p. 312-347. Dossiê. Disponível em: https://seer.ufrgs.br/sociologias/article/view/5434. Acesso em: 13 dez. 2020.

BUAINAIN, Antônio M. **Agricultura familiar, agroecologia e desenvolvimento sustentável:** questões para debate. Brasília, DF: Instituto Interamericano de Cooperação para a Agricultura – IICA, 2006. Disponível em: https://www.bibliotecaagptea.org.br/agricultura/ agroecologia/livros/AGRICULTURA%20 FAMILIAR,%20AGROECOLOGIA%20E%20DESENVO LVIMENTO%20SUSTENTAVEL%20-%20QUESTOES%20PARA% 20O%20DEBATE.pdf. Acesso em: 20 dez. 2020.

CABRAL, Luís O. Revisitando as noções de espaço, lugar, paisagem e território, sob uma perspectiva geográfica. **Revista de Ciências Humanas**, Florianópolis, SC, v. 41, n. 1-2, p. 141-155, abr./out. 2007. Disponível em: https://periodicos.ufsc.br/index.php/revistacfh/article/viewFile/15626/14158. Acesso em: 21 nov. 2019.

CABUGUEIRA, Artur C. C. M. Do desenvolvimento regional ao desenvolvimento local. Análise de alguns aspectos de política económica regional. **Revista Gestão e Desenvolvimento**, Viseu, Portugal, n. 9, p. 103-136, 2000. Disponível em: http://www4.crb.ucp.pt/Biblioteca/GestaoDesenv/GD9/gestaodesenvolvimento9_103.pdf. Acesso em: 22 nov. 2019.

CANDIOTTO, Luciano Z. P. Aspectos históricos e conceituais da multifuncionalidade da agricultura. *In:* ENCONTRO NACIONAL DE GEOGRAFIA AGRÁRIA, 19., 2009, São Paulo. **Anais** [...]. 2009. p. 1-16. Disponível em: https://wp.ufpel.edu.br/leaa/files/2015/03/aspectos_hist%C3%B3ricos_e_conceituais_da_multifuncion alidade_-da_agricultura.pdf. Acesso em: 26 nov. 2019.

CANIELLO, Márcio; DUQUÉ, Ghislaine. Agrovila ou casa no lote: A questão da moradia nos assentamentos da Reforma Agrária do Cariri paraibano. **Revista Econômica do Nordeste**, Fortaleza, CE, v. 37, n. 4, p. 629-641, out./dez. 2006. Disponível em: https://www.bnb.gov.br/revista/index.php/ren/article/view/667. Acesso em: 25 jan. 2022.

CAPORAL, Francisco R.; COSTABEBER, José A. Agroecologia e sustentabilidade. Base conceitual para uma nova Extensão Rural. *In:* WORLD CONGRESS OF RURAL SOCIOLOGY, 10., Rio de Janeiro. **Anais** [...]. Rio de Janeiro: IRSA, 2000. Disponível em: http://www.agriverdes.com.br/biblioteca/biblioteca/Agroecologia/G%C3%AAneros%20e%20 a%20Agroecologia/AGROECOLOGIA%20e%20 a%20SUSTENTABILIDADE.pdf. Acesso em: 19 jan. 2021.

CAPORAL, Francisco R.; COSTABEBER, José A. **Agroecologia:** alguns conceitos e princípios. Brasília, DF: MDA/SAF/DATER-IICA, 2004.

CARDOSO, Josel H.; FLEXOR, Georges; MALUF, Renato S. (org.). Multifuncionalidade da agricultura em áreas de assentamentos rurais: o caso de Abelardo Luz (SC). *In:* CARNEIRO, Maria J.; MALUF, Renato S. **Para além da produção:** multifuncionalidade e agricultura familiar. Rio de Janeiro: Mauad X, 2003. Cap. 3.

CARLI, Gileno de. **História da Reforma Agrária**. Brasília, DF: Gráfica Brasiliana,1985.

CARMO, Maristela S. do; COMITRE, Valeria; BORSATTO, Ricardo S. **O rural contemporâneo brasileiro e os desafios de um novo modelo de desenvolvimento**. 2005. Disponível em: https://www.uniara.com.br/legado/nupedor/nupedor_2014/Arquivos/08/8A_ Agroecologia%20e%20modelos%20diferenciados%20de%20desenvolvimento%20rural/1_Maristela% 20Carmo.pdf. Acesso em: 21 dez. 2020.

CARNEIRO, Maria J.; MALUF, Renato S. (org.). **Para além da produção:** multifuncionalidade e agricultura familiar. Rio de Janeiro: Mauad X, 2003.

CARNEIRO, Maria J. Pluriatividade da agricultura no Brasil: uma reflexão crítica. *In:* SCHNEIDER, Sérgio (org.). **A diversidade da agricultura familiar**. 2. ed. Porto Alegre: UFRGS, 2009. p. 167- 215.

CARSON, Rachel L. **Primavera silenciosa**. Tradução de Cláudia SantÁnna Martins. 1. ed. São Paulo: Gaia, 2010.

CARVALHO, Francisquinha L. **Fronteiras e conquistas pelo Araguaia**. Goiânia, GO: Kelps, 2006.

CARVALHO, Isabel Cristina de Moura. **Educação ambiental: a formação do sujeito ecológico**. 4. ed. São Paulo: Cortez, 2008

CASTELLS, Manuel. **A Era da Informação:** Economia, Sociedade e Cultura. São Paulo: Paz e Terra, 1999. v. 2.

CASTRO, Elisa G. de. Juventude Rural no Brasil: processos de exclusão e a construção de um ator político. **Revista Latinoamericana de Ciencias Sociales, Niñez y Juventud,** Manizales, Colômbia, v. 7, p. 179-208, jan./jun. 2009. Disponível em: http://revistaumanizales.cinde.org.co/rlcsnj/index.php/Revista- Latinoamericana/article/view/223. Acesso em: 11 fev. 2021.

CAVALCANTI, Clóvis (org.). **Desenvolvimento e Natureza:** estudos para uma sociedade sustentável. São Paulo: Cortez; Recife, PE: Fundação Joaquim Nabuco, 2003.

CAZELLA, Ademir Antonio. Vantagens diferenciadoras e mediação de conflitos: desafios das políticas de desenvolvimento territorial. *In:* SEMINÁRIO NACIONAL DE DESENVOLVIMENTO RURAL SUSTENTÁVEL. Brasília, DF, 2005. **Texto para discussão** [...]. Painel 3-A abordagem territorial e as políticas de DR. Ministério do Desenvolvimento Agrário. Conselho Nacional de Desenvolvimento Rural Sustentável – CONDRAF. 2005. Disponível em: https://lemate.paginas.ufsc.br/files/2016/06/ArtigoMDA.pdf. Acesso em: 2 dez. 2019.

CAZELLA, Ademir A.; BONNAL, Philippe; MALUF, Renato S. (org.). **Agricultura familiar:** multifuncionalidade e desenvolvimento territorial no Brasil. Rio de Janeiro: Mauad X, 2009. Disponível em: https://wp.ufpel.edu.br/consagro/files/2011/08/CAZELLA-BONNAL- MALUF-Agricultura-Familiar-Multifuncionalidade.pdf. Acesso em: 15 dez. 2020.

CERVO, Amado L.; BERVIAN, Pedro A. **Metodologia científica**. 6. ed. São Paulo: Pearson Prentice Hall, 1996.

CHAYANOV, V. A. Sobre a Teoria dos Sistemas Econômicos não Capitalistas. *In*: SILVA, J. G. da; STOLCKE V. **A Questão Agrária**. São Paulo: Brasiliense, 1981.

CHEMIN, Beatris F.; AHLERT, Lucildo. A sucessão patrimonial na agricultura familiar. **Revista Estudo & Debate**, Lajeado, RS, v. 17, n. 1, p. 49-74, 2010. Disponível em: http://www.univates.br/revistas/index.php/estudoedebate/article/view/533. Acesso em: 14 fev. 2021.

CHEMIN, Beatris F. **Manual da Univates para trabalhos acadêmicos:** planejamento, elaboração e apresentação. 4. ed. Lajeado, RS: Univates, 2020. *E-book*. Disponível em: https://www.univates.br/editora-univates/media/publicacoes/315/pdf_315.pdf. Acesso em: 26 jan. 2022.

CLAVAL, Paul. **A geografia cultural**. Tradução de Luíz Fugazzola Pimenta e Margareth de C. Afeche Pimenta. 3. ed. Florianópolis, SC: UFSC, 2007.

CLEMENTE, Ademir; HIGACHI, Hermes Y. **Economia e desenvolvimento regional**. São Paulo, Atlas, 2000.

COMISSÃO MUNDIAL SOBRE MEIO AMBIENTE E DESENVOLVIMENTO – CMMAD ONU. **Relatório Nosso Futuro Comum**. 2. ed. Rio de Janeiro: Fundação Getúlio Vargas, 1991. Disponível em: https://edisciplinas.usp.br/pluginfile.php/4245128/ mod_resource/content/3/Nosso%20Futuro%20Comum.pdf. Acesso em: 26 nov. 2019.

CONFEDERAÇÃO DA AGRICULTURA E PECUÁRIA DO BRASIL - CNA. **Serviço Nacional de Aprendizagem Rural – SENAR**. Brasília, DF, 2019. Disponível em: https://www.cnabrasil.org.br/senar. Acesso em: 26 nov. 2020.

CONFEDERAÇÃO NACIONAL DOS TRABALHADORES NA AGRICULTURA – CONTAG. **Agricultura Familiar**. 2013. Disponível em: http://www.contag.org.br/. Acesso em: 22 nov. 2019.

CONTERATO, Marcelo A. **Dinâmicas Regionais do Desenvolvimento Rural e Estilos de Agricultura Familiar:** uma análise a partir do Rio Grande do Sul. 2008. Tese (Doutorado em Desenvolvimento Rural) – Universidade Federal do Rio Grande do Sul, Porto Alegre, 2008. Disponível em: https://www.lume.ufrgs.br/handle/10183/15624. Acesso em: 21 dez. 2020.

CONTERATO, Marcelo A.; FILLIPI, Eduardo E. **Teorias do Desenvolvimento**. Porto Alegre: UFRGS, 2009. (Série Educação a Distância). Disponível em: http://www.ufrgs.br/cursopgdr/downloadsSerie/derad003.pdf. Acesso em: 22 nov. 2019.

CONTI, José B. Geografia e Paisagem. **Ciência e Natura**, Santa Maria, RS, v. 36, Edição Especial, p. 239-245, 2014. Santa Maria, RS: Centro de Ciências Naturais e Exatas/UFSM. Disponível em: https://periodicos.ufsm.br/cienciaenatura/article/view/13218/pdf. Acesso em: 22 nov. 2019.

CORRÊA, Roberto L. **Região e organização espacial**. 3. ed. São Paulo: Ática, 1990.

COSTABEBER, José A.; CAPORAL, Francisco R. Possibilidades e alternativas do desenvolvimento rural sustentável. *In:* VELA, Hugo (org.). **Agricultura familiar e desenvolvimento rural sustentável no Mercosul**. Santa Maria, RS: UFSM; Pallotti, 2003. p. 157-194.

COSTABEBER, José A.; PAULUS, Gervásio. Agroecologia: uma ciência do campo da complexidade. *In*: CAPORAL, Francisco Roberto; COSTABEBER, José Antônio;

PAULUS, Gervásio (org.). **Agroecologia – aspectos filosóficos.** Brasília, DF: [*s.n.*], 2. 2009. 111p. 12cm. ISBN 978-85-60548-38-5 1.

CRISTANCHO GARRIDO, Hellen C. Abordagem territorial da segurança alimentar: articulação do campo e da cidade no Programa de Aquisição de Alimentos (PAA): considerações sobre o caso colombiano. **Revista NERA – Núcleo de Estudos, Pesquisas e Projetos de Reforma Agrária**, Presidente Prudente, SP, ano 18, n. 26, Edição Especial, p. 51-69, 2015. Disponível em: https://revista.fct.unesp.br/index.php/nera/article/view/3571/2906. Acesso em: 21 dez. 2020.

DAL SOGLIO, Fábio K. A agricultura moderna e o mito da produtividade. *In:* DAL SOGLIO, Fábio; KUBO, Rumi R. (org.). **Desenvolvimento, agricultura e sustentabilidade.** Porto Alegre: UFRGS, 2016. p. 11-38. (Série Ensino, Aprendizagem e Tecnologias). Disponível em: http://www.ufrgs.br/cursopgdr/downloadsSerie/derad105.pdf. Acesso em: 23 dez. 2020.

DEBORD, Guy. **Sociedade do Espetáculo**. Rio de Janeiro: Contraponto, 2000.

DELGADO, Guilherme C.; BERGAMASCO, Sonia M. P. P. (org.). **Agricultura familiar brasileira:** desafios e perspectivas de futuro. Brasília: Ministério do Desenvolvimento Agrário, 2017. Disponível em: https://www.cfn.org.br/wp-content/uploads/2017/10/ Agricultura_Familiar.pdf. Acesso em: 14 dez. 2020.

DENARDI, Reni A. Agricultura familiar e políticas públicas: alguns dilemas e desafios para o desenvolvimento rural sustentável. **Agroecologia e Desenvolvimento Rural Sustentáve**l, Porto Alegre, v. 2, n. 3, jul./set. 2001. Disponível em: https://www.emater.tche.br/docs/agroeco/revista/ano2_n3/revista_agroecologia_ano2_num3_parte12_ artigo.pdf. Acesso em: 21 dez. 2020.

DIAS, João F. M.; FERREIRA, Sara G.; SIMONETTI, Erica R. **A importância da Assistência Técnica e Extensão Rural:** Um estudo de caso. Campus Araguatins, TO: IFTO- Instituto Federal de Educação, Ciência e Tecnologia do Tocantins, 2018.

DIAS, Reinaldo. Gestão ambiental: responsabilidade social e sustentabilidade- 1 ed. 5 reimpr- São Paulo: Atlas, 2009.

DINIZ, Francisco. Um índice de ruralidade para as NUTS do Alto Trás-os-Montes e Douro. *In:* CONGRESO DESARROLLO RURAL, 5., 1996, Ávila. **Anais** [...]. Ávila, Espanha: 1996. p. 903-916. Disponível em: http://www.jcyl.es/jcyl/cee/dgeae/congresos_ecoreg/ CERCL/52903.PDF. Acesso em: 17 set. 2019.

DI MÉO, Guy. **Géographie sociale et territoires**. Paris: Nathan, 1998. (Coll. Fac-géographie). Disponível em: https://www.persee.fr/doc/tigr_0048- 7163_1998_num_25_99_1564_t1_0178_0000_1. Acesso em: 22 nov. 2019.

DROUIN, Jean-Claude. **Os grandes economistas**. Tradução de Denise Bottman. São Paulo: Martins, 2008.

ECHEVERRI, Rafael Perico. **Identidade e Território no Brasil**. Brasília: IICA.2009. Disponível em: http: //repiica.iica.int/docs/B2219P/B2219P.PDF. Acesso em: 10 out. 2020.

ELLIS, Frank. **Rural livelihoods and diversity in developing countries**. Oxford, Reino Unido: Oxford University, 1999. Disponível em: https://www.researchgate.net/publication/42765249_Rural_Livelihood_Diversity_in_Developing_Cou ntries_ Evidence_and_Policy_Implications. Acesso em: 22 nov. 2019.

ENDLICH, Ângela M. Perspectivas sobre o urbano e o rural. *In:* SPOSITO, Maria E. B.; WHITACKER, Arthur M. (org.). **Cidade e Campo:** relações e contradições entre urbano e rural. São Paulo: Expressão Popular, 2006. p. 11-31.

FARIAS, Marisa L. de. O cotidiano dos assentamentos de reforma agrária: entre o vivido e o concebido. *In:* FERRANTE, Vera L. S. B.; WHITAKER, Dulce C. A. (org.). **Reforma Agrária e Desenvolvimento:** desafios e rumos da política de assentamentos rurais. Brasília, DF: MDA; São Paulo: Uniara, 2008. p. 151-170.

FAVARETO, Arilson da S. A longa evolução da relação rural–urbano: para além de uma abordagem normativa do desenvolvimento rural. **Ruris – Revista do Centro de Estudos Rurais**, Campinas, SP, v. 1, n.1, p. 157-190, mar. 2007. Disponível em: https://www.ifch.unicamp.br/ojs/index.php/ruris/article/view/646. Acesso em: 22 nov. 2019.

FERNANDES, António T. Conflitualidade e movimentos sociais. **Análise Social**, Porto, Portugal, v. 28, n. 123/124, p. 787-828, 1993 (4.º-5.º). Disponível em: http://analisesocial.ics.ul.pt/documentos/1223292608S8kUR1qx0Wa77QV4.pdf. Acesso em: 22 nov. 2019.

FERRÃO, João. Relações entre mundo rural e mundo urbano: evolução histórica, situação actual e pistas para o futuro. **Sociologia, Problemas e Práticas,** Oeiras, Portugal, n. 33, p. 45-54, set. 2000. Disponível em: http://www.scielo.mec.pt/scielo.php?script=sci_arttext& pid=S0873- 65292000000200003#back. Acesso em: 22 nov. 2019.

FERRAZ, Sidney. **O movimento camponês no Bico do Papagaio:** sete barracas em busca de um elo. Imperatriz, MA: Ética, 2000.

FIDELMAN, Pedro; EVANS, Louisa; FABINYI, Michael; FOALE, Simon; CINNER, Josh; ROSEN, Franciska. Governing large-scale marine commons: contextual challenges in the Coral Triangle. **Marine Policy**, Amsterdã, Holanda, v. 36, n. 1, p. 42-53, 2012. Disponível em: https://ideas.repec.org/a/eee/marpol/v36y2012i1p42-53.html. Acesso em: 22 nov. 2019.

FILIPPI, Eduardo E. **Reforma agrária:** Experiências internacionais de reordenamento agrário e a evolução da questão da terra no Brasil. Porto Alegre: UFRGS, 2005. Disponível em: http://www.ufrgs.br/pgdr/publicacoes/producaotextual/eduardo-ernesto- filippi/filippi-e-e-reforma-agraria-experiencias-internacionais-em-reordenamento-agrario-e-a- evolucao-da-questao-da-terra-no-brasil-1-ed-porto-alegre-editora-da-universidade-ufrgs- 2005-v-1-143-p. Acesso em: 22 nov. 2020.

FRANÇA, Caio G. de. Prefácio. *In:* LEITE, Sérgio; HEREDIA, Beatriz; MEDEIROS, Leonilde S.; PALMEIRA, Moacir; CINTRÃO, Rosângela (org.). **Impacto dos Assentamentos:** um estudo sobre o meio rural brasileiro. São Paulo: Unesp, 2004. p. 12.

FROEHLICH, J. M.; DALLA CHIEZA, E.; DULLIUS, P. R.; PIETRZACKAR, R.;

SLUZSS, T. Multifuncionalidade do espaço rural na Região Centro do Rio Grande do Sul: análise exploratória. *In*: CONGRESSO DA SOCIEDADE BRASILEIRA DE ECONOMIA, ADMINISTRAÇÃO E SOCIOLOGIA RURAL, 42., 2004, Cuiabá, MT. **Anais** [...]. Cuiabá, MT, 2004.

FUKUYAMA, Francis. Capital social. *In:* HARRISON, Lawrence E.; HUNTINGTON, Samuel P. (org.). **A cultura importa:** os valores que definem o progresso humano. Rio de Janeiro: Record, 2002. p. 155.

FUNDAÇÃO DE ECONOMIA DE CAMPINAS - FECAMP. **Estudos de caso em campo para avaliação dos impactos do Pronaf**. Campinas, SP: Fecamp, 2002. Convênio PCT/IICA- Pronaf e Fundação de Economia de Campinas (Fecamp).

FURTADO, Celso. **Pequena introdução ao desenvolvimento:** enfoque interdisciplinar. São Paulo: Editora Nacional, 1980.

FURTADO, Celso. Os desafios da nova geração. **Jornal dos Economistas**, Rio de Janeiro, n. 179, p. 3-4, jun. 2004. Disponível em: http://www.centrocelsofurtado.

org.br/arquivos/ image/201411191735100.JornalEconomistasRioTextoRedC-Fje_jun2004_03.pdf. Acesso em: 22 nov. 2019.

FURTADO, Celso. **Economia do desenvolvimento.** Curso Ministrado na PUC/SP em 1975. Centro Internacional Celso Furtado de Políticas para o Desenvolvimento. Rio de Janeiro: Contraponto, 2008. v. 2.

FURTADO, Celso. El desarrollo como proceso endógeno. *In:* FURTADO, Celso. **Cultura e desenvolvimento em época de crise**. Rio de Janeiro: Paz e Terra, p. 170-193, enero/abr. 2011. Disponível em: http://www.olafinanciera.unam.mx/new_web/08/pdfs/Furtado-Clasicos- OlaFin-8.pdf. Acesso em: 22 nov. 2019.

GAYOSO, José H; ALMENDRA FILHO. **Desenvolvimento Rural:** políticas públicas e desafios socioeconômicos. 1. ed. Curitiba, PR: Appris, 2020.

GALVÃO, Maria J.; VARETA, Nicole D. A multifuncionalidade das paisagens rurais: uma ferramenta para o desenvolvimento. **Cadernos Curso de Doutoramento em Geografia - FLUP**, Porto, Portugal, p. 61-86, 2010. Disponível em: https://pdfslide.net/documents/ma- joao- galvao-nicole-d-vareta-a-multifuncionalidade-das-ler-das-areas.html. Acesso em: 22 nov. 2019.

GARCÍA, Antonio. **Sociologia de la Reforma Agrária em América Latina**. Buenos Aires, Argentina: Amorrotu, 1973.

GASSON, Ruth; ERRINGTON, Andrew. **The farm family business**. Wallingford, Reino Unido: CAB International, 1993.

GAVIOLI, Felipe R.; COSTA, Manoel B. B. As múltiplas funções da Agricultura Familiar: um estudo no assentamento Monte Alegre, região de Araraquara (SP). **Revista de Economia e Sociologia Rural - RESR**, Piracicaba, SP, v. 49, n. 2, p. 449-472, abr./jun. 2011. Impres. jul. 2011. Disponível em: https://www.scielo.br/j/resr/a/jfj6tdsV3qFLXcJzjQfWjNp/?lang=pt. Acesso em: 26 jan. 2022.

GLIESSMAN, Stephen R. O complexo ambiental. *In:* GLIESSMAN, Stephen R. **Agroecologia:** processos ecológicos em agricultura sustentável. 2. ed. Porto Alegre: UFRGS, 2001. Cap. 12.

GOTTMAN, Jean. A evolução do conceito de Território. Tradução de Isabela Forjado e Luciano Duarte. **Boletim Campineiro de Geografia**, Campinas, SP, v. 2, n. 3, p. 523-545, 2012. Disponível em: http://agbcampinas.com.br/bcg/index.php/boletim- campineiro/article/view/86/2012v2n3_Gottmann. Acesso em: 22 dez. 2020.

GOVERNO DO ESTADO DO TOCANTINS. Secretaria do Planejamento e Orçamento - SEPLAN. Diretoria de Pesquisa e Informações Econômicas. **Perfil socioeconômico dos municípios**. Palmas, TO, mar./2017. Disponível em: https://central3.to.gov.br/arquivo/340220/. Acesso em: 6 fev. 2019.

GOVERNO DO ESTADO DO TOCANTINS. Decreto nº 208/2018, de 22 de novembro de 2018. **Feira da Economia Solidária e da Agricultura Familiar – ECOSOL**. Palmas, TO, 2018.

GOVERNO DO ESTADO DO TOCANTINS. Secretaria de Estado da Agricultura, Pecuária e do Desenvolvimento Agrário. **Instituto de Desenvolvimento Rural do Estado do Tocantins – RURALTINS**. Palmas, TO, 2019.

GUANZIROLI, Carlos (coord.). **Principais fatores que afetam o desenvolvimento dos assentamentos de reforma agrária no Brasil**. Brasília, DF: INCRA/FAO, 1998.

GUANZIROLI, Carlos; ROMEIRO, Ademar R.; BUAINAIN, Antônio M.; SABBATO, Alberto Di; BITTENCOURT, Gilson. **Agricultura Familiar e Reforma Agrária no Século XXI**. Rio de Janeiro: Garamond, 2001.

GUATTARI, Félix; ROLNIK, Suely. **Micropolítica:** cartografias do desejo. 10. ed. Rio de Janeiro: Vozes, 2010.

GUATTARI, Félix. **As três ecologias**. Tradução de Maria Cristina F. Bittencourt. 21. ed. Campinas, SP: Papirus, 2012.

GUZMÁN CASADO, Glória I.; GONZÁLEZ DE MOLINA, Manuel; SEVILLA-GUZMÁN, Eduardo. **Introducción a la agroecologia como desarrollo sostenible**. Madrid, España: Mundi Prensa, 1999.

HAESBAERT, Rogério; LIMONAD, Ester. O território em tempos de globalização. **Revista ETC - Espaço, Tempo e Crítica**, Niterói, RJ, v. 1, n. 2, p. 39-52, ago. 2007. Disponível em: http: //www.uff.br/etc. Acesso em: 25 nov. 2019.

HAESBAERT, Rogério. **O mito da desterritorialização:** do "fim dos territórios" à multiterritorialidade. 4. ed. Rio de Janeiro: Bertrand Brasil, 2009.

HAESBAERT, Rogério. Região, regionalização e regionalidade: questões contemporâneas. **Antares - Letras e Humanidades**, Caxias do Sul, RS, n. 3, p. 2-24, jan./jun. 2010. Disponível em: http://www.ucs.br/etc/revistas/index.php/antares/article/view/416/360. Acesso em: 22 nov. 2019.

HERBELÊ, Antônio L. O; SICOLI, Assunta H.; SILVA, José de S.; BORBA, Marcos F. S.; BALSADI, Otávio V.; PEREIRA, Vanessa da F. Agricultura familiar e pesquisa agropecuária: contribuições para uma agenda de futuro. *In:* DELGADO, Guilherme C.; BERGAMASCO, Sonia M. P. P. (org.). **Agricultura familiar brasileira:** desafios e perspectivas de futuro. Brasília: Ministério do Desenvolvimento Agrário, 2017. Disponível em: https://www.cfn.org.br/wp-content/uploads/2017/10/Agricultura_Familiar.pdf. Acesso em: 14 dez. 2020. p. 131-149.

HERVIEU, Bertrand; VIARD, Jean. **L'archipel paysan:** Une majorité devenue minorité. Paris: Ed. de L'Aube, 2004.

HITE, James. **The Thünen model as a paradigma for rural development**. Clemson University, Carolina do Sul, EUA, 1999. Disponível em: http://wwwpersonal.umich.edu/~copyrght/image/books/Spatial%20Synthesis2/The%20Thunen%20Model%20as%20a%20 Paradigm%20for% 20Rural%20Development.htm. Acesso em: 2 dez. 2019.

HUGON, Paul. **História das Doutrinas Econômicas**. 14. ed. São Paulo: Atlas, 1995.

HUNT, Emery K.; SHERMAN, Howard J. **História do Pensamento Econômico**. 19. Ed. Petrópolis, RJ: Vozes, 2000.

IGREJA CATÓLICA. Papa Francisco. **Carta Encíclica Laudato Si:** sobre o cuidado da Casa Comum. São Paulo: Paulinas, 2015.

INSTITUTO BRASILEIRO DE GEOGRAFIA E ESTATÍSTICA - IBGE. **Cidades**. Rio de Janeiro, 2010a. Disponível em: http://cidades.ibge.gov.br/xtras/perfil.php?codmun=170220. Acesso em: 18 jul. 2017.

INSTITUTO BRASILEIRO DE GEOGRAFIA E ESTATÍSTICA - IBGE. **Cidades. Pesquisa História de Araguatins**. Rio de Janeiro, 2010b. Disponível em: https://biblioteca.ibge.gov.br/visualizacao/dtbs/tocantins/araguatins.pdf. Acesso em: 4 dez. 2019.

INSTITUTO BRASILEIRO DE GEOGRAFIA E ESTATÍSTICA - IBGE. **Cidades: Araguatins** Rio de Janeiro, 2019a. Disponível em: https://www.ibge.gov.br/. Acesso em: 13 dez. 2020.

INSTITUTO BRASILEIRO DE GEOGRAFIA E ESTATÍSTICA - IBGE. **Cidades: Araguatins**. Rio de Janeiro, 2021. Disponível em: https://www.ibge.gov.br/. Acesso em: 10 jun. 2021.

INSTITUTO BRASILEIRO DE GEOGRAFIA E ESTATÍSTICA - IBGE. **Censo Agropecuário 2017:** Resultados definitivos. Rio de Janeiro, 2019b. Disponível em: https://sidra.ibge.gov.br/pesquisa/censo-agropecuario/censo-agropecuario-2017. Acesso em: 13 dez. 2020.

INSTITUTO DE DESENVOLVIMENTO RURAL DO ESTADO DO TOCANTINS - RURALTINS. **Institucional Ruraltins.** 2019. Disponível em: https://ruraltins.to.gov.br/. Acesso em: 22 nov. 2019.

INSTITUTO FEDERAL DE EDUCAÇÃO, CIÊNCIA E TECNOLOGIA DO TOCANTINS IFTO. **Campus Araguatins: cursos** Tocantins, 2021. Disponível em: http://www.ifto.edu.br/. Acesso em: 2 set. 2021.

INSTITUTO NACIONAL DE COLONIZAÇÃO E CONTROLE DA REFORMA AGRÁRIA INCRA. **Programa Nacional de Reforma Agrária** Brasília, DF, 2020. Disponível em: https://www.gov.br/incra/pt-br. Acesso em: 19 dez. 2020.

INSTITUTO NACIONAL DE COLONIZAÇÃO E CONTROLE DA REFORMA AGRÁRIA INCRA. **Regulamentada a aplicação do Crédito Instalação para os beneficiários do Programa Nacional de Reforma Agrária**. Brasília, DF, 1 out. 2020. Disponível em: https://www.gov.br/ casacivil/pt-br/assuntos/noticias/2020/setembro/regulamentada-a-aplicacao-do- credito-instalacao-para-os-beneficiarios-do-programa-nacional-de-reforma-agraria. Acesso em: 19 dez. 2020.

INSTITUTO NACIONAL DE COLONIZAÇÃO E CONTROLE DA REFORMA AGRÁRIA INCRA. **Assentamentos Rurais**. Brasília, DF, 2014. Disponível em: http://www.mda.gov.br/sitemda/secretaria/saf/ assist%C3%AAncia-t%C3%A9cnica-de- extens%C3%A3o-rural#sthash.k2dFz1IZ.dpuf. Acesso em: 18 jun. 2019.

INSTITUTO NACIONAL DE COLONIZAÇÃO E CONTROLE DA REFORMA AGRÁRIA INCRA. **Assentamentos**. Brasília, DF, 2019. Disponível em: http://www.incra.gov.br/ assentamento. Acesso em: 29 nov. 2019.

INSTITUTO NACIONAL DE COLONIZAÇÃO E CONTROLE DA REFORMA AGRÁRIA INCRA. **Infraestrutura** Brasília, DF, 2020. Disponível em: https://www.gov.br/incra/pt- br/assuntos/reforma-agraria/infraestrutura. Acesso em: 19 dez. 2020.

INSTITUTO NACIONAL DE COLONIZAÇÃO E CONTROLE DA REFORMA AGRÁRIA INCRA. **Incra emitiu mais de 158 mil títulos de terra para assentados da reforma agrária desde 2019**. Brasília, DF, 2021. Disponível em: https://www.gov.br/pt- br/noticias/agricultura-e-pecuaria/2021/06/incra-emitiu-mais-

-de-158-mil-titulos-de-terra-para- assentados-da-reforma-agraria-desde-2019. Acesso em: 19 fev. 2021.

JOVCHELOVITCH, Sandra. Psicologia social, saber, comunidade e cultura. **Psicologia & Sociedade**, São Paulo, v. 16, n. 2, p. 20-31, maio/ago. 2004. Disponível em: https://www.scielo.br/pdf/psoc/v16n2/a04v16n2.pdf. Acesso em: 19 fev. 2021.

KAGEYAMA, Angela A. Desenvolvimento Rural: Conceito e medida. **Cadernos de Ciência & Tecnologia**, Brasília, DF, v. 21, n. 3, p. 379-408, set./dez. 2004. Disponível em: https://ainfo.cnptia.embrapa.br/digital/bitstream/item/109096/1/DESENVOLVIMENTO- RURAL.pdf. Acesso em: 19 fev. 2021.

KAGEYAMA, Angela A. **Desenvolvimento rural:** conceitos e aplicação ao caso brasileiro. Porto Alegre: UFRGS; Programa de Pós-Graduação em Desenvolvimento Rural, 2008.

KÜHN, Daniela D. Desenvolvimento Rural: afinal, sobre o que estamos falando? **Revista Redes**, Santa Cruz do Sul, RS, v. 20, n. 2, p.11-30, maio/ago. 2015. Disponível em: https://online.unisc.br/seer/index.php/redes/article/view/4246. Acesso em: 22 nov. 2019.

LAKATOS, Imre. **La metodología de los programas de investigación científica**. Madrid: Alianza, 1989.

LAMARCHE, Hugues. Introdução geral. *In*: LAMARCHE, Hugues (coord.). **A agricultura familiar:** comparação internacional. Campinas, SP: Unicamp, 1993. v. I: Uma realidade multiforme. p. 13-22.

LARAIA, Roque de B. **Cultura:** um conceito antropológico. 18. ed. Rio de Janeiro: Jorge Zahar, 2005.

LASH, Scott. A reflexividade e seus duplos: estrutura, estética, comunidade. *In:* GIDDENS, Anthony; BECK, Ulrich; LASH, Scott. **Modernização reflexiva:** política, tradição e estética na ordem social moderna. São Paulo: Unesp, 1997. Cap. 2-3.

LATOUCHE, Serge. Decrescimento ou barbárie! **Revista do Instituto Humanista Unisinos – IHU**, São Leopoldo, RS, ano IX, n. 295, 1 jun. 2009. Disponível em: http://www.ihu.unisinos.br/entrevistas/22729-decrescimento-ou-barbarie-entrevista-especial- com- serge-latouche. Acesso em: 18 maio 2019.

LEFEBVRE, Henri. **Espacio y política**. Barcelona: Península, 1976.

LEFF, Enrique. **Saber ambiental:** sustentabilidade, racionalidade, complexidade, poder. Petrópolis, RJ: Vozes, 2001.

LEITE, Sérgio; HEREDIA, Beatriz; MEDEIROS, Leonilde; PALMEIRA, Moacir; CINTRÃO, Rosângela. **Impactos dos assentamentos:** um estudo sobre o meio rural brasileiro. Brasília, DF: Instituto Interamericano de Cooperação para Agricultura - IICA, Núcleo de Estudos Agrários e Desenvolvimento Rural - NEAD; São Paulo: Unesp, 2004. (Estudos NEAD, n. 6). *E-book*. Disponível em: file:///C:/Users/Erica/OneDrive/ Documentos/Tese/Diversos/impactos_dos_assentamentos.pdf. Acesso em: 22 nov. 2019.

LEITE, Sérgio P.; ÁVILA, Rodrigo V. de. Reforma agrária e desenvolvimento na América Latina: rompendo com o reducionismo das abordagens economicistas. **Revista de Economia e Sociologia Rural**, Brasília, DF, v. 45, n.3, p. 777-805, jul./set. 2007. Disponível em: https://www.scielo.br/scielo.php?pid=S-0103-20032007000300010&script= sci_abstract&tlng=pt. Acesso em: 17 dez. 2020.

LEITE, Sergio P. Brasil: A Reforma Agrária. *In:* ASSOCIATION POUR CONTRIBUER À L'AMÉLIORATION DE LA GOUVERNANCE DE LA TERRE, DE L'EAU ET DES RESSOURCES NATURELLES - AGTER. Rio de Janeiro, 2008. Disponível em: http://www.agter.asso.fr/article353_fr.html. Acesso em: 27 jun. 2019.

LEOPARDI, Maria T. **Metodologia da pesquisa na saúde**. 2. ed. Florianópolis, SC: UFSC, 2002.

LERRER, Débora. **Reforma Agrária:** os caminhos do impasse. São Paulo: Editora Garçoni, 2003.

LIBERMAN, Anatoly. **Word Origins... and how we know them:** Etymology for everyone. London: Oxford University Press, 2009.

LIMA-GUIMARÃES, Solange T. de. Geografia e Literatura: alguns pontos sobre a percepção de paisagem. **Geosul**, Florianópolis, SC, v. 15, n. 30, p. 7-33, 2000. Disponível em: https://periodicos.ufsc.br/index.php/geosul/article/view/14190. Acesso em: 22 nov. 2019.

LONG, Norman; PLOEG, Jan D. van der. Heterogeneidade, ator e estrutura: para a reconstituição do conceito de estrutura. *In:* SCHNEIDER, Sérgio; GAZOLLA, Márcio (org.). **Os atores do desenvolvimento rural:** perspectivas teóricas e práticas sociais. Porto Alegre: UFRGS, 2011. p. 21-48.

LOSCH, Bruno. Debating the multifunctionality of agriculture: from trade negociation to development policies by the south. **Journal of Agrarian Change**, [*S.l.*], v. 4, n. 3, p. 336-360, 2004. Disponível em: https://onlinelibrary.wiley.com/doi/abs/10.1111/j.1471-0366.2004.00082.x. Acesso em: 25 nov. 2019.

LOURENÇO, Andréia V.; REIS, Cleoson M. dos; VOLKMER, Gabriele; WITTE, Júlia R.; CARVALHO, Natan F. de. Desenvolvimento sustentável e agroecologia. *In*: DAL SOGLIO, Fábio; KUBO, Rumi R. (org.). **Desenvolvimento, agricultura e sustentabilidade**. Porto Alegre: UFRGS, 2016. p. 39-56. (Série Ensino, Aprendizagem e Tecnologias). Disponível em: http://www.ufrgs.br/cursopgdr/downloadsSerie/derad105.pdf. Acesso em: 23 dez. 2020.

MACHADO, Gustavo Bittencourt. **Multifuncionalidade da agricultura familiar:** a diversificação das atividades no sertão semiárido da Bahia, Brasil. Curitiba: CRV, 2020. 358p.

MALUF, Renato S. O enfoque da multifuncionalidade da agricultura: aspectos analíticos e questões de pesquisa. *In:* LIMA, Dalmo M. de A.; WILKINSON, John (org.). **Inovação nas tradições da agricultura familiar**. Brasília, DF: CNPq; Paralelo 15, 2002. p. 301-328.

MALUF, Renato S. A multifuncionalidade da agricultura na realidade rural brasileira. *In*: CARNEIRO, Maria J.; MALUF, Renato S. (org.). **Para além da produção:** multifuncionalidade e agricultura familiar. Rio de Janeiro: Mauad X, 2003. Cap. 8.

MARAFON, Glaucio J. Principais transformações em curso no espaço rural na atualidade. **Revista Geográfica de America Central**, Heredia, Costa Rica, v. 2, Número Especial, p. 69- 84, jan./jun. 2011. Disponível em: https://www.redalyc.org/pdf/4517/451744686002.pdf. Acesso em: 23 dez. 2020.

MARCONI, Marina A.; LAKATOS, Eva M. **Metodologia Científica**. 4. ed. São Paulo: Atlas, 2004.

MARCONI, Marina A.; LAKATOS, Eva M. **Fundamentos da metodologia científica**. 3. ed. São Paulo: Atlas, 2006.

MARCONI, Marina A.; LAKATOS, Eva M. **Fundamentos da metodologia científica**. 8. ed. São Paulo: Atlas, 2017.

MARTINS, José de S. As hesitações do Moderno e as contradições da Modernidade no Brasil. *In:* MARTINS, José de S. **A sociabilidade do homem simples:** cotidiano e história na modernidade anômala. 3. ed. São Paulo: Contexto, 2015. p. 17-50.

MARTINS, José de S. **Os camponeses e a política no Brasil:** as lutas sociais no campo e seu lugar no processo político. 5. ed. Petrópolis: Vozes, 1995.

MARTINEZ, Paulo. **Reforma agrária:** questão de terra ou de gente. São Paulo: Moderna, 1987.

MATTEI, Lauro. Questão agrária, desenvolvimento e a pertinência da reforma agrária no Brasil contemporâneo. *In*: MATTEI, Lauro (org.). **A questão agrária no desenvolvimento brasileiro contemporâneo**. Florianópolis, SC: Insular, 2014a.

MATTEI, Lauro. **Pronaf 10 anos:** Mapa da produção acadêmica. Brasília, MDA/NEAD, 2006.

MATTEI, Lauro. O papel e a importância da agricultura familiar no desenvolvimento rural brasileiro contemporâneo. **Revista Econômica do Nordeste - REN**, Fortaleza, CE, v. 45, p. 71-79, 2014b. (Suplemento especial). Disponível em: https://www.researchgate.net/profile/Lauro_Mattei/publication/280298771_O_PAPEL_E_A_IMPOR TANCIA_DA_AGRICULTURA_FAMILIAR_NO_DESENVOLVIMENTO_RURAL_BRASILEIR O_CONTEMPORANEO/links/589b676ca6fdcc754174197f/O-PAPEL-E-A-IMPORTANCIA-DA- AGRICULTURA-FAMILIAR-NO-DESENVOLVIMENTO-RURAL-BRASILEIRO-CONTEMPORANEO.pdf. Acesso em: 23 dez. 2020.

MATTEI, Lauro. A reforma agrária brasileira: evolução do número de famílias assentadas no período pós-redemocratização do país. **Estudos Sociedade e Agricultura**, Rio de Janeiro, v. 20, n. 1, p. 301-325, abr./set. 2012. Disponível em: https://revistaesa.com/ojs/index.php/esa/article/view/356. Acesso em: 23 dez. 2020.

MEDEIROS, Leonilde S.; LEITE, Sérgio P. **A Formação dos assentamentos rurais no Brasil** – processos sociais e políticas públicas. Porto Alegre: UFRGS, 1999.

MEDEIROS, Leonilde S.; LEITE, Sérgio P. Assentamentos rurais e mudanças locais uma introdução ao debate. *In*: MEDEIROS, Leonilde S.; LEITE, Sérgio P. (org.). **Assentamentos Rurais:** mudança social e dinâmica regional. Rio de Janeiro: Maud, 2004. p. 39-56.

MELO, Roseli F.; VOLTOLINI, Tadeu V. (ed.). **Agricultura familiar dependente de chuva no Semiárido**. Brasília, DF: Embrapa, 2019. Disponível em: https://ainfo.cnptia.embrapa.br/digital/bitstream/item/204569/1/Agricultura-familiar--dependente-de- chuva-no-semiarido-2019.pdf. Acesso em: 21 dez. 2020.

MILANI, Carlos R. S. Nem cola, nem lubrificante sociológico, mas campo eletro-magnético: as metáforas do Capital Social no campo do desenvolvimento local. **REDES – Revista do Desenvolvimento Regional**, Santa Cruz do Sul, RS, v. 12, n.1, p. 195-224, jan./abr. 2007. Disponível em: https://www.redalyc.org/pdf/5520/552056858010.pdf. Acesso em: 23 dez. 2020.

MILAGRES, Fabiano C. **Geografia dos assentamentos rurais do Território de Araguatins/TO.** Tocantins, 2018.

MINISTÉRIO DA AGRICULTURA, PECUÁRIA E ABASTECIMENTO – MAPA. **Agricultura familiar**. Brasília, DF, maio 2020. Disponível em: https://www.gov.br/agricultura/pt-br/assuntos/agricultura-familiar/agricultura-familiar-1. Acesso: 15 out. 2020.

MORIN, Edgar. **A via para o futuro da humanidade**. Tradução de Edgard de Assis Carvalho e Mariza Perassi Bosco. 2. ed. Rio de Janeiro: Bertrand Brasil, 2015.

MORAES, Emanuel de. **Industrialização e Reforma Agrária**. [*S.l.*]: Editora do Autor, 1960.

MORUZZI MARQUES, Paulo E.; FLEXOR, Georges. Conselhos Municipais e Políticas Públicas de Desenvolvimento Rural: questões em torno do debate sobre os papéis sociais e ambientais da agricultura. **Cadernos do CEAM**, Brasília, DF, v. 7, p. 45-66, 2007.

MURDOCH, Jonathan. Networks – a new paradigm for rural development? **Journal of Rural Studies**, [*s. l.*], n. 16, p. 407-419, 2000. Disponível em: https://www.sciencedirect.com/science/article/abs/pii/S074301670000022X. Acesso em: 25 nov. 2019.

NASCIMENTO, Elimar P. do. Trajetória da sustentabilidade: do ambiental ao social, do social ao econômico. **Estudos Avançados**, São Paulo, v. 26, n.74, p. 51-64, jan. 2012. Disponível em: http://www.revistas.usp.br/eav/article/view/10624. Acesso em: 23 dez. 2020.

NAVARRO, Zander. Desenvolvimento rural no Brasil: os limites do passado e os caminhos do futuro. **Estudos Avançados**, São Paulo, v. 15, n. 43, p. 83-100, dez. 2001. Disponível em: http://www.revistas.usp.br/eav/article/view/9825. Acesso em: 22 nov. 2019.

NUSSBAUM, Martha. **Woman and Human Development:** the capabilities approach. Cambridge: Cambridge University Press, 2000.

OLIVEIRA, Ariovaldo U. de. **Modo de produção capitalista, agricultura e reforma agrária**. São Paulo: FFLCH/Labur, 2007.

ORGANIZAÇÃO DAS NAÇÕES UNIDAS – ONU. **Relatório do Clube de Roma/ Relatório Limites do Crescimento.** [*S. l.*], 1972.

ORGANIZAÇÃO DAS NAÇÕES UNIDAS PARA A ALIMENTAÇÃO E A AGRICULTURA – FAO BRASIL. **Década das Nações Unidas para a Agricultura Familiar**. Brasília, DF, 11 abr. 2019. Disponível em: http://www.fao.org/brasil/noticias/detail- events/pt/c/1190270/. Acesso em: 14 dez. 2020.

OIZEN, U. Reflections on the principles of sustainble agricultural development. **Enviromental Conservation**, Berlim, v. 20, p. 310-316, 1993.

PAIVA, Ruy M. O mecanismo de autocontrole no processo de expansão da melhoria técnica da agricultura. **Revista Brasileira de Economia**, Rio de Janeiro, v. 22, n. 3, p. 5-38, jul. 1968. Disponível em: http://bibliotecadigital.fgv.br/ojs/index.php/rbe/article/view/1717/6006. Acesso em: 24 dez. 2020.

PARRA FILHO, Domingos; SANTOS, João A. **Metodologia científica**. 4. ed. São Paulo: Futura, 2001.

PÉREZ, Edelmira. Hacia una nueva visión de lo rural. *In*: GIARRACCA, Norma (org.). **¿Una Nueva Ruralidad en América Latina?** Colección Grupos de Trabajo de CLACSO, Grupo de Trabajo Desarrollo Rural. Buenos Aires, Argentina: CLACSO, jan. 2001. p. 17-29. Disponível em http://biblioteca.clacso.edu.ar/clacso/gt/20100929125458/giarraca.pdf. Acesso em: 22 nov. 2019.

PLOEG, Jan D. van der; RENTING, Henk; BRUNORI, Gianluca; KNICKEL, Karlheinz; MANNION, Joe; MARSDEN, Terry; ROEST, Kees de; SEVILLA-GUZMÁN, Eduardo; VENTURA, Flaminia. Rural development: from practices and policies towards theory. **Sociologia Ruralis**, Oxford, v. 40, n. 4, p. 391-408, Dec. 2002. Disponível em: https://onlinelibrary.wiley.com/doi/abs/10.1111/1467-9523.00156. Acesso em: 22 nov. 2019.

PLOEG, Jan D. van der; MARSDEN, Terry. **Unfolding webs:** the dynamics of regional rural development. Assen-The Netherlands: Van Gorcum, 2008. Disponível em: https://edepot.wur.nl/358298. Acesso em: 22 nov. 2019.

RAFFESTIN, Claude. **Por uma geografia do poder**. Tradução de Maria Cecília França. São Paulo: Ática, 1993. Disponível em: https://docs.google.com/viewer?a=-

v&pid= sites&srcid=ZGVmYXVsdGRvbWFpbnxib2RlZ2FkYWdlb2dyYWZpYXx-neDo0YWRmYzJ kODk1NTg4MmIz. Acesso em: 22 nov. 2019.

RICHARDSON, Roberto Jarry. **Pesquisa social:** métodos e técnicas. São Paulo: Atlas, 1999.

ROCHA, Maria R. T. da. **A Rede Sociotécnica do Babaçu no Bico do Papagaio (TO):** dinâmicas das Relações Sociedade-Natureza e Estratégias de Reprodução Social Agroextrativista. 2011. Tese (Doutorado em Desenvolvimento Rural) – Faculdade de Ciências Econômicas, Universidade Federal do Rio Grande do Sul. Porto Alegre, 2011. Disponível em: http://www.ufrgs.br/temas/teses/2011_MARIA_REGINA_TEIXEIRA_DA_ROCHA.pdf Acesso em: 20 dez. 2020.

RODRIGUES, José de A. O papel da agricultura no processo de desenvolvimento econômico e as políticas governamentais para o setor agrícola. **Revista de Administração Pública**, Rio de Janeiro, v. 12, n. 3, p. 9-37, jul./set. 1978. Disponível em: http://bibliotecadigital.fgv.br/ojs/index.php/rap/article/view/7466. Acesso em: 22 nov. 2019.

ROMEIRO, Adhemar; GUANZIROLI, Carlos; PALMEIRA, Moacir; LEITE, Sérgio. **Reforma agrária:** produção emprego e renda, o relatório da FAO em debate. Petrópolis, RJ: Vozes, 1994.

ROMEIRO, Ademar R. Introdução: economia ou economia política da sustentabilidade. *In:* MAY, Peter H.; LUSTOSA, Maria C.; VINHA, Valeria da. **Economia do meio ambiente:** teoria e prática. 2. ed. Rio de Janeiro: Campus, 2003. p. 3-14.

RUIZ, João Álvaro. **Metodologia científica:** guia para eficiência nos estudos. 4. ed. São Paulo: Atlas, 1996.

SABOURIN, Eric. Multifuncionalidade da agricultura e manejo de recursos naturais: alternativas a partir do caso semiárido brasileiro. **Tempo da Ciência**, Brasília, DF, v. 15, n. 29, p. 9-27, 1º sem. 2008. Disponível em: https://e-revista.unioeste.br/index.php/tempodaciencia/article/view/1967. Acesso em: 28 jan. 2022.

SACHS, Ignacy. **Desenvolvimento:** includente, sustentável e sustentado. Rio de Janeiro: Garamond, 2008.

SADER, Maria R.C. de T. **Espaço e luta no Bico do Papagaio**. 1986. Tese (Doutorado em Geografia) – Faculdade de Filosofia, Letras e Ciências Humanas, Universidade de São Paulo, 1987. Disponível em: https://repositorio.usp.br/item/000719694. Acesso em: 24 dez. 2020.

SANTOS, José V. T. dos. Conflitos agrários e violência no Brasil: agentes sociais, lutas pela terra e reforma agrária. *In:* SEMINARIO INTERNACIONAL, 2000, Bogotá, Colômbia. **Anais** [...]. Bogotá, Colômbia: Pontificia Universidad Javeriana, 2000. (Coleccion: Facultad de Estudios Ambientales y Rurales - FEAR/PUJ). Disponível em: http://biblioteca.clacso.edu.ar/Colombia/fear-puj/20190731032930/tavares.pdf. Acesso em: 22 nov. 2019.

SANTOS, Milton. O retorno do território. *In:* SANTOS, Milton; SOUZA, Maria A. A. de; SILVEIRA, María L. (org.). **Território:** Globalização e Fragmentação. São Paulo: Hucitec, 1994. p. 15-20. Disponível em: https://bdpi.usp.br/item/001441243. Acesso em: 22 nov. 2019.

SANTOS, Milton. **Metamorfose do espaço habitado.** São Paulo: Hucitec, 1998.

SANTOS, Milton. O papel ativo da Geografia: um manifesto. *In:* ENCONTRO NACIONAL DE GEÓGRAFOS, 12., 2000. Florianópolis. **Anais** [...]. Florianópolis, SC, 2000. Disponível em: http://miltonsantos.com.br/site/wp-content/uploads/2011/08/O-papel-ativo-da-geografia- um- manifesto_MiltonSantos-outros_julho2000.pdf. Acesso em: 25 nov. 2019.

SANTOS, Milton. **Por uma outra globalização (do pensamento único à consciência universal).** Rio de Janeiro: Record, 2001.

SANTOS, M. **O dinheiro e o território.** In: MILTON, M. et al. (org.).Território, territórios: Ensaio sobre o ordenamento territorial. Rio de Janeiro: Lamparina, 2011. p. 13-21.

SANTOS, Milton. **Por uma Geografia Nova**. São Paulo: Hucitec, Edusp, 2002.
SAQUET, Marcos A. Campo-Território: considerações teórico-metodológicas. **Campo-Território - Revista de Geografia Agrária**, Uberlândia, MG, v. 1, n. 1, p. 60-81, fev. 2006. Disponível em: https://www.docsity.com/pt/campo-territorio-consideracoes-teorico- metodologicas/4774513/. Acesso em: 22 nov. 2019.

SAQUET, Marcos A. **Abordagem e concepções de território**. 2. ed. São Paulo: Expressão Popular, 2010.

SAUER, Sérgio. O significado dos assentamentos de reforma agrária no Brasil. *In:* FRANÇA, Caio G. de; SPAROVEK, Gerd (coord.). **Assentamentos em Debate**. Brasília, DF: MDA/NEAD, 2005. p. 57-74. (Coleção NEAD Debate, n. 8). Disponível em: http://repiica.iica.int/docs/B0423p/B0423p.pdf. Acesso em: 28 jan. 2022.

SCHMITT, Cláudia J. Redes, atores e desenvolvimento rural: perspectivas na construção de uma abordagem relacional. **Sociologias**, Porto Alegre, ano 13, n. 27, p. 82-112, maio/ago. 2011. Disponível em: http://www.seer.ufrgs.br/index.php/sociologias/article/ view/22438/13011. Acesso em: 14 jun. 2019.

SCHNEIDER, Sérgio. **A pluriatividade na agricultura familiar**. Porto Alegre: UFRGS, 2003.

SCHNEIDER, Sérgio. A abordagem territorial do desenvolvimento rural e suas articulações externas. **Sociologias**, Porto Alegre, v. 6, n. 11, p. 88-125, jan./jun. 2004. Disponível em: https://lume.ufrgs.br/handle/10183/19820. Acesso em: 22 nov. 2019.

SCHNEIDER, Sérgio; MATTEI, Lauro; CAZELLA, Ademir A. Histórico, caracterização e dinâmica recente do PRONAF – Programa Nacional de Fortalecimento da Agricultura Familiar. *In*: SCHNEIDER, Sérgio; SILVA, Marcelo K.; MORUZZI--MARQUES, Paulo E. (org.). **Políticas Públicas e Participação Social no Brasil Rural**. Porto Alegre: UFRGS, 2004. p. 21-50.

SCHNEIDER, Sérgio; TARTARUGA, Iván G. P. Do território geográfico à abordagem territorial do desenvolvimento rural. *In:* MANZANAL, Mabel; NEIMAN, William; LATTUADA, Mario (org.). **Desenvolvimento Rural**. Organizações, Instituições e Território. Buenos Aires: Ciccus, 2006. p. 18-42.

SCHNEIDER, Sérgio. Introdução. *In:* SCHNEIDER, Sérgio (org.). **A diversidade da agricultura familiar**. Porto Alegre: UFRGS, 2006. p. 18.

SCHNEIDER, Sérgio; GAZOLLA, Márcio. Os atores entram em cena. *In*: SCHNEIDER, Sérgio; GAZOLLA, Márcio (org.). **Os atores do desenvolvimento rural:** perspectivas teóricas e práticas sociais. Porto Alegre: UFRGS, 2011. p. 11-17. Disponível em: https://lume.ufrgs.br/handle/10183/232404?locale=-attribute-pt_BR. Acesso em: 28 jan. 2022.

SCHUMPETER, Joseph Alois. **Teoria do desenvolvimento econômico:** uma investigação sobre lucros, capital, crédito, juro e o ciclo econômico. São Paulo: Abril Cultural, 1982.

SCOLESE, Eduardo. **A Reforma Agrária**. São Paulo: Publifolha, 2005.

SCOPINHO, Rosemeire A. **Processo organizativo de assentamentos rurais:** trabalho, condições de vida e subjetividades. São Paulo: Annablume, 2012.

SERVIÇO BRASILEIRO DE APOIO ÀS MICRO E PEQUENAS EMPRESAS-SEBRAE. - **Portal Sebrae,** Tocantins, 2021. Disponível em: https://www.sebrae.com.br/sites. Acesso em: 10 fev. 2021.

SEN, Amartya K. **Desenvolvimento como liberdade**. Tradução de Laura Teixeira Motta. São Paulo: Companhia das Letras, 2000.

SEN, Amartya K. **Desenvolvimento como liberdade**. Tradução de Laura Teixeira Motta. São Paulo: Companhia das Letras, 2010.

SEN, Amartya K. **A ideia de justiça**. Tradução de Denise Bottmann e Ricardo Doninelli Mendes. São Paulo: Companhia das Letras, 2011.

SEN, Amartya K. **Desigualdade reexaminada**. 3. ed. Tradução de Ricardo Doninelli Mendes. Rio de Janeiro: Record, 2012.

SEVERINO, Antônio J. **Metodologia do trabalho científico**. 23. ed. São Paulo: Atlas, 2007.

SEVILLA GUZMÁN, Eduardo; WOODGATE, Graham. Desarrollo sostenible: de la agricultura industriala la agroecología. *In:* REDCLIFT, Michael; WOODGATE, Graham (coord.). **Sociología del medio ambiente:** una perspectiva internacional. Madrid: McGraw Hill, 2002. p. 77- 96.

SICSÚ, Abraham B.; PEREIRA, José M.; SILVA, Keila S.; MEDEIROS, Sônia M. G. de M. **Mata Sul de Pernambuco:** crises e perspectivas. Recife, PE: FASA, 2002. v. 4.

SILVA, Edna L.; MENEZES, Estera M. **Metodologia da pesquisa e elaboração de dissertação**. 4. ed. Florianópolis, SC: Laboratório de Ensino a Distância da UFSC, 2005. Disponível em: https://tccbiblio.paginas.ufsc.br/files/2010/09/024_Metodologia_de_ pesquisa_e_elaboracao_de_teses_e_dissertacoes1.pdf. Acesso em: 24 dez. 2020.

SILVA, F. J. Graziano da; BALSADI, Otávio V.; BOLLIGER, Flávio P.; BORIN, Maria R.; PARO, Maria R. O Rural Paulista: muito além do agrícola e do agrário. **Revista São Paulo em Perspectiva**, São Paulo, v. 10, n. 2, p. 60-72, 1996. Disponível em: http://produtos.seade.gov.br/produtos/spp/v10n02/v10n02_09.pdf. Acesso em: 24 dez. 2020.

SILVA, F. J. Graziano da. **O que é questão agrária**. 11. ed. São Paulo: Brasiliense, 1985. (Coleção Primeiros Passos).

SILVEIRA, Miguel A. Multifuncionalidade da agricultura familiar em Araras (SP) e os desafios à pesquisa agropecuária. *In*: CARNEIRO, Maria J.; MALUF, Renato S. (org.). **Para além da produção:** multifuncionalidade e agricultura familiar. Rio de Janeiro: MAUAD, 2003. p. 123-134.

SINDICATO DOS TRABALHADORES E TRABALHADORAS RURAIS DE ARAGUATINS. Araguatins, TO. Disponível em: https://ne-np.facebook.com/pg/Sindicato- Dos-Trabalhadores-E-trabalhadoras-Rurais-1840029692875992/posts/?ref=page_internal. Acesso em: 24 dez. 2020.

SOARES, Adriano C. A multifuncionalidade da agricultura familiar. **Revista Proposta**, Rio de Janeiro, n. 87, p. 40-49, dez. 2000; fev./2001. Disponível em: https://fase.org.br/wp- content/uploads/2016/07/Proposta-Revista-Trimestral--de-Debate-da-Fase-n%C2%BA-87- 2001-02.pdf. Acesso em: 23 nov. 2019.

SOUZA, Nali de J. de. **Desenvolvimento econômico**. 6. ed. São Paulo: Atlas, 2012.

SPIEGEL, Murray R. **Estatística**. 3. ed. São Paulo: McGraw-Hill, 1993. (Coleção Schaum).

SPANEVELLO, Rosani M. **A dinâmica sucessória na agricultura familiar**. 2006. 236 f. Tese (Doutorado em Desenvolvimento Rural) – Faculdade de Ciências e Econômicas, Universidade Federal do Rio Grande do Sul, Porto Alegre, 2006. Disponível em: https://www.lume.ufrgs.br/bitstream/handle/10183/16024/000660556.pdf?sequence=1. Acesso em: 29 dez. 2020.

SPANEVELLO, Rosani M.; DREBES, Laila M.; LAGO, Adriano. A influência das ações cooperativistas sobre a reprodução social da agricultura familiar e seus reflexos sobre o desenvolvimento rural. *In.*: CIRCUITO DE DEBATES ACADÊMICOS - IPEA, 1., 2011, Brasília. **Anais** [...]. Brasília, DF: Ipea, 2011. Disponível em: https://www.ipea.gov.br/code2011/chamada2011/pdf/area7/area7-artigo58.pdf. Acesso em: 11 fev. 2021.

STÉDILE, João P. **A questão agrária no Brasil**. Coordenação de Wanderley Loconte. São Paulo: Atual, 1997.

SCHUTZ, Alfred. **Fenomenologia e relações sociais**. Organização e introdução de Helmut R. Wagner. Zahar: Rio de Janeiro, 1979, 319 p.

TAVARES, Luís A. As fronteiras físicas do espaço rural – uma concepção normativa- demográfica. **Revista RA'EGA - O espaço geográfico em análise**, Curitiba,

PR, n. 7, p. 33-46, 2003. Disponível em: https://revistas.ufpr.br/raega/article/view/3349. Acesso em: 26 dez. 2020.

TEDESCO, João C. **Terra, trabalho e família:** racionalidade produtiva e ethos camponês. 1. ed. Passo Fundo, RS: Editora da UPF,1999. v. 1.

TERRAS indígenas no Brasil. Instituto Socioambiental. Programa de Monitoramento de Áreas Protegidas. **Terra indígena Apinayé**, Tocantins, [2019]. Disponível em: https://terrasindigenas.org.br/pt-br/terras-indigenas/3584. Acesso em: 30 nov. 2019.

TIZON, Philippe. Le territoire au quotidien. *In:* DI MÉO, Guy. **Les territoires du quotidien**. Paris: L'Harmattan, 1995. p. 17-40.

TOFFLER, Alvin. **A Terceira Onda**. 19. ed. Rio de Janeiro: Record, 1993.

TORTOSA BLASCO, José M. **Maldesarrollo y mal vivir:** Pobreza y violencia a escala mundial. 1. ed. Quito, Ecuador: Ediciones Abya-Yala, 2011.

TUAN, Yi-Fu. **Espaço e lugar:** a perspectiva da experiência. Tradução de Lívia de Oliveira. São Paulo: DIFEL, 1983.

TURRA, Fabianne R.; SANTOS, Flávio E. de G.; COLTURATO, Luiz C. **Associações e Cooperativas**. Brasília, DF: Serviço Nacional de Aprendizagem do Cooperativismo - SESCOOP, 2002. Disponível em: https://pt.slideshare.net/corevisa/curso-noes-de-cooperativismo.Acesso em: 11 fev. 2021.

URRUTIA, Jaime. Território, identidade e mercado. *In:* RANABOLDO, Claudia; SCHEJTMAN, Alexander (ed.). **El valor del patrimonio cultural:** territorios rurales, experiencias y proyecciones latinoamericanas. Lima, Peru: IPE; RIMISP, 2009. p. 9-12. Disponível em: http://www.rimisp.org/wp-content/files_mf/1367521220 Valor_patrimonio_cultural.pdf. Acesso em: 26 dez. 2020.

VEIGA, José E. da. **O que é Reforma Agrária**. São Paulo: Abril; Cultura: Brasiliense, 1984. (Coleção Primeiros Passos).

VEIGA, José E. da; EHLERS, Eduardo. Diversidade biológica e dinamismo econômico no meio rural. *In:* MAY, Peter H.; LUSTOSA, Maria C.; VINHA, Valéria da (org.). **Economia do Meio Ambiente:** teoria e prática. 5. ed. Rio de Janeiro: Elsevier, 2003. p. 271-290.

VEIGA, José E. da. **Desenvolvimento sustentável:** o desafio do século XXI. 2. ed. Rio de Janeiro: Garamond, 2005.

WANDERLEY, Maria N. B. Raízes históricas do campesinato brasileiro. *In:* TEDESCO, João C. (org.). **Agricultura familiar:** realidades e perspectivas. 2. ed. Passo Fundo, RS: Editora da UPF, 1999. cap. 1, p. 21-55.

WANDERLEY, Maria N. B. Prefácio. *In:* MALUF, Renato S.; CARNEIRO, Maria J. (org.). **Para além da produção:** multifuncionalidade e agricultura familiar. Rio de Janeiro: Mauad X, 2003. p. 9-16.

WANDERLEY, Maria N. B. "Franja Periférica", "pobres do campo', "Camponeses": dilemas da inclusão dos pequenos familiares *In*: DELGADO, Guilherme C. V.; BERGAMASCO, Sonia M. P. P. (org.). **Agricultura familiar brasileira:** desafios e perspectivas de futuro. Brasília, DF: MDA, 2017. p. 66-83.

WEDIG, Josiane C.; RAMOS, João D. D. Povos e comunidades tradicionais: território, práticas e conhecimentos. *In*: DAL SÓGLIO, Fábio; KUBO, Remu R. (org.). **Desenvolvimento, agricultura e sustentabilidade**. 2. ed. Porto Alegre: UFRGS, 2016. p. 57-74. (Série Ensino, Aprendizagem e Tecnologias). Disponível em: http://www.ufrgs.br/cursopgdr/downloadsSerie/derad105.pdf. Acesso em: 2 dez. 2019.

WEISHEIMER, Nilson. **A situação juvenil na agricultura familiar**. 2009. Tese (Doutorado em Sociologia) – Instituto de Filosofia e Ciências Humanas, Universidade Federal do Rio Grande do Sul, Porto Alegre, 2009. Disponível em: https://www.lume.ufrgs.br/handle/10183/15908. Acesso em: 11 fev. 2021.

WEITZ, Raanan. **Desenvolvimento Rural Integrado**. Fortaleza, CE: Banco do Nordeste do Brasil, 1979.

# APÊNDICES

Quadro 1 – A lista das capacidades centrais

| | | |
|---|---|---|
| 1 | Vida | Ser capaz de viver até o fim de uma vida humana de duração normal; não morrendo prematuramente, ou antes que a vida de alguém seja tão reduzida que não valha a pena ser vivida. |
| 2 | Saúde corporal | Ser capaz de ter boa saúde, incluindo saúde reprodutiva; estar adequadamente nutrido; ter abrigo adequado. |
| 3 | Integridade corporal | Ser capaz de se movimentar livremente de um lugar para outro; ter os limites corporais tratados como soberanos, ou seja, ser capaz de estar seguro contra agressões, incluindo agressão sexual, abuso sexual infantil e violência doméstica; ter oportunidades de satisfação sexual e de escolha em questões de reprodução. |
| 4 | Sentidos, imaginação e pensamento | Ser capaz de usar os sentidos, imaginar, pensar e raciocinar – e fazer essas coisas de uma forma "verdadeiramente humana", uma forma informada e cultivada por uma educação adequada, incluindo, mas de forma alguma limitada a, alfabetização e formação matemática e científica básica. Ser capaz de usar a imaginação e o pensamento em conexão com a experiência e produção de obras e eventos auto expressivos de sua própria escolha, religiosos, literários, musicais e assim por diante. Ser capaz de usar a mente de forma protegida por garantias de liberdade de expressão no que diz respeito ao discurso político e artístico, e à liberdade de exercício religioso. Ser capaz de buscar o sentido último da vida à sua maneira. Poder ter experiências prazerosas e evitar dores desnecessárias. |
| 5 | Emoções | Ser capaz de ter apegos a coisas e pessoas fora de nós; amar aqueles que nos amam e cuidam de nós, lamentar a sua ausência; em geral, amar, lamentar, sentir saudade, gratidão e raiva justificada. Não ter o desenvolvimento emocional prejudicado por medo e ansiedade avassaladores, ou por eventos traumáticos de abuso ou negligência. (Apoiar esta capacidade significa apoiar formas de associação humana que podem ser demonstradas como cruciais para o seu desenvolvimento.) |
| 6 | Razão prática | Ser capaz de formar uma concepção do bem e de se engajar na reflexão crítica sobre o planejamento da própria vida. (Isso implica proteção para a liberdade de consciência.) |

| | | |
|---|---|---|
| 7 | Afiliação | A) Ser capaz de conviver com e em relação aos outros, de reconhecer e mostrar preocupação pelos outros seres humanos, de se envolver em diversas formas de interação social; ser capaz de imaginar a situação do outro e ter compaixão por essa situação; ter a capacidade tanto para a justiça quanto para a amizade. (Proteger esta capacidade significa proteger as instituições que constituem e alimentam tais formas de afiliação, e também proteger a liberdade de reunião e de expressão política.) B) Ter as bases sociais do respeito próprio e da não-humilhação; poder ser tratado como um ser digno cujo valor é igual ao dos outros. Isto implica, no mínimo, proteções contra a discriminação com base na raça, sexo, orientação sexual, religião, casta, etnia ou origem racional.) No trabalho, ser capaz de trabalhar como ser humano, exercer a razão prática e entrar em relações significativas de reconhecimento mútuo com outros trabalhadores. |
| 8 | Outras espécies | Ser capaz de viver com preocupação e em relação aos animais, às plantas e ao mundo da natureza. |
| 9 | Jogar | Poder rir, brincar, desfrutar de atividades recreativas |
| 10 | Controle sobre o ambiente | Político. Ser capaz de participar efetivamente nas escolhas políticas que regem a própria vida; ter o direito de participação política, proteções à liberdade de expressão e associação. B. Materiais. Ser capaz de deter propriedades (tanto terras como bens móveis), não apenas formalmente, mas em termos de oportunidades reais; e ter direitos de propriedade em igualdade de condições com os outros; ter o direito de procurar emprego em condições de igualdade com os outros; estar livre de busca e apreensão injustificadas. |

# APÊNDICE A

# PARECER DO COEP/UNIVATES

UNIVERSIDADE DO VALE DO
TAQUARI - UNIVATES

## PARECER CONSUBSTANCIADO DO CEP

**DADOS DO PROJETO DE PESQUISA**

**Título da Pesquisa:** MULTIFUNCIONALIDADE DA AGRICULTURA FAMILIAR E A PROMOÇÃO DO DESENVOLVIMENTO:ESTUDO DE CASO NOS ASSENTAMENTOS RURAIS NO MUNICÍPIO DE ARAGUATINS/TO

**Pesquisador:** ERICA RIBEIRO DE SOUSA SIMONETTI

**Área Temática:**

**Versão:** 2

**CAAE:** 39876220.9.0000.5310

**Instituição Proponente:** FUNDACAO VALE DO TAQUARI DE EDUCACAO E DESENVOLVIMENTO

**Patrocinador Principal:** Financiamento Próprio

**DADOS DO PARECER**

**Número do Parecer:** 4.417.744

**Apresentação do Projeto:**

As comunidades rurais e as mudanças nas relações sociais, ambientais e econômicas têm trazido novas reflexões, com o desafio de entender o novo desenvolvimento rural, como um processo em plena mutação, em que é necessário abandonar a visão anacrônica e reducionista como apenas agrícola, insuficiente para explicar a realidade com particularidades, tais como: a reforma agrária, a produção familiar, a transformação da paisagem rural, a multifuncionalidade, a finalidade desse novo desenvolvimento, que é a promoção e a melhoria das condições de vida das famílias rurais. A noção de desenvolvimento aplicada a um corte territorial (assentamentos rurais) é uma realidade complexa, mas com consenso a respeito de quais aspectos deveriam ser contemplados. A abordagem da multifuncionalidade se distancia das outras por valorizar as características do rural e concomitantemente agrícola e as suas outras contribuições. Sendo assim, é objetivo geral deste Projeto de Qualificação de Tese analisar a função da multifuncionalidade da agricultura e sua influência na promoção do desenvolvimento dos assentamentos rurais do município de Araguatins/TO. Diante desse contexto surge a problemática da pesquisa que terá como fundamento as variáveis: desenvolvimento rural, multifuncionalidade da agricultura e os assentamentos da região de Araguatins: como a multifuncionalidade ajuda a promover o desenvolvimento nos assentamentos rurais no território de Araguatins/TO? A pesquisa terá abordagem qualitativa e quantitativa, bem como descritiva, exploratória, com recurso técnico de

**Endereço:** Rua Avelino Tallini, 171 - Sala 309 - Prédio 01
**Bairro:** Bairro Universitário **CEP:** 95.914-014
**UF:** RS **Município:** LAJEADO
**Telefone:** (51)3714-7000 **Fax:** (51)3714-7001 **E-mail:** coep@univates.br

UNIVERSIDADE DO VALE DO TAQUARI - UNIVATES

Continuação do Parecer: 4.417.744

pesquisa bibliográfica, estudo de caso e de campo, cuja amostra da investigação contemplará 21 assentamentos, totalizando 63 famílias assentadas.
Hipótese: As possíveis respostas para o problema de pesquisa são estas:Hipótese 1: A multifuncionalidade da agricultura familiar nos assentamentos gera externalidades positivas, promove a segurança alimentar, a preservação da paisagem rural, garantindo, assim, um desenvolvimento rural sustentável.
Metodologia Proposta: A amostra, que é então chamada de amostragem aleatória. Essa amostra aleatória pode processar-se num sorteio ou outro método equivalente. Assim, a forma de amostragem adotada será sorteio, a pesquisa será realizado nos 21 assentamentos, sendo que em cada assentamento serão sorteado 3 famílias de forma aleatória e de acordo com a disponibilidade para participarem da entrevista. A amostra será de 63 famílias. Recrutamento dos entrevistados/ As entrevistas: Elas ocorrerão nos assentamentos na feira de economia solidária, o contato com o público alvo será feito por intermédio da Comissão Organizadora da Feira de Economia Solidária e da agricultura familiar (Ecosol) de Araguatins- TO, Portaria Gab/ no 018/2019, no qual possuem relação dos feirantes, e os que são moradores dos assentamentos de Araguatins-TO. De acordo com a disponibilidade dos pesquisados. O texto acima foi extraído do arquivo "PB_INFORMAÇÕES_BÁSICAS_DO_PROJETO_1597077.pdf" constante na Plataforma Brasil e apresentado ao Coep/Univates para apreciação ética conforme determina a Resolução/CNS 466/2012.

**Objetivo da Pesquisa:**
Investigar qual o tipo de desenvolvimento e como as função da multifuncionalidade da agricultura familiar influencia na promoção do desenvolvimento sustentável dos assentamentos rurais do município de Araguatins/TO. O texto acima foi extraído do arquivo "PB_INFORMAÇÕES_BÁSICAS_DO_PROJETO_1597077.pdf" constante na Plataforma Brasil e apresentado ao Coep/Univates para apreciação ética conforme determina a Resolução/CNS 466/2012.

**Avaliação dos Riscos e Benefícios:**
Os riscos previsíveis apresentados são adequados a metodologia proposta na pesquisa. Os benefícios decorrentes da pesquisa estão adequadamente descritos, incluindo o retorno dos resultados e benefícios para os pesquisados e as comunidades envolvidas

**Comentários e Considerações sobre a Pesquisa:**
A pesquisa está bem delineada do ponto de vista ético, apresentando descrição da forma de

**Endereço:** Rua Avelino Tallini, 171 - Sala 309 - Prédio 01
**Bairro:** Bairro Universitário **CEP:** 95.914-014
**UF:** RS **Município:** LAJEADO
**Telefone:** (51)3714-7000 **Fax:** (51)3714-7001 **E-mail:** coep@univates.br

UNIVERSIDADE DO VALE DO TAQUARI - UNIVATES 

Continuação do Parecer: 4.417.744

recrutamento dos participantes, informações sobre o local de realização das várias etapas da pesquisa e qual a infra-estrutura será utilizada.

**Considerações sobre os Termos de apresentação obrigatória:**

Foram apresentados ao Coep/Univates os documentos listados abaixo, estando todos de acordo com a Resolução/CNS 466/2012:

- Folha de Rosto.
- Carta de Anuência da Instituição Co-participante.
- TCLE.
- Instrumento de pesquisa / questionário / roteiro de conversa.

**Conclusões ou Pendências e Lista de Inadequações:**

Este projeto foi avaliado conforme texto disponibilizado na PLATAFORMA BRASIL, nos caches da página, o projeto original não foi acessado.

**Considerações Finais a critério do CEP:**

**Este parecer foi elaborado baseado nos documentos abaixo relacionados:**

| Tipo Documento | Arquivo | Postagem | Autor | Situação |
|---|---|---|---|---|
| Informações Básicas do Projeto | PB_INFORMAÇÕES_BÁSICAS_DO_PROJETO_1597077.pdf | 19/11/2020 10:00:14 | | Aceito |
| TCLE / Termos de Assentimento / Justificativa de Ausência | TCL.pdf | 19/11/2020 09:38:28 | ERICA RIBEIRO DE SOUSA SIMONETTI | Aceito |
| Outros | Ecosol2.docx | 04/11/2020 07:51:19 | ERICA RIBEIRO DE SOUSA SIMONETTI | Aceito |
| Outros | portaria.pdf | 01/11/2020 08:26:46 | ERICA RIBEIRO DE SOUSA SIMONETTI | Aceito |
| Outros | instrumento.docx | 29/10/2020 09:19:39 | ERICA RIBEIRO DE SOUSA SIMONETTI | Aceito |
| Folha de Rosto | ERICA.pdf | 03/08/2020 16:47:10 | ERICA RIBEIRO DE SOUSA SIMONETTI | Aceito |
| Projeto Detalhado / Brochura Investigador | Projeto.docx | 17/07/2020 10:15:36 | ERICA RIBEIRO DE SOUSA SIMONETTI | Aceito |

**Situação do Parecer:**

Aprovado

**Endereço:** Rua Avelino Tallini, 171 - Sala 309 - Prédio 01
**Bairro:** Bairro Universitário **CEP:** 95.914-014
**UF:** RS **Município:** LAJEADO
**Telefone:** (51)3714-7000 **Fax:** (51)3714-7001 **E-mail:** coep@univates.br

UNIVERSIDADE DO VALE DO TAQUARI - UNIVATES

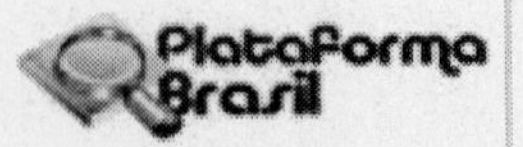


Continuação do Parecer: 4.417.744

**Necessita Apreciação da CONEP:**
Não

LAJEADO, 24 de Novembro de 2020

---

**Assinado por:**
**Ivan Cunha Bustamante Filho**
**(Coordenador(a))**

**Endereço:** Rua Avelino Tallini, 171 - Sala 309 - Prédio 01
**Bairro:** Bairro Universitário **CEP:** 95.914-014
**UF:** RS **Município:** LAJEADO
**Telefone:** (51)3714-7000 **Fax:** (51)3714-7001 **E-mail:** coep@univates.br

# APÊNDICE B

## TERMO DE CONSENTIMENTO LIVRE E ESCLARECIDO (TCLE)

Prezado participante,

"Você está sendo convidado(a) a participar da pesquisa **Multifuncionalidade Da Agricultura Familiar E A Promoção Do Desenvolvimento: Estudo De Caso Nos Assentamentos Rurais No Município De Araguatins/TO**, desenvolvida pela

pesquisadora Erica Ribeiro de Sousa Simonetti, discente de Doutorado em Ambiente e Desenvolvimento, área de concentração Espaço e Problemas Socioambientais da Universidade do Vale do Taquari - Univates, sob orientação da Professora Dr.ª Júlia Elisabete Barden.

**O objetivo central**

O objetivo central do estudo é: Investigar qual o tipo de desenvolvimento e como as funções da multifuncionalidade da agricultura familiar influencia na promoção do desenvolvimento sustentável dos assentamentos rurais do município de Araguatins/TO

**Por que o participante está sendo convidado (critério de inclusão)**

O convite a sua participação se deve ao fato de ser morador (a) de assentamentos rurais de Araguatins -TO

"Sua participação é voluntária, isto é, ela não é obrigatória, e você tem plena autonomia para decidir se quer ou não participar, bem como retirar sua participação a qualquer momento. Você não será penalizado de nenhuma maneira caso decida não consentir sua participação, ou desistir da mesma. Contudo, ela é muito importante para a execução da pesquisa. Serão garantidas a confidencialidade e a privacidade das informações por você prestadas".

**Mecanismos para garantir a confidencialidade e a privacidade**

"Qualquer dado que possa identificá-lo será omitido na divulgação dos resultados da pesquisa, e o material será armazenado em local seguro". "A qualquer momento, durante a pesquisa, ou posteriormente, você poderá solicitar da pesquisadora informações sobre sua participação e/ou sobre a pesquisa, o que poderá ser feito através dos meios de contato explicitados neste Termo".

**Procedimentos detalhados que serão utilizados na pesquisa**

"A sua participação consistirá em responder perguntas de um roteiro de entrevista/questionário à pesquisadora do projeto. A entrevista somente será gravada se houver autorização do entrevistado(a)".

**Tempo de duração da entrevista**

"O tempo de duração da entrevista é de aproximadamente uma hora, e do questionário aproximadamente trinta minutos".

**Guarda dos dados e material coletados na pesquisa**

"As entrevistas serão transcritas e armazenadas, em arquivos digitais, mas somente terão acesso às mesmas a pesquisadora e sua professora orientadora". Ao final da pesquisa, todo material será mantido em arquivo, por pelo menos 5 anos, conforme Resolução CNS nº 466/12.

**Benefícios indiretos aos participantes da pesquisa**

O benefício indireto relacionado com a sua colaboração nesta pesquisa é os Já esperados ao final desta pesquisa se referem ao melhor entendimento da realidade local, assim, este entendimento poderá servir de base para a elaboração de políticas públicas voltadas para esse assentamento.

**Previsão de riscos ou desconfortos**

Toda pesquisa possui riscos potenciais. Maiores ou menores, de acordo com o objeto de pesquisa, seus objetivos e a metodologia escolhida. No entanto esta pesquisa não oferece alto risco para você, mas poderá gerar desconforto quando você falar dos problemas existentes no assentamento rural.

**Divulgação dos resultados da pesquisa**

"Os resultados serão divulgados em palestras dirigidas ao público participante, relatórios individuais para os entrevistados, artigos científicos e na tese".

"Em caso de dúvida quanto à condução ética do estudo, entre em contato com o Comitê de Ética em Pesquisa da Univates (Coep/Univates). O Comitê de Ética é a instância que tem por objetivo defender os interesses dos participantes da pesquisa em sua integridade e dignidade e para contribuir no desenvolvimento da pesquisa dentro de padrões éticos. Dessa forma o comitê tem o papel de avaliar e monitorar o andamento do projeto de modo que a pesquisa respeite os princípios éticos de proteção aos direitos humanos, da dignidade, da autonomia, da não maleficência, da confidencialidade e da privacidade.

____________

**Observações:**

Esse termo é redigido em duas vias (não será fornecida cópia ao sujeito, mas sim outra via), sendo uma para o participante e outra para a pesquisadora, todas as páginas deverão ser rubricadas pelo participante da pesquisa e pela pesquisadora responsável, com ambas as assinaturas apostas na última página.

__________________________________________________

Erica Ribeiro de Sousa Simonetti erica.simonetti@ifto.edu.br (Pesquisadora)

**Araguatins -TO __/__/____**

Declaro que entendi os objetivos e condições de minha participação na pesquisa e concordo em participar.

__________________________________________________

(Assinatura do participante da pesquisa)

Nome do participante:__________________________________

# APÊNDICE C

## CHECKLIST ENTREVISTA COM OS ASSENTADOS DE ARAGUATINS/TO

1. **CARACTERIZAÇÃO DOS ASSENTADOS/ COMPOSIÇÃO FAMILIAR**
    1. Entrevistado: Sexo ( ) Masculino ( ) Feminino
    2. Idade?
    3. Qual a sua escolaridade?
    4. Quanto tempo vocês moram no assentamento?
    5. Com o que você trabalha?
    6. Quantas pessoas moram aqui na sua casa?
    7. Quantos trabalham?
2. **RELAÇÕES COM A TERRA/TRAJETÓRIA FAMILIAR**
    8. Onde residia antes de ser assentado? e a principal atividade familiar antes de serem assentados?
    9. A força de trabalho é própria ou contratada?
    10. Como conquistou a terra?
    11. Qual o significado da terra para o Sr(a)?
    12. Quanto à sua atividade, como se descreve? (trabalhador rural, camponês, agricultor familiar, lavrador, assentado).
    13. Já tens o título definitivo?
    14. Tens o desejo de continuar na atividade?
    15. A vida no campo oferece vantagens sobre a vida na cidade? Quais?
    16. Considera a qualidade de vida no assentamento, boa ótima, nem boa nem ruim, piorou?
    17. Qual a motivação em permanecer no assentamento e a desmotivação?

3. **CONDIÇÕES DE INFRAESTRUTURA DO ASSENTAMENTO**

18. Tem água encanada no assentamento?
19. Seus filhos frequentam a escola regularmente?
20. Existe a possibilidade de frequentarem a escola no assentamento ou precisam se deslocar para fora do assentamento?
21. Possui acesso a saúde no assentamento?
22. Tem rede de esgoto no assentamento?
23. Tem energia elétrica?
24. Tem transporte coletivo que permite o deslocamento para fora do assentamento?
25. Considera as estradas de acesso ao assentamento satisfatórias?

4. **REPRODUÇÃO SOCIOECONOMICA DAS FAMILIAS**

26. Todos os membros da família trabalham na produção no assentamento?
27. Qual a sua principal atividade produtiva?
28. Há outra fonte de renda da família (monoativa ou Pluriativa)?
29. Considera a renda suficiente para as necessidades da família?
30. Quanto é a renda média da família?
31. Participa de algum grupo associativo para a comercialização? E para a produção?
32. Os jovens tem suas necessidades básicas atendidas no quesito, escola, saúde e lazer?
33. Os jovens da família possuem a pretensão de permanecerem na atividade?
34. Tem ou já teve acesso a créditos, programas do governo?
35. Tem acesso a assistência técnica? Já teve?
36. Participa de capacitações, cursos?
37. Quais as principais dificuldades na produção?
38. Qual o seu projeto de futuro?

5. **PROMOÇÃO DA SEGURANÇA ALIMENTAR DA SOCIEDADE E DAS PROPRIAS FAMÍLIAS RURAIS**

    39. Considera a produção no assentamento satisfatória para o sustento da família?
    40. Considera os hábitos alimentares da família saudáveis?
    41. Tem receio de faltar alimentos para a família?
    42. Que percentual de gêneros alimentícios a família necessita comprar?
    43. Qual o valor médio da produção é destinado a comercialização?
    44. Considera adequado as máquinas e equipamentos utilizados na produção?
    45. Quais os canais de comercialização utilizado?
    46. Tem o conhecimento da função social (a importância) da agricultura para a sociedade?

6. **MANUTENÇÃO DO TECIDO SOCIAL E CULTURAL ("vivabilidade")**

    47. Possui relação de sociabilidade com os outros assentados?
    48. Há confiança mutua, camaradagem, troca de informações entre os assentados?
    49. Sua família e/ou a comunidade mantém tradições culturais camponesas (festas religiosas, comidas típicas, festas juninas, folclóricas, costumes e tradição familiar)?
    50. Há produção de artesanato (doces, vinhos, queijos, objetos)

7. **PRESERVAÇÃO DOS RECURSOS NATURAIS E DA PAISAGEM RURAL**

    51. Utilizam na produção condutas técnicas particulares visando dar uma qualidade diferente aos produtos que comercializam (ex: sem uso de venenos)
    52. Considera que ajudam a cuidar da natureza?
    53. Consideram que o solo é de boa qualidade? 54.Utiliza de queimadas para produzir?
    54. Utiliza de técnicas agroecológicas para produzir? plantio direto, rotação de cultura, a adubação verde, rotação de cultura, ou o terraceamento.

55. "Houve alguma mudança na paisagem desde a criação do assentamento? (Percepção das mudanças em três constituintes distintos da paisagem, a vegetação, o solo e as áreas de pastagens)
56. Considera que a destruição de matas foi necessária?
57. Se fosse para passar para uma produção orgânica, qual seria o motivo? (fator econômico, razões ecológicas, filosofia de vida, saúde, desafio técnico)

8. **PRESENÇA DE ATORES SOCIAIS: INSTITUIÇÕES LIDERANÇAS E SUAS AÇÕES**

58. Você identifica alguma liderança no assentamento? Se sim, quais suas ações?
59. Gostaria de ser um líder, possui características de liderança?
60. Se quisesse ser um líder, acha que teria oportunidades no assentamento?
61. Você identifica alguma instituição que auxilie no atendimento de suas necessidades, ex: capacitação técnica, comercialização?
62. Já solicitaram ajuda, foram atendidos?

# APÊNDICE D

## CHECKLIST ENTREVISTA COM OS JOVENS ASSENTADOS DE ARAGUATINS/TO

1. Qual sua idade?
2. Qual sua escolaridade?
3. Você ajuda na lida no campo?
4. Gosta de morar no assentamento?
5. Tens lazer no assentamento? Qual?
6. Tens o desejo de permanecer na propriedade, sucedendo o titular da terra?
7. Qual a desvantagem e vantagem de morar no assentamento?

# APÊNDICE E

## CHECKLIST ENTREVISTA COM O REPRESENTANTE DO IFTO- CAMPUS ARAGUATINS

1. Qual sua função no IFTO?
2. Quais os trabalhos desenvolvidos em prol dos assentamentos?
3. Porque as atividades de extensão se concentram no P.A Maringá e Transaraguaia?
4. Já teve alguma ação em conjunto com outros atores presentes na região com o foco no desenvolvimento dos assentamentos?
5. Quais as dificuldades para o trabalho em conjunto?
6. Quais os entraves para o desenvolvimento rural?
7. Quais as ações atualmente desenvolvidas?

# APÊNDICE F

## CHECKLIST ENTREVISTA COM OS PRESIDENTES DOS ASSENTAMENTOS DE ARAGUATINS/TO

1. Quando foi fundado a associação?
2. Atualmente têm quantos associados?
3. Como é realizado as decisões na associação?
4. Qual o valor da contribuição?
5. Quais as dificuldades enfrentadas?
6. Quais foram as conquistas?
7. Qual o benefício em estar associado?
8. Quais as ações realizadas em prol do desenvolvimento dos assentamentos?
9. Quais ações em conjunta realizadas em parceria com outros atores da região?

# APÊNDICE G

## CHECKLIST ENTREVISTA COM O REPRESENTANTE DA SUPERINTENDÊNCIA REGIONAL DO INCRA EM ARAGUATINS/TO

1. Qual sua função no INCRA?
2. Como foi a formação histórica dos assentamentos na região?
3. Quantos assentamentos existem?
4. Qual a diferença entre os assentamentos do INCRA e Crédito fundiário?
5. Como é decidido a forma de moradia nos assentamentos?
6. A regional do INCRA de Araguatins é responsável por quantos assentamentos?
7. Quais as ações atualmente em prol dos assentamentos?
8. Quais as dificuldades enfrentadas?
9. Quais ações em conjunta realizadas em parceria com outros atores da região?

# APÊNDICE H

## CHECKLIST ENTREVISTA COM O REPRESENTANTE DO SINDICATO DOS TRABALHADORES RURAIS EM ARAGUATINS/TO

1. Quando foi fundado o Sindicato?
2. Atualmente têm quantos associados?
3. Qual o valor da contribuição?
4. Quais as dificuldades enfrentadas?
5. Quais foram as conquistas?
6. Qual o benefício em estar associado?
7. Quais as ações realizadas em prol do desenvolvimento dos assentamentos?
8. Quais ações em conjunta realizadas em parceria com outros atores da região?